无线传感网络调度优化技术

龙 军 著

科 学 出 版 社

北 京

内 容 简 介

本书选取无线传感器网络研究热点问题，对无线传感网络调度优化技术进行深入探讨，重点介绍基于 Quorum 系统的介质访问控制协议、优化调度算法和聚合调度策略。本书共 8 章。第 1 章概述无线传感器网络的研究背景及其意义；第 2 章论述介质访问控制协议以及调度相关的研究；第 3 章提出基于自适应 Quorum 系统同步传感器网络的介质访问控制协议；第 4 章提出基于 Quorum 元素偏移的同步介质访问控制协议；第 5 章提出自适应调整工作时隙长度的异步介质访问控制协议；第 6 章提出无线传感器网络中网络寿命、汇聚信息量和采样周期折中的优化调度算法；第 7 章提出基于可变聚合率的数据聚合调度策略；第 8 章对全书进行总结，介绍取得的相关成果，并展望下一步研究问题。

本书可作为无线传感器网络研究、基于 Quorum 系统的介质访问控制协议研究的教材，也可供从事相关专业的教学、科研和工程技术人员参考。

图书在版编目(CIP)数据

无线传感网络调度优化技术/龙军著. —北京：科学出版社，2015.12

ISBN 978-7-03-046987-8

Ⅰ. ①无… Ⅱ. ①龙… Ⅲ. ①无线电通信-通信网-调度 Ⅳ. ①TN92

中国版本图书馆 CIP 数据核字(2016) 第 006808 号

责任编辑：赵彦超 赵敬伟／责任校对：钟 洋

责任印制：张 伟／封面设计：耕者工作室

科学出版社出版

北京东黄城根北街 16 号

邮政编码：100717

http://www.sciencep.com

北京京华虎彩印刷有限公司 印刷

科学出版社发行 各地新华书店经销

*

2016 年 5 月第 一 版 开本：720×1000 1/16

2017 年 1 月第二次印刷 印张：11

字数：212 000

定价：68.00 元

(如有印装质量问题，我社负责调换)

前　言

无线传感器网络集合了微型电子技术、低功耗嵌入式技术、无线通信技术和分布式信息处理等技术，通过各类集成化的微型传感器之间的协作，实时监测、感知和采集各种环境或监测对象的信息，是当前在国际上备受关注的，涉及多学科高度交叉，知识高度集成的前沿热点研究领域，具有十分广阔的应用前景和实用价值，被认为是对 21 世纪产生巨大影响力的技术之一。

无线传感器节点作为微小器件，只能配备有限的电源，在煤矿井下等危险无人环境中，更换电源是近乎不可能的。这使得传感器节点的寿命在很大程度上依赖于电池的寿命，所以有效地提高能量效率以延长网络寿命是无线传感器网络设计中的重要问题。而另一方面，当监测对象状态变化、监测事件发生时又需要迅速地将被监测对象与事件的信息尽快地传送到人控终端，从而采取相应的控制措施以满足无人操作装备的平稳安全运行。因而，如何使得无线传感器网络获得高的寿命并使得网络延迟最小化是其获得实际应用的关键课题。本书主要探讨无线传感器网络调度优化技术问题、能量有效与延迟最小化的优化问题，并基于 Quorum 系统，分别针对竞争和非竞争无线传感器网络的能量高效与延迟最小化的介质访问控制协议进行了深入研究。

本书编写特色主要有：

(1) 内容全面。本书完整地介绍了无线传感器网络的相关知识，详细介绍了基于 Quorum 的介质访问控制协议，对相关模型进行了深入分析。

(2) 通俗易懂。本书由浅入深，全面、系统地提出了基于 Quorum 的各类介质访问控制协议模型、模型分析、模型性能、模型实验结果等内容。

(3) 面向需求。书中提出的基于 Quorum 介质访问控制协议、调度算法、聚合调度策略等都经过大量模拟实验验证，为解决实际问题提供参考。

(4) 图文并茂。对于模型的性能分析、协议之间的对比等，本书给出大量的图形，可以让读者一目了然地查看相关结果。

通过本书的学习，读者不仅可以了解无线传感器网络的相关知识，而且可以掌握基于 Quorum 的介质访问控制协议等相关知识，从而能以最高的效率研究相关理论和解决实际的问题。

本书共分为 8 章，主要内容包括：

第 1 章，介绍无线传感器网络的特点、应用领域和国内外介质访问控制协议的研究现状等内容。

第 2 章，介绍无线传感器网络的体系结构、国内外研究挑战问题，并详细介绍了介质访问控制国内外研究现状和挑战。

第 3 章，提出一种基于 Quorum 的自适应介质访问控制协议，主要包括该网络模型介绍、基于 FGgrid 的 MAC 协议、自适应的基于 Quorum MAC 协议、相关实验结果分析等内容。

第 4 章，提出一种新颖的 Quorum 元素偏移的介质访问控制协议，主要包括该网络模型介绍、基于 Quorum 元素偏移的 MAC 协议、ST-grid Quorum 系统、相关实验与性能分析结果。

第 5 章，提出一种自适应调整工作时隙长度的介质访问控制协议，主要包括该系统模型、基于 MAC 协议的 ESQ、SO-grid Quorum 系统、基于 MAC 协议的 QTSAC、实验与性能分析结果等内容。

第 6 章，提出网络寿命、汇聚信息量和采样周期折中的优化调度算法，主要包括能量消耗模型、数据聚合模型、折中优化算法调度、实验仿真等内容。

第 7 章，提出基于可变聚合率的数据聚合调度策略，主要包括系统模型、基于可变聚合率的数据聚集调度策略、性能评价等内容。

第 8 章，对全书进行总结，介绍取得的相关成果，并展望下一步研究问题。

本书结构清晰，内容丰富，论述详细得当，适合研究无线传感器网络、介质访问控制协议、基于 Quorum 系统的学者学习阅读，可作为需要全面学习无线传感器网络的人员教材，也可作为广大理论科研工作人员的参考必备丛书。

本书的内容是以国家高技术研究发展计划 (863 计划) 课题 “网构化软件可信评估技术与工具”(2012AA011205)，国家自然科学基金面上项目 “面向服务计算模式软件的 QoS 计算方法研究”(61472450)，“无线传感器网络中抵御洞攻击的机制与方法研究”(61379110)，国家重点基础研究发展计划 (973 计划)“煤岩性状识别与采掘状态感知原理及实现”(2014CB046305) 等众多国家、省部级科研基金项目为支撑，积极开展相关研究工作并取得的相关成果。

本书主要由龙军执笔。第 1~2 章由龙军、朱宁斌撰写；第 3~5 章由龙军、刘安丰撰写；第 6 章由龙军、张金焕撰写；第 7 章由龙军、何岸撰写；第 8 章由龙军、朱宁斌撰写。本书是作者在同行专家的指导帮助下完成的，在此向他们表示衷心的感谢。

由于时间仓促，加之作者水平有限，所以错误和疏漏之处在所难免。在此，诚恳地期望得到各领域的专家和广大读者的批评指正。

龙　军

2015 年 7 月

目　　录

前言
第 1 章　绪论 ········ 1
1.1　无线传感器网络研究背景及其意义 ········ 1
1.2　无线传感器网络的特点 ········ 2
1.3　无线传感器网络的应用领域 ········ 3
1.4　无线传感器网络的介质访问控制问题 ········ 5
1.5　本章小结 ········ 10
第 2 章　无线传感器介质访问控制研究 ········ 11
2.1　无线传感器网络概述 ········ 11
2.2　无线传感器网络研究挑战 ········ 12
2.3　无线传感器网络介质访问研究现状 ········ 19
2.4　本章小结 ········ 23
第 3 章　基于 Quorum 的自适应同步介质访问控制协议 ········ 24
3.1　概述 ········ 24
3.2　网络模型与问题描述 ········ 25
3.2.1　网络模型 ········ 25
3.2.2　问题描述 ········ 26
3.3　基于 FG-grid 的 MAC 协议设计 ········ 27
3.3.1　FG-grid Quorum 系统 ········ 27
3.3.2　基于 FG-grid 的 MAC 协议 ········ 29
3.4　自适应的基于 Quorum MAC 协议 ········ 42
3.4.1　自适应 Quorum 设计 ········ 44
3.4.2　自适应 Quorum 性能分析 ········ 49
3.5　实验结果 ········ 52
3.5.1　FG-grid Quorum 系统性能分析 ········ 53
3.5.2　可增加 QTS 数量的计算 ········ 54
3.5.3　AQM 的延迟对比 ········ 55
3.5.4　能量有效性对比 ········ 57
3.6　本章小结 ········ 59

第 4 章 基于 Quorum 元素偏移的同步介质访问控制协议 ······ 60
4.1 概述 ······ 60
4.2 网络模型与问题描述 ······ 61
4.3 基于 Quorum 元素偏移的 MAC 协议设计 ······ 62
4.3.1 研究动机 ······ 62
4.3.2 ST-grid Quorum 系统 ······ 64
4.3.3 ESQ 基于 MAC 协议 ······ 65
4.4 性能分析 ······ 68
4.4.1 网络延迟 ······ 68
4.4.2 网络寿命 ······ 68
4.5 实验与性能分析结果 ······ 69
4.5.1 QTS 的选取与占空比 ······ 69
4.5.2 单跳延迟 ······ 70
4.5.3 端到端延迟 ······ 72
4.5.4 协议的使用范围对比 ······ 77
4.5.5 能量与网络寿命的实验结果 ······ 79
4.6 本章小结 ······ 83
第 5 章 自适应调整工作时隙长度的异步介质访问控制协议 ······ 84
5.1 概述 ······ 84
5.2 系统模型与问题描述 ······ 85
5.3 基于 MAC 协议的 ESQ ······ 86
5.3.1 研究动机 ······ 86
5.3.2 SO-grid Quorum 系统 ······ 87
5.3.3 QTS 压缩矩阵 ······ 90
5.3.4 基于 MAC 协议的 QTSAC ······ 91
5.4 性能分析 ······ 92
5.4.1 网络延迟 ······ 92
5.4.2 网络寿命 ······ 93
5.5 实验与性能分析结果 ······ 95
5.5.1 实验设计 ······ 95
5.5.2 QTS 数量 ······ 95
5.5.3 占空比的对比情况 ······ 97
5.5.4 单跳延迟 ······ 99
5.5.5 端到端延迟 ······ 100

5.5.6 能量与网络寿命的实验结果 …… 104

5.6 本章小结 …… 106

第 6 章 网络寿命、汇聚信息量和采样周期折中的优化调度算法 …… 107

6.1 概述 …… 107

6.2 系统模型和问题描述 …… 109

6.2.1 无线传感器模型 …… 109

6.2.2 能量消耗模型 …… 109

6.2.3 数据聚合模型 …… 110

6.2.4 问题描述 …… 111

6.3 折中优化算法调度设计 …… 112

6.3.1 研究动机 …… 112

6.3.2 折中优化调度算法的分析与设计 …… 114

6.4 实验仿真 …… 117

6.4.1 实验场景 …… 117

6.4.2 调度时隙分配实验结果 …… 118

6.4.3 Sink 汇集信息量 …… 120

6.4.4 网络寿命 …… 121

6.4.5 采样周期的优化选择 …… 122

6.4.6 与其他算法的性能对比情况 …… 123

6.5 本章小结 …… 124

第 7 章 基于可变聚合率的数据聚合调度策略 …… 125

7.1 概述 …… 125

7.2 系统模型和问题描述 …… 126

7.2.1 系统模型 …… 126

7.2.2 问题描述 …… 129

7.3 基于可变聚合率的数据聚集调度策略 …… 130

7.3.1 研究动机 …… 130

7.3.2 聚合集合的构建 …… 132

7.3.3 聚合调度时隙分配算法设计 …… 136

7.4 性能评价 …… 142

7.4.1 节点的调度时隙分配 …… 144

7.4.2 能量有效利用率 …… 146

7.4.3 网络寿命 …… 148

7.5 本章小结 …… 149

第 8 章 总结 ······ 150
8.1 无线传感器网络调度的研究进展 ······ 150
8.2 无线传感器网络发展展望 ······ 151
8.3 相关的研究成果与应用成果 ······ 152
8.3.1 国家、省部级项目基金 ······ 152
8.3.2 应用软件平台 ······ 152
8.3.3 硬件应用产品 ······ 152
参考文献 ······ 154
图表索引 ······ 164

第1章 绪 论

1.1 无线传感器网络研究背景及其意义

无线传感器网络 (wireless sensor networks，WSNs) 是一组具有无线通信基础设施的专门自主传感器和致动器，由大量无处不在的、具有通信和计算能力的微小传感器节点构成的多跳无线自组织网络[1−4]。这些传感器节点具有有限的处理和计算能力，可以感知、测量并从环境中收集信息，用于监测并控制在不同位置的物理或环境条件，协同其数据传递给主地点，并通过网络将控制命令传递给所期望的致动器[3−4]。传感器、感知对象和观察者构成了无线传感器网络的三个要素[4]。传感器网络通过传感器节点感知测量所在邻近区域中的热、红外、声纳、雷达和地震波信号，从而获取温度、湿度、光强度、噪声、压力、土壤成分、移动物体的大小、速度和方向等众多物质现象，并通过节点间协作，完成无线通信传送信息，及时告知观察者。无线传感器网络改变了人与自然界的传统交互模式，将逻辑上的信息世界与客观上的物理世界融合在一起，将现有网络的功能和人类认识世界的能力提高到一个新的高度[5−7]。

无线传感器网络的研究最早开始于 20 世纪 70 年代，主要用于军事研究。1978 年美国国防部高级研究计划署 (the Defense Advanced Research Project Agency，DARPA) 与卡内基–梅隆大学 (Carnegie-Mellon University) 联合主办分布式传感器网络研讨会[8]，并开发了分布式无线传感器网络 (distributed sensor network，DSN)。这种早期的传感器网络研究主要集中于军事防御系统中的通信与计算[9−10]，并引起了美国军方的高度重视。1993 年由美国加州大学洛杉矶分校 (University of California，Los Angeles) 和罗克维尔自动化中心共同研发了无线集成网络传感器 (wireless integrated network sensors，WINS) 项目[11]。该项目主要进行通信芯片的电路级设计、信号处理体系和传感检测的基础理论等研究[4]。1998 年由 Havard University、MIT(Massachusetts Institute of Technology)、University of Califormia Lcs Angeles、UC Berkeley(University of California-Berkeley) 等 25 个高校与研究机构共同承担的 SensIT(sensor information technology) 项目[12]，该项目的首要任务是为网络化微传感器开发所需要的软件，主要集中在两个方向：一是针对战场高度动态的环境，可以建立快速进行任务分配和查询的反应式网路技术；二是发挥战场网络化观测优势的 WSNs 协作信息处理技术[13]。1999 年至 2001 年完成的 Smart Dust 项目[14]，研制一种具有四种特点的自治传感器节点——“尘埃”(smart dust)：①体积微小，不超过 1mm^3；②利用太阳能电池供电；③具有光通信能力；④可悬浮在空中。这种尘埃可以用于战场上监控敌人的行动，而不被察觉，并获取重要情报[14−15]。2001 年由美国国家航空航天局 (National Aeronautics and Space Administration，NASA) 的 JPL(jet propulsion laboratory) 实验室研究的 Sensor Webs 项目[16]，通过近地空轨道飞行的星载传感器提供全天候、同步、联系的全球影像，可实现对突发事件的快速反应，未来准备用于火星探测[13]。此外，国外其他重要的研究项目，如 uAMPS(adaptive multi-domain power-aware sensors)[17]、Sea Web[18]、PicoRadio[19] 等，由于传感器网络潜在的实用价值和巨大应用前景，已经引起了许多国家的军事部门、工业界和学术界的广泛关注。2003 年无线传感器网络被美国 *Business Week* 评为全球未来四种高新技术之一[20]，2003 年被麻省理工 *Technology Review* 列为改变世界的十大新技术之一[21]。美国 MIT、Berkley、Cornell、UCLA 等国际一流大学以及 Intel、Microsoft、HP、Crossbow 等国际大公司均投入了大量的人力、物力、财力用于研发无线传感器网络相关技术、标准与产品。目前这方面的研究处于初级阶段，少数商用产品也与实际需求相差甚远。

我国传感器网络研究起步较晚，清华大学、中国科学院软件研究所、浙江大学、哈尔滨工业大学等研究机构较早进行传感器网络研究。近些年，传感器网络相关研究得到国家的大力支持。国家自然科学基金委员会已经审批了相关传感器网络课题，在国家发展改革委员会的下一代互联网示范工程中，也部署了传感器网络相关的课题。2006 年初发布的《国家中长期科学与技术发展规划纲要》将与无线传感器网络研究相关的“智能感知技术”和“自组织网络技术”，明确为重点支持的信息领域前沿技术。

1.2　无线传感器网络的特点

传统无线网络，如无线局域网 (wireless local area network，WLAN)、蜂窝移动电话网络、蓝牙网络等，主要针对高度移动的环境，如何优化路由和最大化利用带宽率，来为用户提供优质的服务质量保证[22−23]。无线传感器网络作为一种特殊的自组织无线网络 (ad hoc)，具有自组织网络所共同的特点，如无中心、自组织性、多跳路由、动态拓扑变化等，同时作为一种以数据传输为目的网络，又有着许多新的特点[24−27]：

(1) 节点数量多，网络规模大。传感器网络由大量微小传感器节点组成，节点数从几百到成千上万，甚至更多。这些节点密集部署在周边监测区域，各节点之间协同工作，通过整体之间的协作来提高网络的传输可靠性。传感器网络可以用于交通不便、环境恶劣、地形复杂等环境中，一般覆盖的区域面积比较大，因而需要的传感器节点数量比较多。为了保证监测区域数据传输的准确性和实效性，需要在周边监测区域部署大量节点，来收集监测区域的信息，同时各节点之间相互协作来完成整个数据传输过程。传感器网络节点数量多、网络规模大的特点，一方面提高了网络的容错能力和数据传输的效率；另一方面却增加了整个网络的能量消耗，缩短了生命周期。

(2) 以数据为中心。传感器网络以数据为中心，跟传统无线网络以连接为中心不同，因此需要各节点在进行数据传输过程中，通过聚合、压缩等处理来保证数据的安全。在传感器网络中，用户通过传感器网络获取信息时，只关心感知数据的内容和产生位置，并不关心产生数据的传感器节点。由于传感器网络的时效性较差，一般不适合传输语音等延时性较低的信号传输。

(3) 网络安全性高，抗干扰性强。传感器网络可适用于一些恶劣环境中，比如深海监测、挖煤采掘、南极作业、高温预警等。要保证传感器网络在极端恶劣环境中正常工作，对节点的性能和质量提出了更高的要求。传感器网络易遭受各种攻击，比如窃听、干扰和各类病毒等，为了保证数据传输的可靠性，对安全性要求非常高，对各类攻击的抗干扰性非常强。

(4) 硬件资源和电源容量有限。传感器节点具有体积小、廉价性等特点，这些特点决定其携带的处理器、电池和芯片等资源的性能受到限制。节点由电池供电，由于传感器应用场景的复杂性，更换电池变得不可能。因而电池的容量大小决定节点的寿命长短，如何提高传感器网络的电源容量，也成为提高节点寿命所面临的问题。

(5) 应用相关性。无线传感器网络应用的场景一般根据特定需求来确定，传统无线网络适用于大部分的应用场景，无线传感器网络针对不同的应用场景或某个特定需求来设计。例如国防军事类项目，主要注重于数据传输及时性和安全可靠性；危险探测领域，主要注重节点的寿命和数据的准确性等。不同的领域对无线传感器网络的需求不一样，因而无线传感器网络与应用相关。

1.3 无线传感器网络的应用领域

随着信息化网络的迅猛发展以及传感器节点间无线通信能力的增强，赋予传感器网路广阔的应用前景，主要表现在军事、医疗、环境、空间、智能家电等领域。随着无线传感器技术以及计算机相关技术的不断发展，无线传感器网络有望得到广泛的应用。

1. 军事应用

无线传感器网络最早应用于军事领域，将会成为如 C4ISRT(control，command，computing， communication， intelligence， surveillance， reconnaissance and targeting)[28] 等军事系统采集信息不可或缺的一部分，该系统力求采用先进的科学技术，为军事指挥系统提供控制、命令、计算、通信、情报、监视、侦察和定位等功能，受到了各国军事部门的普遍重视。由于传感器网络由密集部署、随机分布的节点组成，无中心性和自组织性使得传感器网络的使用寿命延长，不会因为某个节点的失效而导致整个网络瘫痪。正因为如此，无线传感器网络相比传统无线网络更适合部署于错综复杂的战场环境中，例如：探测敌方兵力部署、监控敌方作战状态以及监测我方军力布防、战地情况等，为作战提供及时有效的信息预警。

2. 医疗健康

近些年随着可穿戴医疗设备的兴起，将信息技术应用到医疗领域越来越多。比如将“透明计算”[29] 理论结合医疗大数据所研发的流式健康测量系统，实现远程收集人体的健康信息，并实时推送给用户。如果将传感器节点部署在患者身上，那么医生可以远程收集病人血压、心率、脉搏等生理信息，及时监护病人身体状况。此外，还可以通过传感器长期收集用户服用某些药物之后的一系列反应，为新药的研制提供参考。总之，传感器网络的发展为未来医疗发展提供可靠、便捷的技术支持。

3. 环境科学

近些年，随着工业的迅猛发展，环境问题日益突出，需要监测的数据逐渐增多。无线传感器网络的发展为环境科学领域数据收集提供一种新的技术支持，可广泛应用于地震监测、洪水、候鸟迁徙、昆虫追踪、海洋、土壤等领域，既避免了传统数据收集对环境造成的二次破坏，又提高了数据测量的准确性。如由普林斯顿大学在肯尼亚草原开展的斑马迁徙监测系统 ZebraNet[30]，将无线传感器节点配置在 GPS(global position system) 定位装置中，并部署在每个斑马上，用来采集斑马迁徙移动过程中产生的位置数据。

4. 空间探索

将无线传感器应用于空间领域探索，为未来宇宙发展提供一种新的思路。借助航天器撒播的无线传感器节点来监测星球表面，通过解析节点采集的数据来分析星球特征，可能是一种探测远程星球的经济可行方案。

5. 其他领域

除了上述领域的应用外，无线传感器网络在其他领域也有较好的应用前景。例如在各类家电中嵌入传感器节点，与 Internet 组成的物联网连接在一起，再通过手持设备全天候掌握家电情况，为用户提供一个智能舒适的物联网家电生活。在建筑工程领域，将传感器节点部署在建筑物表面，通过分析建筑物的参数，来排查安全隐患。此外，还可以利用传感器网络来监测交通道路情况，实时监测道路拥挤情况和高速公路运行情况，为用户提供智能交通服务。一些商业应用领域也已经有了无线传感器应用。总之，随着科学技术的不断发展以及基础材料设备成本的不断降低，无线传感器将会应用在各个领域，并获得长期发展。

1.4 无线传感器网络的介质访问控制问题

以往的研究将无线传感器网络的介质访问控制 (medium access control, MAC) 协议分为同步和异步类型，并且还包括两种类型的组合[31]。这种分类主要依据无线传感器网络的能量利用效率和减少空闲监听时间来确定的。本书将介质访问控制协议分为基于竞争的 MAC 协议和基于非竞争的 MAC 协议。

1. 基于竞争的 MAC 协议

基于 CSMA-CA(carrier sense multiple access with collision avoidance)[32] 竞争型协议，根据网络配置来选择两种类型的信道接入机制，一种是使用信标 (beacon-enabled)，另一种是不使用信标 (nonbeacon-enabled)。使用信标方式采用 CSMA-CA 信道接入机制，在发送数据帧期间，信标网络定位于下一个补偿时隙的边界，等待补偿时隙的随机数。如果信道繁忙，并且是随机补偿的，则信标网络再次获取信道之前，等待下一个补偿时隙的随机数。如果信道空闲，设备开始传输下一个补偿时隙通道的边界。这样通过使用信标来竞争补偿时隙，达到将数据发送出去的目的。不使用信标方式采用非时隙 CSMA-CA 信道接入机制，设备每次等待一个随机周期来发送数据帧或 MAC 命令。如果信道处于空闲状态，设备获得随机补偿时隙来传输数据。如果信道处于繁忙状态，那么设备再次尝试获取信道之前等待下一个随机周期。

在竞争的 MAC 协议中，每个节点将时间分为若干时隙，一个占空比 (duty cycle) 周期由 LISTEN 周期和睡眠 (sleep) 周期组成，并且这两个周期在一个工作周期中仅出现一次。LISTEN 周期又名工作周期，分为同步和数据时期。同步时期为占空比循环时间表的同步，数据时期主要用于数据间通信，包括请求发送 (request-to-send) 信号和取消发送 (clear-to-send) 信号，可以解决信道冲突问题。所有节点在睡眠周期间处于睡眠状态。竞争的 MAC 协议通过请求发送信号和取消发送信号来减少不必要的空闲监听时间和信道的冲突概率，相比传统的方案，能量消耗更少，效率更高。竞争的 MAC 协议主要包括 CSMA-CA 竞争协议、同步竞争协议和异步竞争协议，以及其他各类混合型、复合型 MAC 竞争协议，主要有 S-MAC[33−34]、X-MAC[35]、B-MAC[36]、DSMAC[37]、T-MAC[38]、Optimized MAC[39]、UMAC[40]、C-MAC[41]、CC-MAC[42]、Wise-MAC[43] 等。

S-MAC[33−34] 协议的主要目标是减少能量消耗，同时提供良好的扩展性和避免冲突。在 S-MAC 协议中，每个工作周期/占空比的值是固定的，这会导致实际传送吞吐量受到限制。在高流量条件下，成功传送每占空比的值是有限的，这导致数据在一个完成的周期内不能全部发送成功。相反，在低流量条件下，周期性的固定工作期，将导致不必要的能量消耗。因此，在工作周期期间需要考虑流量状态。S-MAC 协议的另一个改进是引入睡眠周期，节点在大部分时间处于睡眠状态，这有效的减少了节点能量消耗。图 1-1(a) 为 S-MAC 协议的占空比机制。从图中可以看出，整个机制分为接收者 (receiver) 和发送者 (sender)，每个节点周期由工作周期和睡眠周期组成，工作周期分为同步周期和数据周期，整个机制通过占空比循环时间表的同步、请求发送信号和取消发送信号来避免信号冲突问题，为了减少能量的消耗，所有节点在睡眠期处于睡眠状态。

X-MAC[35] 协议是一种异步 MAC 竞争协议，通过图 1-1(b) 可以看出，X-MAC 所有节点的每一个数据传输都通过短前导码来执行一个同步采样。当发送者发送数据时，它首先以一个较短的时间间隔来连续发送短前同步码，直到收到接收器的通信确认帧 (acknowledgement，ACK)，才改变这种方式。如果接收者处于睡眠期，它将不进行任何操作，也不接收任何前导信号。相反，如果接收者处于工作期间，那么在收到任何前导信号后立即发送 ACK 帧。在前同步采样完成后，发送者和接收者结束工作周期转向其他周期。然后这两个节点可以彼此间进行通信：发送者将实际数据发送到接收者。

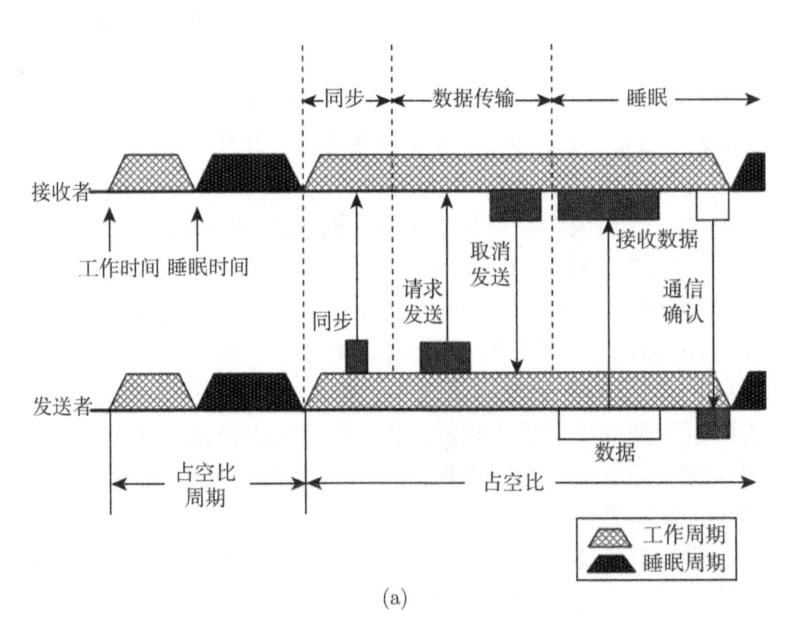

(a)

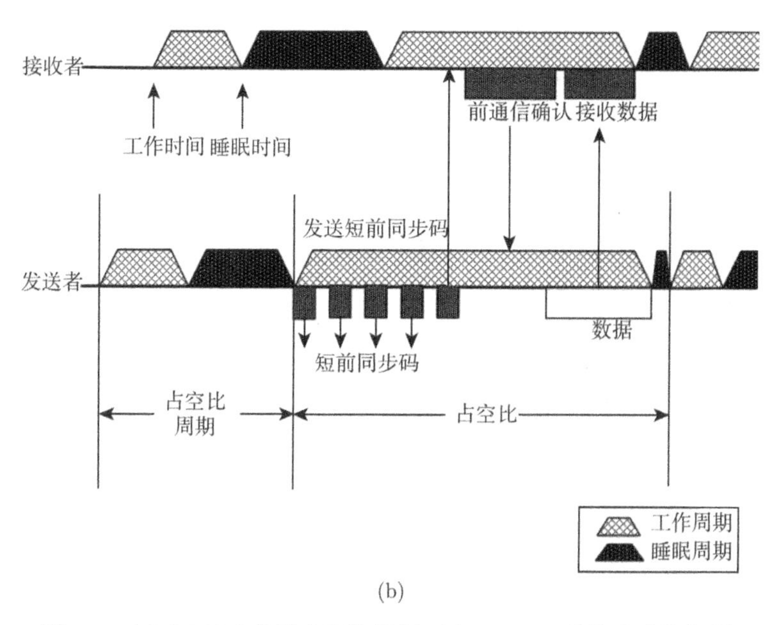

(b)

图 1-1 (a) S-MAC 协议占空比机制, (b) X-MAC 协议占空比机制

B-MAC[36] 协议是第一个推出同步采样的异步 MAC 竞争协议。与 X-MAC 协议采用短前导码采样不同，B-MAC 协议采用长前导码采样方案。在数据传输之前，发送者首先进行同步采样，以便确认相应接收者是否处于唤醒状态。详细地说，从发送者所产生的长传输前导码等于占空比循环间隔，并且所有节点具有相同的占空比。在接受方，当接收者在工作期内接受从发送者发出的一部分长前导码时，接收器要保持唤醒状态。接收到前导码后，接收者逐步从发送者处接受数据。因为长时间的同步采样机制保证了接收者的唤醒状态，所以 B-MAC 协议不需要确认同等节点的接受状态。因此，所有的节点都可以在前同步采样后，从相应的接收者处发送没有验证的数据包。但是，即使接收器处于工作状态，由于发送者、接收者必须发送和接收这个长前导码，故导致长前导码期间产生很高的能量消耗。

因此，通过去除周期性控制帧，当该事件间接性或发生较少时，异步 MAC 竞争协议更节能。但是，异步 MAC 竞争协议在一些地方仍然需要消耗能量。首先，如果一个接收者的工作时间远离相应发送者的传输时间，那么该时间间隙成为发送者的空闲监听时间。其次，在高流量拥堵环境中，前同步码的重新发送将导致高能耗的产生。因为这些原因导致的高碰撞概率和高重传次数，使得异步 MAC 竞争协议的效率降低。

DSMAC[37] 提出通过采用可变的占空比周期方式来解决接收器在高流量环境下的低传输效率。S-MAC 中恒定的占空比循环周期可折中选择延迟时间来节约能量消耗，并且不适合应用于对延迟敏感的传感器上，因为这种传感器需要从传感器设备迅速作出回应。因此，DSMAC 通过操作可变占空比，来保持单跳的平均延迟时间，从而改善 S-MAC 的延迟问题。在此方法中，如果接收器无法容忍延迟时间，它会单方面决定增加占空比循环周期。然而，DSMAC 发现这种解决方法只能在特定的 S-MAC 协议中得到，而且如果它不适合于提高接收器的传输效率，那么要考虑从平均延迟来决定占空比循环周期。

T-MAC[38] 协议解决了 S-MAC 的空闲监听问题。在 T-MAC 协议中，当一个节点处于活动状态，它会运行称为 TA 的计时器，这是接收数据帧所需的最低时间限度，如 CTS。而且，如果 TA 已经过期且没有从邻居节点接收到任何数据，它将返回到睡眠状态。换句话说，当发送的事件没有发生时 T-MAC 降低 TA 来提高能量效率。此外，如果所接收到的数据帧的地址与接收器自己的地址不匹配，那么 T-MAC 通过提前睡眠状态来减少不必要的活动时间。但是，T-MAC 考虑相应节点的传输事件，并没有增加高流量环境下的工作时间。因此由于有限的唤醒周期，T-MAC 未能解决接收器在高流量环境下的低传输率，故只能工作在基于 S-MAC 的协议中。

Optimized MAC[39] 协议基于 S-MAC 的监听/睡眠模式周期，而 S-MAC 通过影响传感器延迟来显著增加节能，因此，S-MAC 可能不适合延迟敏感的应用。Optimized MAC 通过控制网络流量、节点的等待时间，以及空闲侦听、数据包开销和串音等方面来减少能量消耗。节点占空比根据直接均衡方法中的流量负载来变化。当网络流量较大时，节点占空比增大；反之，则减少。网络流量的范围由消息的不确定队列标识。分组开销通过减少数据包传输的数量和大小来实现。为减少其大小，在数据和控制分组中去除数据来源和目的地址。Optimized MAC 通过适应性占空比和控制包开销最小化的方式来提高 S-MAC 的性能。实验结果表明 Optimized MAC 在大范围的流量负荷条件下能提高能量效率，并且还能够调节自身以提高由于传感器延迟而拥塞的网络流量。

UMAC[40] 协议是在 S-MAC 基础上通过选择性睡眠来改进的。接收同步数据包的节点将无法从它们的 S-MAC 邻居节点处采取相同的时间表。然而，在 UMAC 中，考虑其发送队列的条件，发送者通过选择性睡眠时间表来运行动态循环占空比周期。UMAC 减少在 S-MAC 睡眠期产生不必要的唤醒能耗，并解决了固定占空比循环的问题。此外，因为 UMAC 只能找到发送队列内的业务负荷，所以无法在邻居节点区域发生高流量时，解决接收者的低传输率问题。

2. 基于非竞争的 MAC 协议

非竞争的 MAC 协议各节点间根据自身情况来获取能量，不会造成冲突、负荷等情况。非竞争的 MAC 协议主要有 Queen-MAC[44]、EM-MAC[45]、MC-LMAC[46]、TRAMA[47]、CMAC[48]、PW-MAC[49]、TMCP[50]、BMA-MAC[51] 等。

Quorum 协议近些年被广泛用于设计无线传感器网络。Quorum 协议主要分为以下几类：基于网格[52]、基于环面[53]、基于延长环面或电子环面[54] 等。基于网格和环面的 Quorum 协议，由于具有固定的占空比，不适合用于不同流量条件的网络中。其他如基于电子环面的 Quorum 协议，由于具有自适应占空比，如果在一个低流量负载的网络环境中，能提供较高的最小占空比，从而产生更多的能量消耗。Quorum-MAC[44] 协议是一种高效节能的 MAC 协议，独立和自适应地调整节点的唤醒时间，从而降低协议开销，延长网络寿命。Quorum-MAC 利用多种渠道进行数据传输，在减少碰撞的同时提供并行传送的广播域，在无线传感器网络中的不同的层来节省功率。在 Quorum-MAC 协议中，时间被分成一系列时隙，所有传感器节点均匀分布分布在相同的传输范围内。传感器网络主要进行数据收集。所有传感器节点以多跳方式向 Sink 节点发送数据。所有的数据包只能从 Sink 发出。本书介绍的 AQM、ESQMAC、AQTSLMC 三四种协议均属于非竞争的 Quorum-MAC 协议，并且只考虑一个 Sink 节点。理论与实验结果表明，基于 Quorum 的 MAC 协议在减低网络延迟、提高网络寿命、提高能量利用效率方面具有显著的效果。

EM-MAC[45] 协议是无线传感器网络的接收器发起的多通道异步 MAC 协议。在 EM-MAC 协议中，发送者通过预测唤醒通道和接收器的工作时间来与接收者会和。在 EM-MAC 中，发送者知道接收者用于产生其唤醒信道和时间的状态的伪随机函数。EM-MAC 不仅要产生额外的开销，而且每个节点都要两次调用它的伪随机发生器，因此 EM-MAC 是进一步开销的协议。

MC-LMAC[46] 是无线传感器网络的同步单射多信道 MAC 协议。MC-LMAC 设计了通过协调传输多个信道的最大化吞吐量目标。它是基于单通道的 LMAC 协议，同时又是基于计划的协议，其中节点在通道动态切换时交换各自的接口。时间被划分为时隙并且控制着每个已经分配时隙的节点在一个特定的信道上传输。事实上，一个节点可以选择一个时隙和一个信道，它是允许发送的。MC-LMAC 的主要问题是控制它的消息开销，并防止网络密度增加。

TRAMA[47] 协议主要用于无线传感器网络中高能效无冲突的信道接入。TRAMA 通过确保单点传输和广泛传输不产生冲突，并且允许节点承受低功率状态，在它们没有发送或处于接收空闲状态来降低能量消耗。TRAMA 假定时间为时隙，使用流量信息中的每个节点，以确定哪些节点可传输在一个特定时隙的分布式选择方案。使用流量信息，避免 TRAMA 分配时隙到没有流量发送的节点，并且还允许节点不被通道控制，而自己决定何时关掉空闲模式。TRAMA 采用由发送者确定时间表给接收者的流量自适应分布式选择方案。节点使用 TRAMA 协议交换它们的双跳邻居信息和传输时间表，来指定哪个节点是其流量按时间顺序的期望接收者，然后选择在每个时隙期间应该发送和接收的节点。因此，TRAMA 由三个部分组成：邻协议、附表交换协议和自适应选择算法。

CMAC[48] 是使用低功率唤醒无线电 (low power wake-up radio，LR) 和半双工无线电设备 (main half-duplex radio，MR) 的异步多信道 MAC 协议。LR 总是与它被用于监视节点的缺省信道在一起，而 MR 被置于睡眠模式。LR 起着两个作用：① 当节点希望传输时，接收者被一系列脉冲唤醒；② 在 MR 被打开之前进行信道协商。虽然 MR 可以被关掉，但是在传送时处于预定信道恒定的功率水平。CMAC 需要为每个传感器节点准备两个收发器，并且不需要进行任何同步。因此，增加了整个网络的硬件成本和网络复杂性。与此同时，当许多节点初始化信道协商和请求数据传输同时进行时，控制信道就可能成为 CMAC 的瓶颈。

PW-MAC[49] 协议是一个接收器发起的预测性唤醒 MAC 协议，其中每个节点使用伪随机唤醒时间表计算其唤醒时间。PW-MAC 协议的每个节点定期唤醒和广播信标通知，它处于清醒状态，并准备接收数据。发送者必须知道接收者的伪随机数发生器参数，并比接收者早点苏醒过来，以便等待信标。然而，PW-MAC 有一定的缺陷，使得每个节点在苏醒状态都不得不发送信标，而不是每个节点有数据需要发送。此外，每个节点周期性地广播其伪随机发生器参数，使得协议开销增加，这反过来恶化了较高网络密度。

1.5　本章小结

本章主要介绍了无线传感器网络的研究背景及其意义，叙述了传感器网络的发展历程、应用领域以及特点，并重点介绍了无线传感器网络的介质访问控制问题。与以往将介质访问控制协议分为同步、异步和两种类型的组合分类方式不同，本书将介质访问控制分为基于竞争的 MAC 协议和基于非竞争的 MAC 协议，并进行了详细介绍。

第 2 章　无线传感器介质访问控制研究

2.1　无线传感器网络概述

随着微型电子技术、低功耗嵌入式技术、无线通信技术的迅猛发展，无线传感器网络作为一种低成本、低功耗的数据采集技术而获得了普遍重视并得到迅速的发展。传感器网络由一组专门的自主传感器、制动器和无线基础通信设施组成，将物理体积小、低功耗和低成本的传感器节点散布在监测区域。图 2-1[2] 给出了一个无线传感器网络体系结构图。该传感器网络由任务管理器节点、传感器节点、互联网和卫星网络、传感区域等部分构成。在指定的传感区域内，无规则地散布着大量传感器节点，每个传感器节点配备有换能器、微控制器、无线电收发信机和电源，电源通常是一块电池。除少部分传感器节点需要移动以外，其余大部分节点都随机部署处于静止状态并监控一个传感器字段。其中换能器可以产生检测到自然现象和环境变化的电信号，微控制器处理和存储的传感信号输出，无线电收发信机通过内置天线接收从中央计算机发送到该节点的数据信号。数据从传感器节点收集，然后传送到下一个接收器节点，各节点间彼此由无线电收发信机进行通信，通过“多跳”路由方式把数据传送到 Sink。再由 Sink 把数据传送到互联网或卫星网络，互联网和卫星网络所收集的数据最后由应用程序接收。

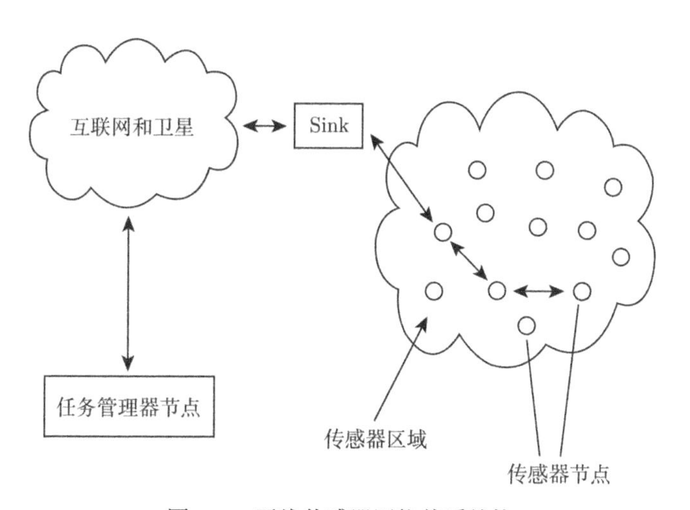

图 2-1　无线传感器网络体系结构

2.2　无线传感器网络研究挑战

在无线传感器网络中，节点之间的数据交流受到 MAC 协议的限制，因此，如何设计高效的 MAC 协议成为传感器网络的研究挑战内容之一。此外，近些年随着手机终端、移动互联网的兴起与发展，移动性传感器网络也成为未来需要攻克的难点。因此，根据无线传感器网络的特点，其研究挑战可以总结如下。

1. 高效的介质访问控制协议

在传感器网络中，MAC 协议决定无线信道的使用方式，负责分配传感器节点间有限的通信资源，对传感器网络的性能影响较大，是保证无线传感器网络高效通信的关键协议[52]。目前，MAC 协议的设计目标主要集中在提高能量消耗、延长网络寿命时间。针对不同场景的无线传感器网络，提出与之相匹配的 MAC 协议，以便最大化网络生存时间，最小化能量消耗和数据延迟。文献 [53-54] 提出多信道 MAC 协议，以解决高流量环境下收集数据公平性、可靠性、降低外部干扰、提高吞吐量和端对端延迟等问题，但并没有涉及能量问题。能量消耗一直是 MAC 协议中需要考虑的重点问题。文献 [55] 将现有节能机制分为同步、异步和按需唤醒三种类型，并研究了基于异步时钟的多跳无线网络睡眠调度协议，提出了自适应异步睡眠调度协议，该协议提供多层次的节能措施和在间歇性的有效连接下提高能量效率。文献 [56] 提出一种同步的可靠数据收集 MAC 协议 ——Raindow，该协议采用本地时分多址访问 (TDMA) 和跳频扩频 (FHSS) 相结合的方式来控制信道接入，其中 FHSS 可以躲避无线射频 (RF) 干扰，并首次设计实现了存在 RF 干扰的情况下，进行可靠数据传输的多信道 MAC 协议。相关实验结果表明，Raindow 能够实现端到端传送概率大于 99%和无线占空比小于 1%。

MAC 协议根据信道访问方式可以分为基于竞争的 MAC 协议、基于非竞争的 MAC 协议和混合型 MAC 协议。竞争方式会产生冲突，从而降低无线传感器网络的使用寿命。而冲突是能量浪费的主要方式，并且导致信道传输拥堵。因此，一些研究将检测和控制拥堵考虑到 MAC 协议中，提出解决冲突问题的 MAC 协议。文献 [57] 提出了一种自适应冲突感知 MAC 协议 ——CBC(collision based contention)，该协议在访问介质之前，由冲突等级自适应决定回退值，以避免盲目随机等待。该方案防止 CW(contention window) 在冲突过程中增长过大和在数据传输过程中收缩太小，从而防止传输过程中不必要的延迟和吞吐量降低。相关实验结果表明，CBC 方案明显优于在 IEEE802.11 MAC 标准中采用的 BEB(binary exponential backoff) 方案和其他竞争的方案。该方案能够降低冲突和介质访问延迟的影响，并且有效的改善能量利用效率。在能量感知多址协议 PAMAP(power aware multi-access protocol)[58]

中，当相邻节点在进行数据传输时，通过使其他节点处于睡眠状态来避免冲突产生，从而达到提高网络性能的目的。

为了减少在无线传感器网络中的能量消耗和降低传输延迟，文献 [59] 提出竞争窗口自适应 MAC 协议 ——ACW-MAC。在 ACW-MAC 协议中，网络负载的变化可以由节点竞争信道的记录来估计，并且节点可以动态选择自适应竞争窗口。通过与 SMAC 协议在端到端的吞吐量、端到端的消息延迟和能量效率三个方面的对比，得出 ACW-MAC 相比 SMAC 有较高的能量利用效率和较低的消息延迟。文献 [60] 提出一种自适应协调 MAC 协议 ——AC-MAC，该协议中占空比和竞争窗口自适应，新颖之处是在大范围的流量负载情况下，网络延迟与吞吐量有了改善。模拟实验结果表明，AC-MAC 协议相比 SMAC 协议以及 IEEE802.11 MAC 协议，能量消耗更低和网络延迟更小。

在占空比 MAC 协议中，由于负载循环的产生，多数据包、多流和多跳流量模式发生显著延迟现象。为了有效解决这些问题，文献 [61] 提出一种 CL-MAC(cross-layer medium access control) 协议，以适用于大范围流量负荷环境。CL-MAC 的调度是基于独特的流结构建立的数据包，有效地利用路由信息发送数据包到多跳流。当建立一个数据流时，CL-MAC 考虑路由缓冲区中所有未处理完的数据包以及与邻居节点建立起来的流请求。这使得 CL-MAC 做出更合理的调度，来反映当前的网络状态，并动态地优化调度机制。在相关实验中，CL-MAC 显着减少端到端延迟，增加数据传输率，同时降低传送每个数据包消耗的平均能量。

近些年，研究人员根据无线传感器网络的不同需求来设计介质访问控制协议，不断创新产生新的 MAC 协议，这些 MAC 协议主要集中在提高能效、减少网络延迟、延长网络寿命等方面，其应用场景主要针对特定传感器网络，因而不存在完全通用的 MAC 协议，也无法形成介质访问控制协议的通用标准。通过对各类 MAC 协议进行研究与分析，现有介质访问控制协议在安全性、实用性、移动性、稳定性、通用性等方面还存在诸多挑战，成为未来需要攻克的难题。

2. 能量高效利用

无线传感器网络的一个主要应用为数据收集[62]。在收集数据的过程中，外节点向近 Sink 节点进行数据传输，由于传感器网络多跳中继通信和 “多对一” 流量特点，使得 Sink 周边节点转发的能量更多，消耗的能量更快，因而也更容易死亡，从而导致整个网络死亡和更多节点能量的浪费，这称为 “能量空洞”(energy hole)[63]。当网络寿命结束以后，高达 90% 的初始总能量被剩余[64]。因此，如何延长网络寿命、提高能量利用率、避免能量空洞成为网络设计者需要考虑的主要问题。由于能量空洞现象对能量效率、通信路由的影响，避免能量空洞具有重要的应用前景和现实意义。文献 [62] 从网络负载和节点密度研究着手，研究证明满足所有工作传感器以相同比率释放的能量可达到的条件，通过引入等效检测半径的概念，使每个节点平衡能量消耗的方法来避免能量空洞的产生。大量的仿真实验结果表明，能量控制平衡密度结合可访问性条件的方法，对避免能量空洞具有有效性。

Watfa[65] 等通过理论研究长寿命物理共振电磁状态现象与局部缓解消逝场模式，并就是否可用于多跳方式上有效传输能量进行实验仿真。同时规定修改传感器节点都需要在硬件上以无线方式传输和接收能量，引入一个名为充电层 (charging layer) 到传感器网络协议栈的新层，并引入无线传感器网络中 Witricity 的技术对节点进行充电，以保证各节点能够正常持续的工作。他们的研究结果表明：多跳无线能量传输的效率高达 20%，达到了 8 跳。他们提出的方法第一次解决了传感器网络中多跳无线能量传输，为未来这方面的研究提供了很好的借鉴。

文献 [66] 首先采用微分的方法从理论上分析得到多跳平面无线传感器网络节点承担的数据量，发现节点承担的数据量只与网络半径 R 和采用的发射半径 r 相关，而与节点密度无关。在此基础上准确得到网络不同区域的能量消耗情况，进而分析网络中第一个节点死亡的时间 (the first nodal death time，FDT)，发现 FDT 与节点发射半径 r 相关，给出最大 FDT 以及最优的计算方法。同样，网络中所有节点死亡时间 (all nodal death time，ADT) 也与 r 相关，并给出网络最大 ADT 的理论上限计算方法。分析得到网络中 FDT、ADT 时网络的剩余能量率。最后，准确给出了网络中能量空洞产生的区域和大小。通过大量的模拟实验，发现模拟实验结果与理论分析结果一致，证明了该理论分析结果的正确性，从而能够为传感器网络的部署、优化、能量空洞避免提供很好的指导作用。

针对“多对一”无线传感器网络中的能量空洞问题，文献 [67] 对现有能源空洞问题方案进行分类，将基于 corona 的能量空洞问题分为六类：采用动态聚类节点、非均匀节点部署、Sink 流动性、中继节点、配置节点和多级传输范围。通过详细分析各类能量空洞问题，运用能源平衡的分析方法，对网络连通性和覆盖性、能源和最优 corona 宽度的基本数学建模进行研究，使得这些模型可以在能量空洞的解决方案中使用，达到避免能量空洞的影响。

文献 [68] 分析传感器的能耗模型、传感器的数据传输模型和传感器网络的能量消耗分布模型，基于数据转发和选择路由策略提出 WSNEHA(WSN energy hole alleviating) 算法。WSNEHA 算法以平衡传感器在 Sink 的第一半径范围内的能量消耗。实验结果表明，WSNEHPA 能够有效地平衡传感器能量在 Sink 的第一个半径范围内的消耗，并且有效地延长传感器网络的生命周期。文献 [69] 为防止能量空洞和提高无线传感器网络容错能力，提出一种 EHAEC(energy hole aware energy efficient communication routing algorithm) 算法。该算法能够最大程度的解决能量空洞问题和通过产生一种高效节能生成树来减少用于通信的能量。作为 EHEAC 算法的优化，EHAEC-1FT(EHAEC for one-fault tolerance) 算法使用 EHAEC 树来识别冗余通信线路和承受节点出现故障。经过模拟实验的评估，EHAEC 在能源效率方面比直接进行数据传输快 3.4 ～ 4.8 倍，从而延长无线传感器网络寿命。当容错发生在故障之前和容错的冗余创建时，EHAEC-1FT 在能源效率方面优于 EHAEC。

无线传感器网络的能量消耗问题一直是人们关心的热点问题。因此，如何节约能量、延长网络寿命、避免能量空洞具有重要的应用前景与实际价值[70]。

3. 安全路由协议

安全性是无线传感器网络诸如战场监视、医疗监控和突发应急等众多应用的关键[71]。然而，由于传感器网络在计算、存储、通信带宽和存储能量等方面的有限性，一些在因特网或自组织网络开发的安全机制不能直接应用。在现有技术条件下，囊括每个传感器节点诸如介质访问控制、路由、定位、时间同步、电源管理、传感和组管理的安全机制，这是很难实现的[71]。因此，一个安全路由协议 (secure routing protocol) 的实现，对确保数据的完整性、可用性和降低其他服务的攻击，具有良好的可行性与经济性。近些年，相当多的研究人员对安全路由协议进行研究改进，针对特定的传感器网络提出各种路由协议，效果明显。

文献 [72] 针对面向服务架构的无线传感器网络，提出一种自适应负载均衡多路径路由协议 SM-AODV (service-oriented multipath ad hoc on-demand distance vector)，该协议采用负载均衡、拥塞控制和安全传递策略，以解决现有多路径路由方案的局限性。在 SM-AODV 中，数据包采用安全可靠跨多路径传递的方案，它分离了节点的应用能力，并提供当前方案中一些不可替代的优化。SM-AODV 在源路由处通过使用一个密钥共享体制，来大幅度提高下行流量的可靠性。SM-AODV 采用自适应拥塞控制方法，即使该节点在频繁发生链路故障的情况下，也是有效的。仿真实验结果表明自适应和安全的负载均衡路由方案可以提高传感器网络的健壮性和安全性。SM-AODV 可以为无线传感器网络提供可靠的应用级服务。

网络寿命优化和安全问题是多跳无线传感器网络两个相互冲突的问题[73]。文献 [73] 首先提出了一种新的安全和高效的成本感知安全路由 (cost-aware sEcure routing，CASER) 协议，通过能源平衡控制 (energy balance control，EBC) 和以概率为基础的随机步态 (probabilistic-based random walking) 两个可调参数，以解决这两个相互冲突的问题。然后发现，对于特定网络拓扑进行均匀能量部署，其能量消耗严重不成比例，这大大降低了传感器网络的生命周期。为了解决这个问题，提出一种有效的非均匀的能量部署策略，以优化在相同的能量资源和安全性条件下的网络寿命和消息传送率。同时，还对提出的路由协议进行量化的安全分析。理论分析和 OPNET 仿真结果表明，CASER 协议可以提供优良的权衡路由效率和能量之间的平衡，并显著延长传感器网络的生命周期。而对于非均匀能量部署，分析显示不仅可以增加网络寿命，而且在相同条件下被转发的消息总数增加 4 倍以上。实验结果表明，CASER 协议可以达到很高的信息传输率，同时防止路由追踪攻击。

针对异构多跳无线网络建立稳定和可靠的路由，文献 [74] 提出了 E-STAR(a secure protocol for establishing stable and reliable routes in HMWNs) 协议。E-STAR 结合了支付与信任系统的信任基础和能量感知路由协议。支付系统 (the payment system) 奖励传输数据包的节点和接收发送的数据包。信托制度 (the trust system) 在多维信任值方面评估节点的能力和转发数据包的可靠性。信任值附加到节点中要使用公开密钥证书来作出路由决定。此外开发两个路由协议来引导信息流，通过这些高度信任和具有足够能量的节点，来尽量减少突破路由的可能性。通过这种方式，E-STAR 不仅能促进节点转发数据包，而且具有保持稳定路由和监测电池能量的能力。此外，为实施有效的信托制度，信托值由处理接收凭据计算。分析结果表明，E-STAR 能够确保没有虚假指控的支付和信任计算。仿真结果表明，E-STAR 路由协议可以提高数据包投送率和路由稳定性。

针对无线传感器网络的能源效率和安全性，文献 [75] 提出了安全和能源感知路由协议 ETARP(energy efficient trust-aware routing protocol)。ETARP 试图处理如军事战场等极端环境下传感器网络的运用。路由协议的关键部分是基于效用理论进行路由选择。效用的概念是一种在路由协议上结合同步因子、能源效率和路由可信度的新方法。与 AODV(ad hoc on demand distance vector) 路由协议相比，ETARP 是基于引入额外开销的效用最大化来发现并选择路由。仿真结果表明，相比如 AODV-EHA 和 LTB-AODV(light-weight trust-based routing protocol) 路由协议，ETARP 可以保持相同的安全水平，同时在数据包传递过程中实现了更高能源效率。

文献 [76] 组合基于 MAC 地址的认证和过滤出低性能元件的功能来实现安全有效的路由算法，该算法在传感器没有获得函数时使用，以保持节点存活和彼此间通信。然后结合该算法提出经济高效的 CERP (cost-efficient routing protocol)，实验结果表明该模型能够为普适计算环境的发展提供贡献。为了解决大范围的攻击和满足无线传感器网络安全性和可扩展性的要求，文献 [77] 提出了一种新的路由协议 SGOR(secure and scalable geographic opportunistic routing)，SGOR 充分利用无线信道的广播特性和从地理路由继承的可扩展性提供稳健的特性。此外，针对多种 SGOR 攻击，提出环境敏感的信任模型来进行防御。理论证明和实验结果表明在严重的攻击下，SGOR 能够有效和健壮的生存。

总之，各类路由协议各有各的特点，表 2-1[77] 给出了关键设计问题的安全路由协议的比较，表 2-2[77] 给出了在攻击防范基础上的安全路由策略比较。如何设计安全性高、数据传输可靠性好和能抵御各类攻击的路由协议，成为未来需要继续研究的重点。

表 2-1 无线传感器网络安全路由协议的关键设计问题比较

协议	节点部署	能量消耗	数据报告模型	容错	可扩展性	数据聚合	服务质量
LIKAL	不适用	高效	不适用	关键结构	限制	基于集群	混合
SMSN	随机	不适用	不适用	多路径	不适用	不适用	不适用
SEIF	随机	轻量级	不适用	入侵容忍	中等	不适用	可靠
SERP	随机	轻量级	事件驱动	混合型	中等	基于树状	可靠
STAPLE	随机	轻量级	事件驱动	混合型	好	基于树状	其他
SHSMRP	随机	高效	查询驱动	关键结构	好	不适用	不适用
SeMuRa	随机	轻量级	查询驱动	多路径	中等	不适用	可靠
SCMRP	随机	高效	不适用	多路径	好	基于集群	可靠，延迟
MS-SPIN	确定	高效	事件驱动	关键结构	限制	不适用	不适用
SMRP	随机	高效	事件驱动	多路径	中等	不适用	可靠，
μTESLA	随机	轻量级	混合型	多路径	限制	不适用	延迟，带宽
MSR	随机	不适用	混合型	多路径	中等	不适用	可靠，延迟
EENDMRP	随机	高效	不适用	多路径	限制	不适用	延迟
Sec-TEEN	随机	高效	时间驱动	关键结构	中等	基于集群	其他
CLDRH	随机	高效	事件驱动	多路径	中等	基于集群	延迟，带宽
BEARP	随机	高效	时间驱动	混合型	好	不适用	可靠，延迟
SR3	随机	不适用	事件驱动	关键结构	中等	不适用	可靠，延迟

表 2-2 在攻击防范基础上的安全路由策略比较

协议	验证	保密性	完整性	可用性	新鲜性
LIKAL	是	否	否	否	否
SMSN	否	否	否	是	否
SEIF	是	否	否	是	是
SERP	是	是	否	是	是
STAPLE	是	否	是	是	是
SHSMRP	是	否	是	是	否
SeMuRa	是	否	是	是	否
SCMRP	是	是	是	是	否
MS-SPIN	是	否	否	是	否
SMRP	否	是	否	是	是
μTESLA	是	是	否	否	否
MSR	是	否	否	是	否
EENDMRP	是	是	否	是	是
Sec-TEEN	是	是	否	否	是
CLDRH	否	是	是	是	否
BEARP	是	是	是	是	是
SR3	是	是	是	是	否

4. *移动传感器*

移动传感器网络 (mobile wireless sensor network，MWSN) 作为无线传感器网

络的一个新兴研究领域，近些年逐渐引起了研究人员的兴趣[78]。MWSN 是一种特殊类型的 Ad-hoc 网络，由密度微小的传感器节点组成，彼此间通过传感器节点进行交互，传感器节点在适当的范围内收集关于物理世界的信息，并将所收集的信息发送到移动接收器[79]。MWSN 的一些研究侧重于采用算法以在合适的位置重新定位传感器，用来维护或增强网络覆盖范围[80]。其他 MWSN 的研究有基于路由协议[81−82]、水下移动传感器[83] 和 3D 动态搜索范围[84] 等。

文献 [79] 研究 MWSN 中基于定位的服务质量 QoS 和基于实时路由协议的电晕，两种比较研究在实际测试平台和仿真实验中实现。实验结果表明基于位置的路由协议不适用于 MWSN，因为它们在投递率和端到端延迟方面提供的性能较差。基于实时电晕协议相对基于位置的实时路由协议来说，数据包传送率高达 42%，并且经验数据包开销数量较少和端到端延迟最小。电晕机制增强了性能、可靠性和数据转发机制的灵活性。总之，电晕机制的整体 QoS 性能在长期投递率、功耗、数据包开销和端至端延迟方面比基于位置的实时路由协议更好。

文献 [85] 提出了一种 VELCT (velocity energy-efficient and link-aware cluster-tree) 方案来解决 WMSN 数据收集问题。VELCT 构建了基于簇头节点位置的数据收集树 (data collection tree，DCT)。DCT 中的数据收集节点不监测这个特别的环形，它只收集从簇头节点发送的数据包，并传送到相应的 Sink 节点。VELCT 设计方案在 WSN 簇头节点中有效的使用 DTC 来最大限度地减少能源利用、降低端到端延迟和流量。VELCT 算法通过构造简单的树结构，来降低簇头节点的能量消耗和避免频繁簇形成。同时，还提高了簇的生存时间。模拟结果表明，在 WMSN 中，VELCT 在能源消耗、吞吐量、端至端延迟和网络寿命方面比 QoS 提供更好的服务。

文献 [86] 针对 WMSN 搜索三维环境提出了一种分布式随机算法来实现，该算法采用最优三维网格图案来进行搜索，同时为了尽量减少搜索时间，每个移动传感器与其他传感器共享通信范围内的搜索信息。首先，移动传感器建立一个覆盖网格，然后随机移动到执行搜索任务的覆盖网格顶点。大量的模拟实验和严格的数学证明都显示该算法具有良好的性能。

WMSN 的移动问题主要有三类：Sink 可移动、路由可移动和网关可移动。这些移动给 WMSN 的研究带来一些难题。而解决移动过程中各方面问题还有待进一步研究。

5. 其他

无线传感器网络其他方面的研究挑战还包括传感器节点问题，如节点性能、价格、体积和能耗问题等；无线传感器与 Internet 的互联问题；模拟与仿真无线传感器平台问题；无线传感器数据传输安全问题等。虽然目前国内外很多高校、科研院所和学者都投入到这一研究领域，但是目前仍处于研究阶段，缺乏一定的实用性，未见重要的商业应用实施。

2.3 无线传感器网络介质访问研究现状

近些年，无线传感器网络逐渐发展成为在信号处理和数据通信领域的一个非常有用的技术，可广泛应用于手机监控、医疗系统、自然灾害、机器探索等领域。介质访问控制协议是无线传感器网络顺利和稳定运行的重要协议。MAC 协议设计的首要目标是在数据传输过程中减少能量消耗。由于传感器节点体积微小，携带的电池容量有限以及不易更换的特点，使得能量问题成为无线传感器网络中的核心问题。设计 MAC 协议其他需要考虑的问题包括可扩展性、延迟性、适应性、公平性、吞吐性以及带宽利用等。但由于无线传感器网络的应用场景和对象不同，各种 MAC 协议考虑的问题和设计目标各有差异。主要包括两个方面。

(1) 信道访问。信道访问主要分为固定和随机两种方式。根据信道访问策略不同可将 MAC 协议分为非竞争的 MAC 协议、竞争的 MAC 协议和混合型 MAC 协议。非竞争的 MAC 协议信道间互不干扰，避免了节点之间的冲突。非竞争的 MAC 协议主要基于 Quorum 来设计实现，文献 [87] 提出了一种自适应、同质、异步的 Quorum MAC 协议 ——HQMAC(homogenous quorum based medium access control)。在 HQMAC 中，某些传感器节点采用网络的流量负载方式，调整其工作和睡眠时间间隔。为了保证两个相邻节点的唤醒时间间隔重叠，提出了一种名为 BiQuorum 的新 Quorum 系统。实验结果表明，相比于现有的 Grid 和 Dygrid Quorum 系统，BiQuorum 提供更大的 Quorum 比例、时间重合点和最低的网络敏感性。同时为了实现网络寿命最大化，在 HQMAC 中实行一个 CDT(connected dominating tree)，这样可以在每个周期中有效地确定 dominatees、连接器和 Sink 的工作时间。HQMAC 通过让支配节点的工作时间自适应网络流量，来节约能量消耗。仿真结果证明 HQMAC 相比于现有其他 QueenMAC 协议提供低延迟、高数据包传送率和低能源消耗，从而延长了网络的生命周期。

文献 [88] 提出了一种 QMAC (a quorum-based medium access control) 协议，该协议使传感器节点根据自己的流量负载情况来调整睡眠时间。通过增加同一组的下一跳节点传输数据包的概率，来降低由于长时间睡眠而引发的延迟。仿真结果表明，QMAC 协议节省更多的能源，并降低了网络延迟。文献 [89] 提出了 AQMAC (adaptive quorum based MAC) 协议来节省能量和保证数据传输。AQMAC 使非均匀分布的传感器节点在低负荷条件下减小等待时间和增加吞吐量。同时还使用 q-Switch 路由和非均匀节点分配策略，来转换下一跳转发节点之间的数据流，以平衡节点之间的能量消耗和降低传输延迟。模拟实验表明，AQMAC 作为一种改进的 MAC 协议，在能量效率和吞吐量方面具有较好的效果。

基于竞争的 MAC 协议大部分是采用 CSMA 方式来实现的，这些协议可以很容易地适应网络拓扑结构的变化，也有充裕的时间来完成同步的要求。比较重要的竞争 MAC 协议主要有 S-MAC、IEE 802.11、T-MAC、MACA、DS-MAC、PAMAS、WiseMAC、B-MAC、Optimized MAC、X-MAC 等。

混合型 MAC 协议主要采用 CSMA 和 TDMA 方式来实现，主要由 Z-MAC、Funneling-MAC 等协议。部分三种类型的 MAC 协议介绍参见表 2-3[90]。

表 2-3　部分三类 MAC 协议的简要比较

协议	类别	类型	通信模式	自适应性	突出特点
MACA MACAW IEEE802.11	竞争	CSMA	所有	好	实现简单，高效节能 解决隐藏的终端问题
PAMAS	竞争	CSMA	所有	好	使用双信道，设计成本高，高效节能
S – MAC T – MAC DS – MAC	竞争	CSMA	所有	好	高效节能，宽松的时间完成同步
WiSeMAC B – MAC X – MAC	竞争	CSMA/ np-CSMA	所有	好	采用同步采样来减少占空比和空闲侦听，避免冲突
Sift	竞争	CSMA/ CA	所有	好	专为事件驱动的 WSNs 设计，低延迟
Optimized MAC	竞争	CSMA	所有	好	自适应占空比，数据包开销小
EMACs LMAC	非竞争	TDMA	所有	好	实现简单、灵活，避免冲突，能量高效
TRAMA	非竞争	TDMA	所有	好	节点睡眠时间长，避免冲突
Energy AwareMAC	非竞争	TDMA	所有	好	形成簇传感器节点，通过网关节约能量
D-MAC	非竞争	TDMA	汇聚传输	弱	使用自适应占空比来实现低延迟和能量高效
PMAC	非竞争	TDMA	所有	适中	使用睡眠–工作模式来减少空闲监听的能源浪费
SMACs	非竞争	TDMA CDMA	分布式	非常好	高效节能、低成本，易出现冲突和同步问题
Z-MAC	混合型	TDMA CSMA	所有	非常好	低延迟，信道利用率高和避免冲突，低成本
Funneling-MAC	混合型	TDMA CSMA/CA	所有	非常好	专为 WSNs 的漏斗效应设计

(2) 能量消耗和延迟问题。能量消耗和延迟问题一直是无线传感器网络的核心问题。各类 MAC 协议一直把降低能量消耗和减小延迟作为协议设计的首要目标。文献 [91] 设计和实现了一种基于竞争和调度的 MAC 协议 ——BN-MAC(boarder node medium access control)。BN-MAC 在高流量和流动性条件下来实现高信道利用率、网络适用性和低延迟，同时，BN-MAC 减少空闲监听时间、发射、处理低成本单跳邻居节点之间的冲突和在网络重负载下实现高信道利用率。BN-MAC 采用三个模型来进一步降低能耗、空闲监听时间、串音、拥塞，以此来提高吞吐量和减少延迟。第一个模型为 AAS(automatic active and sleep)，主要用来减少空闲监听时间。第二个模型为 IDM(intelligent decision-making)，主要帮助节点感知环境特性。第三个模型为 LDSNS(least-distance smart neighboring search)，主要确定最短有效路径的单跳邻居节点，并且提供交叉分层来处理节点的移动。BN-MAC 采用具有低占空比的半同步功能，这有利于降低延迟和能耗，并提高吞吐量。此外，还采用独特的窗口时隙大小，以解决竞争问题和提高吞吐量。表 2-4[91] 为 BN-MAC 和其他混合 MAC 协议的优缺点展示结果。从模拟结果可以看出，BN-MAC 是一个强大和高能效的协议，它在 QoS 参数，诸如能量消耗、延迟、吞吐量、信道访问时间、成功传递率、覆盖效率和平均占空等方面优于其他混合 MAC 协议。

表 2-4 BN-MAC 和其他混合 MAC 协议之间的比较

参数	AD-SMAC	LPRT-MAC	BN-MAC	Speck-MAC	A-MAC	Z-MAC
覆盖范围	低	中等	高	中等	低	中等
网络寿命	低	中等	高	低	低	中等
平均延迟时间	中等	中等	低	高	中等	低
移动性	低	低	高	低	低	中等
吞吐量	低	中等	高	低	低	中等
剩余能量	低	中等	高	中等	低	中等
数据包大小	高	中等	低	高	中等	高
占空比/%	高	高	低	高	中等	中等
传感范围	高	高	低	中等	中等	中等
各种流量影响	中等	高	低	高	高	中等
投递率/%	中等	低	高	低	低	中等
检测路径时间	巨大	中等	低	高	中等	中等
损坏路径/%	中等	低	低	中等	高	高

文献 [92] 设计和验证一个新的 MAC 协议，该协议能够显著降低功耗和与 IEEE802.15.4 标准兼容，同时基于节点有效设置的占空比作为相邻节点传送时间的函数。在一个占空比周期，每个节点醒来发送一次和进行 N 次接收，其中 N 是邻居节点的数量，同时保持其余时间处于睡眠状态。该 MAC 协议与另一种能量高效的协议 ——AS-MAC 相比较，对两种方案之间的差异进行了分析；通过使用

OMNET++ 平台，与符合 ZigBee 标准的 MAC 协议进行了性能比较。所有的实验结果表明所提出的新 MAC 协议解决方案，具有灵活性、高效性，因为它在不同的占空比时提供高节能效果，而不对数据包传送产生负面影响。

文献 [93] 提出一种 DEC-MAC(a delay-and energy-aware cooperative medium access control) 协议来解决延迟和能耗问题。DEC-MAC 通过将一个节点的剩余能量作为中继选择度量的一部分，来平衡传感器节点的能耗，从而提高网络的生命周期。中继选择算法利用排除法和互补累积分布函数，来确定最短周期内最优的中继点。数值分析表明，DEC-MAC 协议能够确定不超过三个微时隙的最优中继。模拟结果表明，DEC-MAC 协议相比目前高效的 LC-MAC 和 CoopMAC 协议，减少了端到端数据包传输延迟和提高了网络的生命周期。

针对冲突是造成能量消耗的主要原因，文献 [94] 提出 CCEPMAC(collision control extended pattern medium access control) 协议来减少能量消耗。在模式 MAC 协议中，PETF (pattern exchange time frame) 中的 TE 时隙足够大来广播模式。在 PETF 开始时设立一个大的竞争窗口来避免冲突。因此，所提出的算法通过引入控制参数 α 来平衡冲突和延迟。影响控制参数 α 的因素见表 2-5[94]。

表 2-5　影响 α 的因素

数据包	竞争窗口	竞争者编号/Ns	吞吐量	延迟	控制参数 α
低	低	低	正常	正常	α 减少 0.1
低	低	高	低	低	α 增加 0.1
低	高	低	高	高	α 增加 0.1
低	高	高	正常	正常	不变
高	低	低	低	低	α 减少 0.1
高	低	高	低	低	α 减少 0.2
高	高	低	高	高	α 增加 0.1
高	高	高	低	低	α 减少 0.1

CCEPMAC 在能量消耗和延迟时间上与其他 MAC 协议的比较分别见表 2-6[94] 和表 2-7[94]。

表 2-6　CCEMPMAC 与其他 MAC 协议在能耗方面的对比

时间/s	剩余能量/J					
	802.11	SMAC	PMAC	EPMAC	CCEPMAC1 有冲突	CCEPMAC2 没有冲突
0	100	100	100	100	100	100
10	94	96	98	98.8	98.2	98.2
25	91	92	94	97.2	96.2	96.2
50	87	90	93	95.8	94.8	95.8
75	81	87	89	93.2	92.2	94.2
100	71	85	88	92.4	91.0	94.1

表 2-7 CCEMPAC 与其他 MAC 协议在延迟方面的对比

时间/s	延迟/s				
	802.11	SMAC	PMAC	EPMAC	CCEPMAC
0	0	0	0	0	0
10	0.82231	0.346	0.15	0.19	0.35
25	1.3122	0.823	0.22	0.32	0.71
50	1.38	1.243	0.32	0.21	0.82
75	1.4533	1.334	0.53	0.45	0.75
100	1.6964	1.434	0.64	0.49	1.12

2.4 本章小结

在过去数十年，无线传感器网络在数据通信领域逐渐成为一项非常有用的技术。能量消耗、延迟和介质访问控制问题，对无线传感器网络的发展提出一些新挑战。本章对无线传感器网络以及其体系结构进行概述，综述国内外无线传感器的一些挑战问题：高效的介质访问控制协议、能量高效利用、安全路由协议、移动传感器等，并详细介绍了国内外介质访问的相关研究，为后续研究提供基础。

第3章　基于 Quorum 的自适应同步介质访问控制协议

3.1　概　　述

以往无线传感器网络基于 Quorum 介质访问控制协议研究存在的不足：

(1) 能量有效性较低，网络寿命不高。以往的大多数研究主要考虑节省节点的能量消耗，因而以节点发送的数据量来安排节点所需的 Quorum 时隙。例如在文献 [98] 中，针对传感器网络中距离 Sink 不同的节点，其承担的数据量不同，因而安排不同数量的 Quorum 时隙以节省节点的能量消耗。虽然这种方法能够使网络的总能量消耗下降，但对网络的能量有效性与网络寿命却并没有利处。这是因为无线传感器网络中存在“能量空洞”的现象，即近 Sink 区域的节点由于要接收与转发整个网络的数据，因而其承担的数据量最多，能量消耗最大，因此这些节点最先死亡，围绕 Sink 环形区域形成能量空洞，导致 Sink 不能接收外围节点的数据，从而导致整个网络死亡。这时，即使外围区域节点剩余高达 90%，却不能被网络利用，因而减少远 Sink 区域节点的能量消耗并不能提高网络寿命。因此，采用传统的如文献 [95] 中的方法会导致能量不充分利用，能量有效性较低，同时也没有提高网络寿命。

(2) 网络的传输送延迟 (transmission latency) 较大。无线传感器网络最重要的作用是监视感兴趣区域的事件，在某些应用场合中对事件产生到 Sink 节点接收到事件信息所需的时间，即：传输延迟越小则对事件的处理越及时，对应用越有利。而当前的大多数研究出于对网络能量的考虑，尽量减少节点的 Quorum 时隙数量以节省能量。如果节点的 Quorum 时隙数量越少，路由上下游节点间的交叉时隙数量 (rendezvous) 也较少，节点感知到路由下一跳节点的延迟也较大，因而造成路由节点间网络的延迟较大。因而如何在保证网络寿命的前提下，减少网络延迟值得进一步研究。

在本章中，我们提出一种基于自适应 Quorum 系统同步传感器网络的介质访问控制协议 (adjustable quorum based MAC protocol，AQM)。本章工作的主要创新点如下：

(1) 提出一种 “FGgrid”Quorum 系统。提出的 “FGgrid”Quorum 系统与当前已

经提出的最好的 Quorums 系统的性能一样。

(2) 提出一种基于自适应 Quorum 系统同步传感器网络的介质访问协议。

本章提出了一种依据能量的充裕程度来调整节点的 Quorum 时隙数量，对于热点区域 (hotspots) 的节点采用正好满足数据传送所需的 Quorum 时隙，而对非热点区域的节点依据其能量充裕情况，其 Quorum 时隙数量不仅不比近 Sink 少，反而比近 Sink 区域的 Quorum 时隙数量大得多。从而使 AQM 协议具有比以往协议更好的性能：① 更高的能量利用率。充分利用了远 Sink 区域节点的剩余能量，使整个网络的能量利用率提高到 90% 以上；②更低的传输延迟。在 AQM 协议中，对远 Sink 区域能量较为充裕的节点增加了 Quorum 时隙，这样会导致路由相邻节点的交叉时隙数量增加，因而在进行数据通信时，会减少通信等待的时间，具有更低的传送延迟；③更高的网络寿命。对于非热点区域的节点来说，增加其 Quorum 时隙数量，从而可以减少热点区域节点的 Quorum 时隙数量，也可以保证热点区域节点与非热点区域节点间仍然具有较多的交叉时隙数量。从而减少了热点区域节点的能量消耗，提高了网络寿命。

更重要的是，本章的能量自适应的 Quorum 时隙调整策略还可运用到其他基于 Quorum 的 MAC 系统中，具有广泛的普遍适用性。例如，本章的能量自适应调整 Quorum 时隙策略运用到 FG-grid Quorums 系统中，减少网络延迟 6.7%~12.8%，提高能量有效利用率 2~5 倍。可见本章的策略是一种通用的策略，可广泛的运用到基于 Quorum 的 MAC 协议中，具有广泛的意义。

(3) 理论与实验结果表明 AQM 协议减少了网络延迟，提高了网络寿命与能量效率。

3.2 网络模型与问题描述

3.2.1 网络模型

本章研究的传感器网络是数据收集的监测传感器网络，这种网络广泛应用于各种监测领域。不失一般性，本章使用的网络模型基于如下假设。

(1) 设网络监测的区域为图 3-1 所示圆形区域，网络中的节点需要定时地对被监测对象进行监测，并将所采集的数据发送到基站。Sink 位于圆心，其网络半径为 R，节点密度为 ρ，节点的发送半径为 r，并且节点在部署后不移动[44]，所有的传感器节点根据其跳数被分组为环，Sink 节点的环号为 0，距离 Sink 跳数为 k 的所有节点都组成第 k 环。最小跳数路由算法在系统化初始化执行，使每个节点获得到达 Sink 的跳数，跳数相等的节点属于同一个环，到达 Sink 的跳数也是节点的环号[44]。根据图 3-1 的描述，由于节点的发送半径为 r，因此环的宽度 ℓ 要小于 r，

记 $\ell = \alpha r|0 < \partial \leqslant 1$。在检测的事件中，一个传感节点携带能量并且这些能量必须传送到多跳方式中的传感节点[96−103]。

定义 3-1　代理设置 (forwarders set，FS)：节点 A 的 FS 是指在节点 A 的发送半径 r 范围内，且节点的环号比节点 A 小 1 的那些节点设置。显然，第 1 环节点的 FS 只有 Sink 节点。在图 3-1 中，节点 A 的 FS 节点为 D, E，F，G，H，I。而节点 B 的 FS 只有节点 C。依据上述的节点跳数路由建立的算法，可以保证每个节点至少有一个 FS。

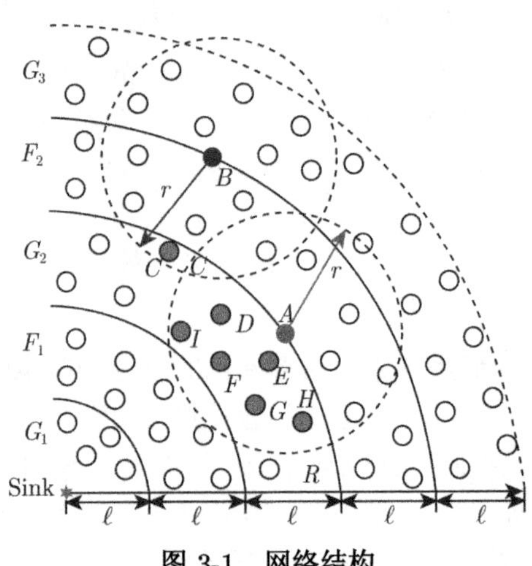

图 3-1　网络结构

(2) 在传感网络中，时间被分成一系列间隙，在文献 [102-105] 中被假定为同步。但是其节点可在本地同步，使得每个节点只需要与 FS 设置同步，便可克服时钟偏移、时间同步协议和 RTAS，可以被周期性地运行，以保持同步。

3.2.2　问题描述

本章研究的问题可以归结为使网络下面三个方面最优化。

1. 网络寿命最大化

应用需求的根本目标是使得网络寿命最大化。网络寿命可以定义为网络中第一个节点死亡的时间，由于网络中第一个节点死亡后，可能严重影响网络的连通与覆盖，导致网络不能完全发挥应有的作用。因此，本章定义网络寿命为第一个节点死亡的时间。设 E_i 为节点 i 的能量消耗，那么使得网络寿命最大化可以表达为下式：

$$\max(T) = \min \max_{0<i\leqslant n} (E_i) \tag{3-1}$$

2. 能量的有效利用率最大化

网络能量有效利用率是指当网络死亡时，网络中被利用的能量与网络初始能量的比值。网络能量有效利用率最大化可以表示为下式：

$$\max(\eta) = \min\left(\frac{\sum\limits_{i\in n} E_{\text{left}}^i}{\sum\limits_{i\in n} E_{\text{init}}^i}\right) \tag{3-2}$$

3. 传输延迟最小化

传输延迟 (用 D 表示)。D 是指当事件信息产生后，警告信息到达 Sink 所需要的传输时间。设数据包在到达 Sink 的多跳路由第 i 跳时的传输延迟为 d_i，那么传输延迟到达 Sink 的最小化可以表示为

$$\min(D) = \min\left(\sum_{i\subseteq \text{route}} d_i\right) \tag{3-3}$$

综上所述，可以得到本章的优化目标为下式：

$$\begin{cases} \max(T) = \min \max\limits_{0<i\leqslant n} (E_i) \\ \max(\eta) = \min\left(\dfrac{\sum\limits_{i\in n} E_{\text{left}}^i}{\sum\limits_{i\in n} E_{\text{init}}^i}\right) \\ \min(D) = \min\left(\sum\limits_{i\subseteq \text{route}} d_i\right) \end{cases} \tag{3-4}$$

3.3 基于 FG-grid 的 MAC 协议设计

3.3.1 FG-grid Quorum 系统

定义 3-2 Quorum 系统：给定一个全集 $U = \{1, 2, \cdots, N\}$，$Q = \{Q_1, Q_2, \cdots, Q_q\}$，$\forall Q_i \in Q, Q_j \in Q$。满足 $\forall Q_i, Q_j \in Q, Q_i \cap Q_j \neq \varnothing$ 被称为 Quorum 系统。Q_i 被称为一个 Quorum 系统。

定义 3-3 Bi-clique：给定一个正整数 n 和一个全集 $U = \{1, 2, \cdots, n-1\}$，$X$ 和 Y 为全集 U 的两个非空子集。当 $Q \in X$ 和 $Q' \in Y, Q \cap Q' \neq \phi$ 时，(X, Y) 称为 Bi-clique。

定义 3-4 F-clique(p，m)$[F(p, m)]$：给定一个正整数 n 和一个全集 $U = \{1, 2, \cdots, n-1\}$，对于 $1 \leqslant m \leqslant \sqrt{n}$，$0 \leqslant p \leqslant n-1$，$p$ 和 m 的 F-clique 定义

为 $F(p,m)$：

$$F(p,m)=\{(i\sqrt{n}+2m+p+j)(n\in N):i=0,\cdots,m-1,j=0,\cdots,\sqrt{n}-1\} \quad (3\text{-}5)$$

例如：当 n=16 时，F(2，2)={6，7，8，9，10，11，12，13}，如图 3-2(a) 所示。

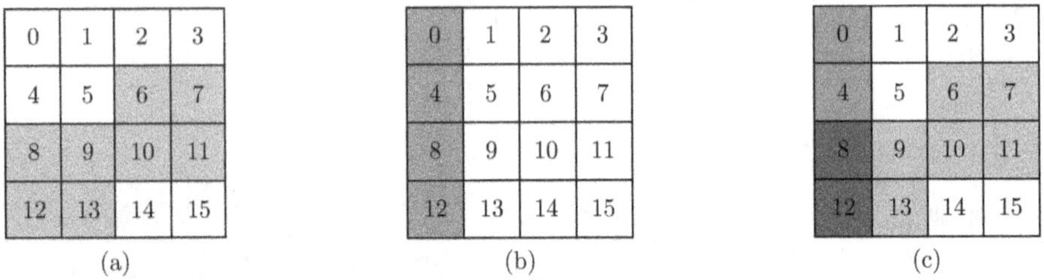

0	1	2	3
4	5	6	7
8	9	10	11
12	13	14	15

(a)

0	1	2	3
4	5	6	7
8	9	10	11
12	13	14	15

(b)

0	1	2	3
4	5	6	7
8	9	10	11
12	13	14	15

(c)

图 3-2　当 $n=16$ 时, (a) F(2, 2); (b) G(4, 1); (c) FG(2, 4, 2, 1)

定义 3-5　G-clique(q, m)[$G(q,m)$]：给定一个正整数和一个全集 $U=\{1,2,\cdots,n-1\}$，对于 $1\leqslant m\leqslant\sqrt{n}$，$0\leqslant p\leqslant n-1$，$q$ 和 m 的 G-clique 定义为 $G(q,m)$：

$$G(q,m)=\{(jn+im+q)(n\in N):i=0,\cdots,m-1,j=0,\cdots,\sqrt{n}-1\} \quad (3\text{-}6)$$

例如：当 n=16 时，$G(4,1)=\{0,4,8,12\}$，如图 3-2 (b) 所示。

定义 3-6　$FG(p,q,m_1,m_2)$ Quorum 系统：给定任意正整数 m_1,m_2 且 $1\leqslant m_1,m_2\leqslant\sqrt{n}$，$\forall 0\leqslant p,q\leqslant n-1$，$S$ 和 T 为集合 $U=\{0,1,\cdots,n-1\}$ 的两个非空子集。当 S 为 $F(p,m_1)$，T 为 $G(q,m_2)$ 时，称 (S,T) 为 $FG(p,q,m_1,m_2)$。

例如：已知 $F(2,2)$ 和 $G(4,1)$，可得 $FG(2,4,2,1)$ 为两个函数结果的交点 8，12，如图 3-2 (c) 所示。

定义 3-7　Quorum 时隙 (QTS)：唤醒一个传感器节点用来检查可能的数据交换的介质的时间槽。如图 3-2 (a) 所示时间槽 6，7，8，9，10，11，12 和 13。

定义 3-8　Non-Quorum 时隙 (NQTS)：在传感器节点中的时间槽可以调整其从无线电模式转为省电模式，以便节省能源。如图 3-2(a) 所示时间 0，1，2，3，4，5，14 和 15。

FG-grid Quorum 系统具有如下性质：

性质 3-1　$F(p,m_1)$ 有 $m_1\sqrt{n}$ 个元素。由上面的定义易知，对于 $F(p,m_1)$，当给定 m_1 时，就可知已经选定一组工作时隙，而这组工作时隙数目为 $m_1\sqrt{n}$，至于具体选择哪些时隙，则由 p 来确定。

性质 3-2　$G(q,m_2)$ 有 $m_2\sqrt{n}$ 个元素。同理可知，$G(q,m_2)$ 有 $m_2\sqrt{n}$ 个工作时隙，其中 m_2 决定 QTS 数量的多少，而 q 来确定具体是哪些时隙被选择为 QTS。

定义 3-9　QTS 数量的决定参数 $m\in\{m_1,m_2\}$。因为，参数 m_1 和 m_2 决定了 Quorum 中 QTS 数量的多少，因而称 $m\in\{m_1,m_2\}$ 为 QTS 数量的决定参数。

性质 3-3 FG-grid Quorum 系统的占空比 $\varepsilon = \dfrac{m\sqrt{n}}{n} = \dfrac{m}{\sqrt{n}}\ (m \in \{m_1, m_2\})$。

3.3.2 基于 FG-grid 的 MAC 协议

每个节点选择本章提出的 FG-grid Quorum 系统，时间被分为相同的最小基本时间单位——时隙，一个时隙的持续时间为 τ。n 个时隙组成一个周期，长度为 n，其持续时间为 $T = n\tau$，如图 3-3 所示。图 3-3 给出了 FG-grid Quorum 系统的帧结构。在图 3-3 中，一个周期由 n=16 个时隙组成。节点在 Non-quorum 时隙关闭所有的通信设备以节省能量。而节点在 QTS 中，开始是一段信标窗口 (beacon window，BW) 时间，随后剩余的时隙称为数据窗口 (data window，DW)。数据操作在 DW 时间内进行。节点在 BW 时间内决定是否要在此时隙进行数据操作 (接收与发送)，如果没有数据需要操作，则随后的 DW 时间内转为睡眠状态。如果有数据操作，则在随后的 DW 时间内进行数据操作。

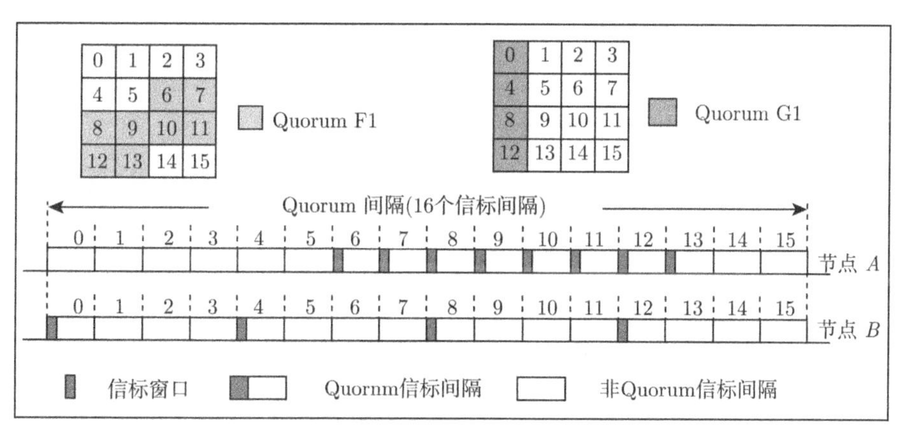

图 3-3 FG-grid Quorum 系统的帧结构

每个节点根据所在网络的节点数量来选择 F-clique 还是 G-clique。偶数节点数可能选择 G-clique，相反，奇数节点数可能选择 F-clique。通过选择 F-clique 和 G-clique，相邻的两个节点就组成一个 FG-grid。在下文中，将证明两个节点分别选择 F-clique 和 G-clique，分别形成各自周期的图案，在时隙期间至少满足彼此的一个时间交叉点。

定理 3-1 对于两个节点 A 和 B，一个选择 F-clique[$F(p, m_1)$]，另一个选择 G-clique[$G(q, m_2)$]，分别形成各自的周期模式，在 n 个时隙内，相交的时间为 $m_1 \times m_2$。

证明 对于任意的 $\sqrt{n} \cdot \sqrt{n}$ 的 Grid，一个 F-clique 意味着任取 Grid 中的 $m_1 \cdot \sqrt{n}$ 个 QTS，由式 (3-5) 可知，这 $m_1 \cdot \sqrt{n}$ 个 QTS 使每列必定有 m_1 个时隙被选中；对于 G-clique 取 Grid 中的 $m_2 \cdot \sqrt{n}$ 个 QTS，由式 (3-6) 可知，而这 $m_2 \cdot \sqrt{n}$

个 QTS 必定使得 m_2 列的时隙都被选定。又由于 F-clique 必定在每列选中 m_1 个时隙，从而可以推导出他们一定有 $m_1 \times m_2$ 个交点。

1. 时隙个数的确定

前面提出 FG-grid Quorum 系统，但是在每一周期中需要多少 QTS 还没有确定。因此，接下来主要论述节点 QTS 数量的确定。依据 FG-grid Quorum 系统的性质，对于 $F(p, m_1)$ 有 $m_1\sqrt{n}$ 个 QTS，对于 $G(q, m_2)$ 有 $m_2\sqrt{n}$ 个 QTS。由于无线传感器网络的数据收集周期决定了周期 n 的大小，故对一个确定应用的 WSNs 来说，其 n 是确定的。因此，要确定系统的 QTS 实质就是要确定参数 m_1 和 m_2。值得注意的是：虽然本节是依据节点的负载情况给出环 (ring)i 的节点应该选择的 QTS 决定性参数 m_i，但并不意味着本章基于 MAC 协议的 FG-grid Quorum 系统必须在环 i 选择 m_i。实际上，FG-grid Quorum 系统只是一种通用的系统，可以依据 MAC 协议的需要来选取 m_i。如果依据环 i 选择 m_i 则是前面所述的最小 QTS 方法。如果整个网络都按最大的 m_i 取相同的 QTS，称之为相同 QTS 方法，这是以往研究中使用的最多的方法[100,104−105]。而随后提出的 AQM 协议则是一种与以往策略都不相同的方法：即在负载较轻的区域反而选择更大的 m_i，这样既能够充分利用这些区域剩余的能量，又能够降低网络延迟，从而具有较好的效果。而本节理论上给出不同环选择的 m_i 有助于我们更深入的了解基于 Quorum 的 MAC 协议。

影响系统 QTS 取值的因素主要是网络的负载，显然，如果网络需要传送的数据量多，则需要更多的 QTS 以便将更多的数据传送到 Sink。其次，影响 QTS 取值的另一个因素是节点的 FS 数量 (主要由节点的密度决定)。如果节点的 FS 数量多，则当节点处于 QTS 时，此时只要任意一个 FS 也处于活动隙，就可以进行数据发送，因而所需的 QTS 较少。反之，如果节点 A 仅有一个 FS，则节点 A 仅能够在 $m_1 \times m_2$ 个交叉隙 (intersection slot) 进行数据发送。因而，需要较大的 QTS 数量 (m_1 或者 m_2 较大)。下面先计算节点的 FS 数量。由于节点的环是通过最小跳数扩散路由算法得到的，因而环的宽度 ℓ 是由系统确定的，不能改变。定义 $\ell = \alpha r | 0 < \partial \leqslant 1$。对于如图 3-4 所示的第 k 环距离内环边为 $x | 0 \leqslant x < \ell$ 处的节点 B 其 FS 数量计算如下：

定理 3-2　考虑传感器节点 A 在第 k 环距离内环边 x 处，则其 FS 节点数量 A_{FS}，以及第 k 环的节点的平均 FS 数量为 $\bar{A}_{\mathrm{FS}}$ 分别如下式所示：

$$A_{\mathrm{FS}} = \rho S_{\mathrm{FS}} | S_{\mathrm{FS}} = [\theta_1 r^2 + \theta_2 (k-1)^2 \ell^2] - [x + (k-1)\ell]\sqrt{r^2 - (x+a)^2} \tag{3-7}$$

$$\theta_1 = \arccos\frac{x+a}{r}, \quad \theta_2 = \arccos\frac{b}{(k-1)\ell}$$

$$\bar{A}_{\mathrm{FS}} = \rho S_{av} = \rho \int_0^{\ell} x \cdot S_{\mathrm{FS}} \mathrm{d}x \tag{3-8}$$

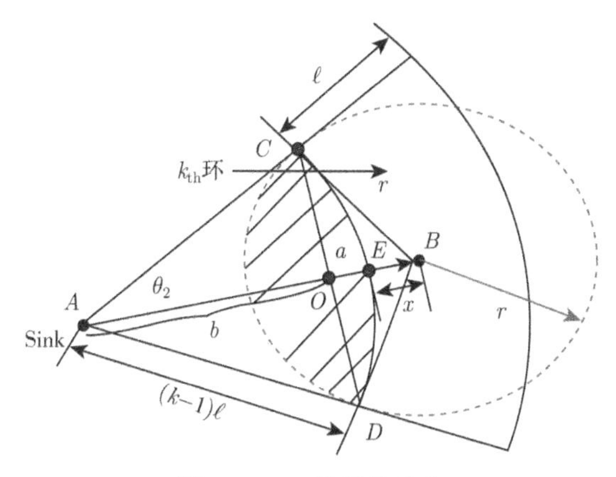

图 3-4 FS 数量的确定

证明 如图 3-4 所示，连接 CD，BC 和 BD，且 AB，CD 相交于点 O。

设 $OA = b, OE = a, a + b = (k-1)\ell$，由勾股定理可知：$r^2 - (x+a)^2 = (k-1)^2\ell^2 - b^2$。因此有

$$
\begin{cases}
a + b = (k-1)\ell \\
r^2 - (x+a)^2 = (k-1)^2\ell^2 - b^2
\end{cases}
$$

解得

$$
\begin{cases}
a = \dfrac{r^2 - x^2}{2x + 2\ell k - 2\ell} \\
b = (k-1)\ell - a
\end{cases}
$$

由余弦定理可知

$$
\angle A = 2\arccos\frac{b}{(k-1)\ell}, \quad \angle B = 2\arccos\frac{x+a}{r}
$$

由勾股定理可知

$$
OC = OD = \sqrt{r^2 - (x+a)^2}
$$

所以

$$
S_{\text{FS}} = S_{\measuredangle ACD} + S_{\measuredangle BCD} - S_{ACBD}
$$

解得

$$
S_{\text{FS}} = [\theta_1 r^2 + \theta_2 (k-1)^2 \ell^2] - [x + (k-1)\ell]\sqrt{r^2 - (x+a)^2}
$$

其中，

$$
\angle A = 2\theta_2, \quad \angle B = 2\theta_1。
$$

进而可知：当 $x=0$ 时，S_{FS} 取得最大值；当 $x=\ell$ 时，S_{FS} 取得最小值；$S_{av}=\int_0^\ell x\cdot S_{\mathrm{FS}}\mathrm{d}x$。所以，$\bar{A}_{\mathrm{FS}}=\rho S_{av}$。($\bar{A}_{\mathrm{FS}}$ 表示任一结点的平均 FS)

依据定理 3-2，可知节点处于越接近 Sink 一侧的环，其 FS 数量越多，反之越少 (见图 3-5)。而图 3-6 给出的是距离 Sink 不同环中平均 FS 数量，从图中可以看出，离 Sink 越远的环，其 FS 数量稍微高于近 Sink 环的 FS 数量。

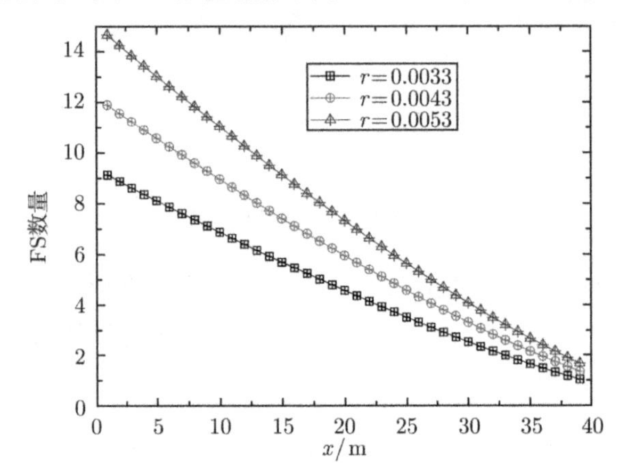

图 3-5　距离内环不同距离处的 FS 节点数量

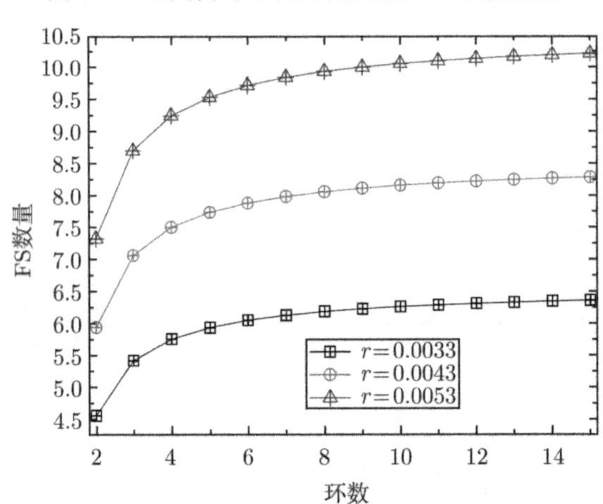

图 3-6　距离 Sink 不同环处的平均 FS 数量

定义网络半径 $R=\kappa\ell$，则表示网络由 κ 个环组成。给每个环编号，距离 Sink 最近的环为 1 号，距离 Sink 最远的环为 κ 号。下面计算每个环节点承担的数据量。

定理 3-3　假设节点在每一个时隙中产生数据包的概率为 $\lambda|0\leqslant\lambda\leqslant1$，即在一个时隙中产生 λ 个数据包。那么第 i 环节点在一个时隙内接收与发送的数据包

个数分别为下式：

$$B_i^r = \frac{\lambda\left(\kappa^2 - i^2\right)}{(2i-1)}, B_i^t = \frac{\lambda\left(\kappa^2 - i^2\right)}{(2i-1)} + \lambda \tag{3-9}$$

证明 假设节点在每一个时隙中产生数据包的概率为 $\lambda|0 \leqslant \lambda \leqslant 1$，即在一个时隙中产生 λ 个数据包。那么在一个时隙中第 i 环接收 $\geqslant i$ 环的数据包。共有数据包的个数为

$$\rho\lambda\left[\pi(\kappa\ell)^2 - \pi(i\ell)^2\right] = \rho\lambda\pi\ell^2\left(\kappa^2 - i^2\right)。$$

第 i 环共有节点个数为

$$\rho\left\{\pi(i\ell)^2 - \pi\left[(i-1)\ell\right]^2\right\} = \rho\pi\ell^2(2i-1)$$

则每个节点接收的数据包个数为

$$B_i^r = \frac{\rho\lambda\pi\ell^2\left(\kappa^2 - i^2\right)}{\rho\pi\ell^2(2i-1)} = \frac{\lambda\left(\kappa^2 - i^2\right)}{(2i-1)} \tag{3-10}$$

每个节点发送的数据包个数为 $B_i^t = \dfrac{\lambda\left(\kappa^2 - i^2\right)}{(2i-1)} + \lambda$。

依据定理 3-3，可以得到离 Sink 越近的节点承担的数据量越高，且随着离 Sink 越远，节点承担的数据量急剧下降 (见图 3-7、图 3-8)。这说明如果近 Sink 区域节点需要多得多的 QTS 数量才能将其承担的数据包成功转发。

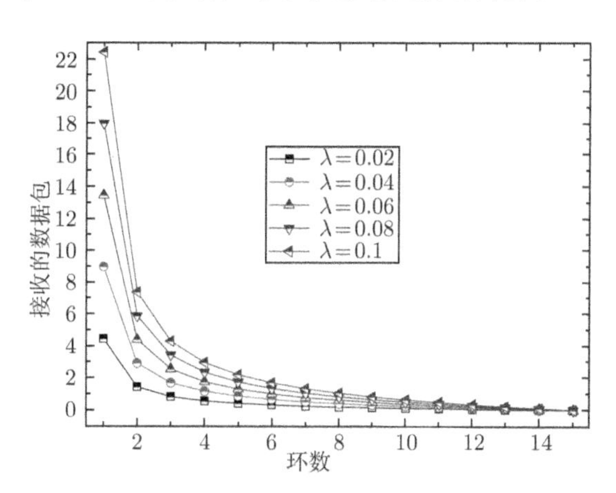

图 3-7 不同环处节点发送数据包的个数

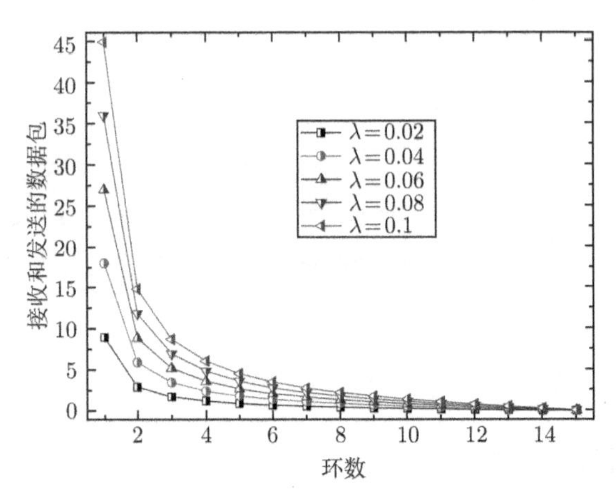

图 3-8　不同环处节点发送与接收数据包的个数

定理 3-4　在 FG-grid Quorum 系统中，设节点选择周期为 n，节点实际传输数据所需的时隙数为 μ，节点的 FS 数量为 υ，则节点成功发送数据的概率为

$$P=\begin{cases}\dfrac{n\left[1-(1-\varepsilon)^{\upsilon}\right]}{\rho\pi r^2\mu}, & 若\ n\left[1-(1-\varepsilon)^{\upsilon}\right]\leqslant\rho\pi r^2\mu\\ 1, & 其他\end{cases}\tag{3-11}$$

证明　冲突范围内共有 $z=\rho\pi r^2$ 个节点，节点的占空比为 $\varepsilon=m/\sqrt{n}$，因而，有 $z\varepsilon$ 个节点处于 QTS 状态。节点有数据发送的概率为 $\varepsilon_1=\mu/(m\sqrt{n})$，因而有 $z\varepsilon\varepsilon_1$ 个节点发送数据，因此节点抢占信道成功的概率计算如下：每个 FS 节点处于活动状态的概率为 ε。因而至少有一个节点处于活动状态的概率为 $1-(1-\varepsilon)^{\upsilon}$。当 FS 中有一个节点处于活动状态才能发送数据成功，因而有下式：

$$P=\frac{1-(1-\varepsilon)^{\upsilon}}{(\rho\pi r^2)(m/\sqrt{n})\left[\mu/(m\sqrt{n})\right]}=\frac{n\left[1-(1-\varepsilon)^{\upsilon}\right]}{\rho\pi r^2\mu}$$

依据定理 3-4，图 3-7 和图 3-8 给出了网络中不同环处节点发送数据包成功率的情况。从实验结果可以看出，由于近 Sink 的节点承担的数据量非常多，因而数据包成功发送的概率较低，而随着离 Sink 越远，数据发送成功率急剧上升 (见图 3-9、图 3-10)。

定理 3-5　设传感器节点信道速率为 Bbps，时隙持续时间为 τs、数据包大小为 δ bits。在一个恒定的流量负载 λ(一个时隙 τ 中产生 λ 个数据)，一个节点在环 i 中选择 F-clique $F(p,m_1)$ 或者 G-clique $G(q,m_2)$，其中 $m\in\{m_1,\ m_2\}$，对于环 i 的节点 $(i>1)$，所需的 QTS 决定性参数 m_i 满足下式：

$$m_i\left[1-\left(1-\frac{m_i}{\sqrt{n}}\right)^{\upsilon}\right]=\left(\rho\pi r^2\sqrt{n}\lambda^2\right)\left(\frac{\delta}{B\tau}\right)^2\left[\frac{(\kappa^2-i^2)}{(2i-1)}+1\right]^2\tag{3-12}$$

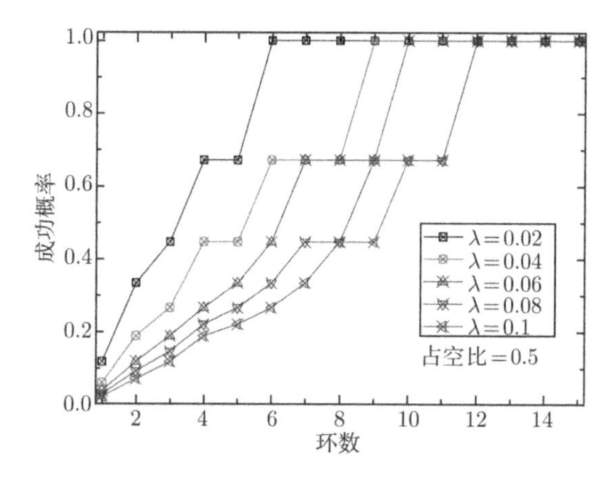

图 3-9 节点发送数据包的成功率 (不同数据率)

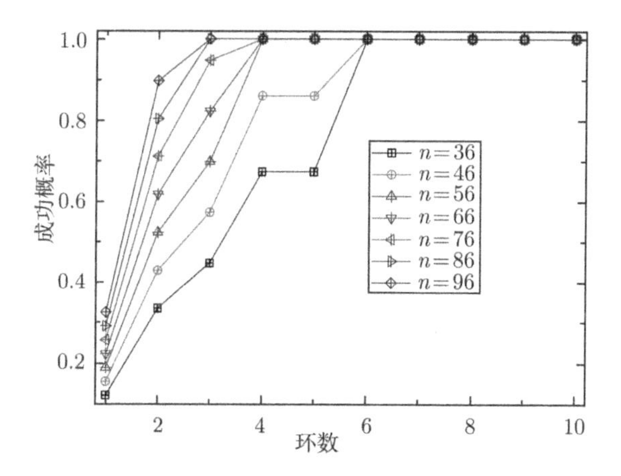

图 3-10 节点数据发送成功率 (不同周期 n)

证明 设节点实际所需要节点为 u，信道速率为 B bps，时隙持续时间为 τs，数据包大小为 δ，一个传感器节点每时隙 send/receive 为 $\dfrac{B\times\tau}{\delta}$ 数据包。从 (3-8) 式可得距离 Sink 为 x 的传感器节点接收 $n\times B_i^r$ 数据包/时隙，传送 $n\times B_i^t$ 数据包/时隙。因此在环 i 的传感器节点需要 $u=\dfrac{\delta\times n\times B_i^t}{B\tau}+\dfrac{\delta\times n\times B_i^r}{B\tau}$ 个节点在每周期来转发它的访问流量。

设数据发送的成功率为 P，设节点取 QTS 决定性参数为 m_i，则节点此时的 QTS 个数 $m_i\sqrt{n}=u/P$。则有

$$m_i\sqrt{n}=\frac{\left(\rho\pi r^2\right)\mu^2}{n\left[1-(1-\varepsilon)^{v}\right]}\quad\Rightarrow\quad m_i\left[1-(1-\varepsilon)^{v}\right]=\frac{(\rho\pi r^2)\mu^2}{n\sqrt{n}}\quad\Rightarrow$$

$$
\begin{aligned}
m_i\left[1-(1-\varepsilon)^{\upsilon}\right] &= \frac{\left(\rho\pi r^2\right)}{n\sqrt{n}}\left(\frac{\delta\times n}{B\tau}\right)^2\left[\frac{\lambda\left(\kappa^2-i^2\right)}{(2i-1)}+\lambda\right]^2 \\
&= \left(\rho\pi r^2\sqrt{n}\lambda^2\right)\left(\frac{\delta}{B\tau}\right)^2\left[\frac{\left(\kappa^2-i^2\right)}{(2i-1)}+1\right]^2
\end{aligned}
$$

定理 3-5 给出了 QTS 决定性参数的取值。从式 (3-12) 可以看出：m_i 的取值与数据产生率 λ^2、数据包长度 δ^2 成正比，这是因为数据产生率越大，数据包长度越大，显然所需的 QTS 数量越多，因而 m_i 越大。同时 m_i 与节点密度 ρ，r^2 成正比，节点密度与发送半径 r 越大，则干扰节点越多，冲突越多，因而需要更多的 QTS。在第一个时隙产生的数据包为 λ 的情况下，$\sqrt{n}$ 越大，则一个周期内产生的数据量越多，因而所需 QTS 越多。显然节点数据包发送率 B 越大，则所需 QTS 越小，而 τ 越大，则意味着数据产生率减少，因而所需 QTS 数量也减少。式 (3-12) 的 $\left[\frac{\left(\kappa^2-i^2\right)}{(2i-1)}+1\right]^2$ 是与节点所在的环相关的参数，显然离 Sink 越远，节点承担的数据量越小，因而所需的 m_i 越小。另外，式 (3-12) 是一元多项式，m_i 一般较小，采用穷尽举方法很容易得到结果。

第 1 环节点接收数据与所有环的模式相同。因而其接收数据所需要的 QTS 决定性参数为式 (3-13) 中的解 m_1^r。

$$
m_1^r\left[1-\left(1-\frac{m_1^r}{\sqrt{n}}\right)^{\upsilon}\right]=\left(\rho\pi r^2\sqrt{n}\lambda^2\right)\left(\frac{\delta}{B\tau}\right)^2\left(\kappa^2-1\right)^2 \tag{3-13}
$$

但是其发送到 Sink 的方式与其他环不同。因为 Sink 节点总是处于睡眠状态。因而只要第 1 环的节点有数据发送，且能够抢占到信道则总是可以发送。其发送数据所需要的 QTS 决定性参数为定理 3-6 所示。

定理 3-6 对于第 1 环的节点，设传感器节点信道速率为 Bbps，时隙持续时间为 τs，数据包大小为 δ bits。在一个恒定的流量负载 λ，一个节点在环 1 中参数为 m_1^t 有如下式子：

$$
\begin{cases}
m_1^t \geqslant \left[1-\sqrt[n_1]{\left(1-\dfrac{n_a}{n_1}\right)}\right]\sqrt{n}\,|B_{\text{total}}^t=\delta\rho\pi R^2\lambda \\
B_{\text{total}}^r=\rho\pi R^2\lambda-\rho\pi\ell^2\lambda, n_1=\rho\pi\ell^2, n_a=\dfrac{n\left(B_{\text{total}}^t+B_{\text{total}}^r\right)\delta}{B\times\tau}
\end{cases} \tag{3-14}
$$

证明 对于 Sink 一跳范围内的节点，一个时隙内需要发送的总数据包量为 $B_{\text{total}}^t=\delta\rho\pi R^2\lambda$，接收的数据包个数为 $B_{\text{total}}^r=\rho\pi R^2\lambda-\rho\pi\ell^2\lambda$。在一个周期内共产生 $n\left(B_{\text{total}}^t+B_{\text{total}}^r\right)$ 个数据包需要发送到 Sink，一个时隙可以发送的数据包个

数为 $\dfrac{B\times\tau}{\delta}$，也就是至少需要 $n_a=\dfrac{n\left(B_{\text{total}}^t+B_{\text{total}}^r\right)\delta}{B\times\tau}$ 个活动时隙。因而 Sink 一跳范围内共有 $n_1=\rho\pi\ell^2$ 个节点，因此，n_1 个节点在周期 n 内至少要产生 n_a 个工作时隙数。1 跳节点数至少有一个节点处于 QTS 的概率为 $\xi_i=1-(1-\tau)^{n_1}$。因此，1 跳范围内在 1 个周期内有 $n_1\xi_i$ 个时隙能够与 Sink 通信, 因而只要 $n_1\xi_i\geqslant n_a$ 即可。

$$n_1 1-(1-\tau)^{n_1}\geqslant n_a \quad\Rightarrow\quad n_1\left\{1-\left[1-\left(m_1^t/\sqrt{n}\right)\right]^{n_1}\right\}\geqslant n_a$$

即 $m_1^t\geqslant\left[1-\sqrt[n]{\left(1-\dfrac{n_a}{n_1}\right)}\right]\sqrt{n}$。

结合式 (3-13) 和式 (3-14) 可以得到第 1 环所采用的 QTS 决定性参数为下式：

$$m_1=m_1^r+m_1^t \tag{3-15}$$

2. 网络延迟

定理 3-7 考虑 FG-grid Quorum 系统的占空比为 ε，对于第 k 环的节点，其 FS 集合个数为 υ，则数据经过此节点向前转发的平均延迟为

$$d_{>1}=\sum_{i=1}^{n-1}iD_s=\sum_{i=1}^{(1-\varepsilon)n-1}\left[i\varepsilon(1-\varepsilon)^{(i-1)}P_k\right]+\sum_{i=(1-\varepsilon)n}^{n-1}\left[i(1-\varepsilon)^{(1-\varepsilon)n}P_k\right]+n(1-P_k) \tag{3-16}$$

其中 $P_k=\dfrac{n\left[1-(1-\varepsilon)^{\upsilon}\right]}{\rho\pi r^2\mu_k}$，$u_k=\dfrac{\delta\times n\times B_k^t}{B\tau}+\dfrac{\delta\times n\times B_k^r}{B\tau}$。

证明 因为数据包可以在任意时刻到达，设数据包到达的时隙为周期中的第 k 个时隙。数据包到达后，如果节点 A 在下一个时隙 (第 k+1 个时隙) 正好处于活动状态，则可以发送此数据包，而节点正好在这一时隙处于活动状态的概率为 ε。如果节点在这一时隙处于活动状态，依据前面的论述可知在这一个时隙发送成功的概率等于

$$P_k=\frac{n\left[1-(1-\varepsilon)^{\upsilon}\right]}{\rho\pi r^2\mu_k},\quad u_k=\frac{\delta\times n\times B_k^t}{B\tau}+\frac{\delta\times n\times B_k^r}{B\tau}$$

因而数据包到达后，在随后的一个时隙能够成功发送的概率为 εP_i。这时，数据包在此节点经历的延迟是 1 个时隙。但是节点 A 可能在 k+1 个时隙处于睡眠状态，而在第 k+2 个时隙处于活动状态。因而，处于这种情况的概率是 $\varepsilon(1-\varepsilon)$，而如果发送的话，发送成功的概率同样是 P_i，因而在这种情况下发送成功的概率是 $\varepsilon(1-\varepsilon)P_i$。这时，数据包在此节点经历的延迟是 2 个时隙。

同样，节点 A 可能在 k+1 到 $k+i-1$ 个时隙处于睡眠状态，而在第 $k+i$ 个时隙处于活动状态。类似可以得到在这种情况下发送成功的概率是 $\varepsilon(1-\varepsilon)^{(i-1)}P_i$。这时，数据包在此节点经历的延迟是 i 个时隙。

假设节点收到数据包后，在 n 个时隙内没有发送成功则丢弃此数据包。由于节点在一个周期中有 n 个时隙，由于占空比为 ε，因而处于活动状态的 QTS 个数为 εn，处于睡眠状态的时隙个数为 $(1-\varepsilon)n$。因而当一个数据在经过 $(1-\varepsilon)n$ 次节点 A 处于睡眠状态后，节点 A 必定都处于活动状态。因而，可以得到在这种情况下发送成功的概率是 $(1-\varepsilon)^{(1-\varepsilon)n}P_i$。这时的延迟为 i 个时隙。

因而，可以得到式 (3-17)：

$$\begin{cases} D_s = \varepsilon(1-\varepsilon)^{(i-1)}P_i, & i < (1-\varepsilon)n \\ D_s = (1-\varepsilon)^{(1-\varepsilon)n}P_i, & \text{其他} \end{cases} \tag{3-17}$$

因而数据发送成功的加权平均延迟为

$$\sum_{i=1}^{n-1} iD_s = \sum_{i=1}^{(1-\varepsilon)n-1}\left[i\varepsilon(1-\varepsilon)^{(i-1)}P_k\right] + \sum_{i=(1-\varepsilon)n}^{n-1}\left[i(1-\varepsilon)^{(1-\varepsilon)n}P_k\right]$$

而不成功的概率 $(1-P_k)$，其延迟为 $n(1-P_k)$。综上可证。

依据定理 3-7，图 3-11 给出了数据在经过不同环的节点上转发的延迟。很显然，近 Sink 处节点的负载大，因而有较大的延迟。而远 Sink 处的节点数据转发延迟很小。数据包端到端的延迟是整个路由上延迟的和，因而离 Sink 越远，其端到端延迟越大 (见图 3-12)。

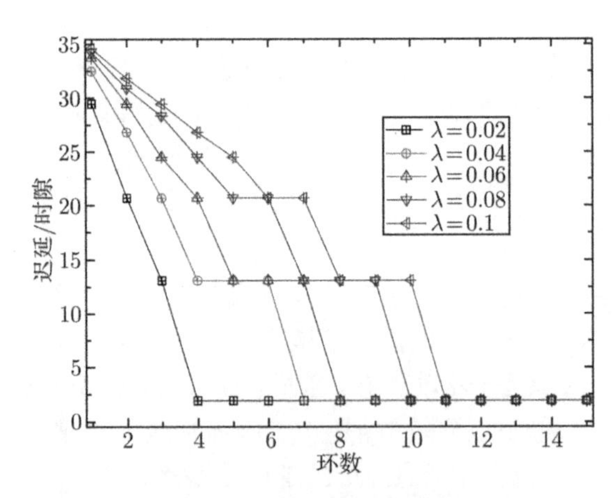

图 3-11　不同环处节点的数据发送延迟

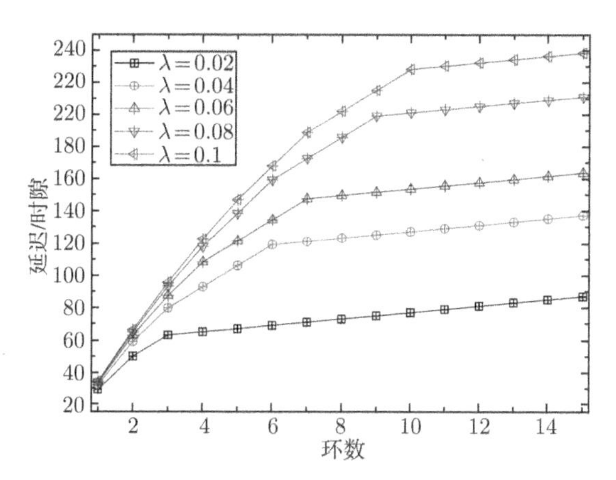

图 3-12 不同环处的数据的端到端延迟

定理 3-8 假定 FG-grid Quorum 系统的占空比为 ε，节点的密度为 ρ，则 Sink 一跳范围内节点转发数据成功的延迟是

$$d_{=1} = \sum_{j=1}^{n-1} iP_j = \sum_{j=1}^{(1-\varepsilon)n-1} \left\{ j\left[(1-\varepsilon)^{(j-1)}\right] u_1/\left(\rho\pi r^2 n\varepsilon\right)\right\} + \sum_{j=(1-\varepsilon)n}^{n-1} \left\{ j\left[(1-\varepsilon)^{(1-\varepsilon)n}\right] u_1/\left(\rho\pi r^2 n\varepsilon\right)\right\} \tag{3-18}$$

其中,$u_1 = \dfrac{\delta \times n \times B_1^t}{B\tau} + \dfrac{\delta \times n \times B_1^r}{B\tau}$。

证明 设数据包到达的时隙为周期中的第 k 个时隙。数据包到达后，如果节点 A 在下一个时隙 (第 k+1 个时隙) 正好处于活动状态，则可以发送此数据包，而节点正好在这一时隙处于活动状态的概率为 ε。由于 Sink 一直处于活动状态。但此节点还需与其他节点竞争向 Sink 的信道。一跳范围内处于活动状态的节点个数为 $\nu = \varepsilon\rho\pi r^2$，其他节点发送数据的概率为 $\beta = \dfrac{n\varepsilon}{\mu_1}$，因而此节点抢占信道成功的概率为 $1/(\nu\beta)$。因而数据包到达后，在随后的一个时隙能够成功发送的概率为 $\varepsilon/\nu\beta = u_1/\left(\rho\pi r^2 n\varepsilon\right)$。这时，数据包在此节点经历的延迟是 1 个时隙。

同样，节点 A 可能在 k+1 到 $k+i-1$ 个时隙处于睡眠状态，而在第 $k+i$ 个时隙处于活动状态。类似的可以得到在这种情况下发送成功的概率是 $[(1-\varepsilon)^{(i-1)}]/(\rho\pi r^2\beta)$。这时，此节点经历的延迟是 i 个时隙。

因而，可以得到下式 (3-19)：

$$\begin{cases} P_j = \left[(1-\varepsilon)^{(j-1)}\right] u_1/\left(\rho\pi r^2 n\varepsilon\right), & j < (1-\varepsilon)\,n \\ P_j = \left[(1-\varepsilon)^{(1-\varepsilon)n}\right] u_1/\left(\rho\pi r^2 n\varepsilon\right), & \text{其他} \end{cases} \tag{3-19}$$

因而第 1 跳范围内的节点数据发送成功的加权平均延迟为：

$$\sum_{j=1}^{n-1} iP_j = \sum_{j=1}^{(1-\varepsilon)n-1} \left\{ j\left[(1-\varepsilon)^{(j-1)}\right] u_1/\left(\rho\pi r^2 n\varepsilon\right)\right\} + \sum_{j=(1-\varepsilon)n}^{n-1} \left\{ j\left[(1-\varepsilon)^{(1-\varepsilon)n}\right] u_1/\left(\rho\pi r^2 n\varepsilon\right)\right\}$$

3. 能量消耗与网络寿命

由前所述，节点在一个 Quorum 时隙中，开始是一段 BW 时间，随后剩余的时隙为 DW。数据操作在 DW 时间内进行。节点在 BW 时间内决定是否要在此时隙进行数据操作 (接收与发送)，如果没有数据需要操作，则随后的 DW 时间内转为睡眠状态。由于一个时隙的长度为 τ，设信标窗口的时间长为 τ_d，节点在信标窗口状态时的能量消耗率为 ϖ_b，节点发送数据的能量消耗率为 ϖ_t，接收数据的能量消耗率为 ϖ_r，节点处于睡眠状态时的能量消耗率为 ϖ_s。

定理 3-9 考虑节点环 i 的节点选取其的 QTS 决定性参数为 k_i，则其在一个时间周期的能量消耗为

$$\begin{cases} E_i = \pi_t^i \tau\varpi_t + \pi_r^i \tau\varpi_r + \pi_B^i\left[\varpi_b\tau_d + \varpi_s(\tau-\tau_d)\right] + \left(n - k_i\sqrt{n}\right)\tau\varpi_s \\ \pi_t^i = \dfrac{\delta\times n\times B_i^t}{B\tau}, \quad \pi_r^i = \frac{\delta\times n\times B_i^r}{B\tau}, \quad \pi_B^i = k_i\sqrt{n} - \pi_t^i - \pi_r^i \end{cases} \tag{3-20}$$

证明 因为环 i 的节点选取的 QTS 决定性参数为 k_i，因而在一个周期中有 $k_i\sqrt{n}$ 个 Quorum 时隙，依据前面的定理可知，在环 i 中每周期需要 $\pi_t^i = \dfrac{\delta\times n\times B_i^t}{B\tau}$ 时隙来发送数据以及 $\pi_r^i = \dfrac{\delta\times n\times B_i^r}{B\tau}$ 时隙来接收数据。这样发送数据的能量消耗为 $\pi_t^i\tau\varpi_t$，接收数据的能量消耗 $\pi_r^i\tau\varpi_r$，则还有 $\pi_B^i = k_i\sqrt{n} - \pi_t^i - \pi_r^i$ 个 Quorum 时隙，其能量消耗为 $\pi_B^i\left[\varpi_b\tau_d + \varpi_s(\tau-\tau_d)\right]$，其他 $n - k_i\sqrt{n}$ 个时隙处于睡眠状态，其能量消耗为 $\left(n - k_i\sqrt{n}\right)\tau\varpi_s$。

因而，在一个周期中的总能量消耗为

$$\begin{cases} E_i = \pi_t^i \tau\varpi_t + \pi_r^i \tau\varpi_r + \pi_B^i\left[\varpi_b\tau_d + \varpi_s(\tau-\tau_d)\right] + \left(n - k_i\sqrt{n}\right)\tau\varpi_s \\ \pi_t^i = \dfrac{\delta\times n\times B_i^t}{B\tau}, \quad \pi_r^i = \dfrac{\delta\times n\times B_i^r}{B\tau}, \quad \pi_B^i = k_i\sqrt{n} - \pi_t^i - \pi_r^i \end{cases}$$

依据定理 3-9，图 3-13 和图 3-14 给出了网络不同环处节点的能量消耗情况。可以看出近 Sink 区域的能量消耗高，而远 Sink 区域的能量消耗低。

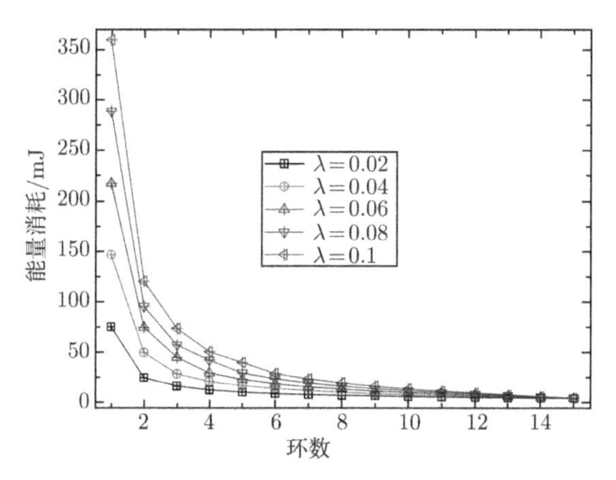

图 3-13 不同环处节点的能量消耗 (不同数据产生率)

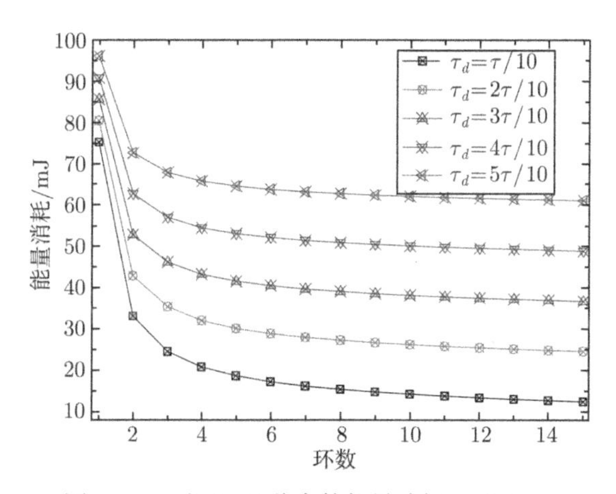

图 3-14 不同环处节点的能量消耗 (不同 τ_d)

定理 3-10 考虑环 1 的节点选取的 QTS 决定性参数为 k_1，则网络寿命为

$$\left\{\begin{array}{l}\varGamma=\dfrac{E_{\text{init}}}{E_1}=\dfrac{E_{\text{init}}}{\pi_t^1\tau\varpi_t+\pi_r^1\tau\varpi_r+\pi_B^1\left[\varpi_b\tau_d+\varpi_s\left(\tau-\tau_d\right)\right]+\left(n-k_1\sqrt{n}\right)\tau\varpi_s}\\ \pi_t^1=\dfrac{\delta\times n\times B_1^t}{B\tau},\pi_r^1=\dfrac{\delta\times n\times B_1^r}{B\tau},\pi_B^1=k_1\sqrt{n}-\pi_t^1-\pi_r^1\end{array}\right. \tag{3-21}$$

证明 因为传感器网络中环 1 依据定理 3-9 可以得到环 1 节点的能量消耗，则总的能量消耗为

$$\left\{\begin{array}{l}E_1=\pi_t^1\tau\varpi_t+\pi_r^1\tau\varpi_r+\pi_B^1\left[\varpi_b\tau_d+\varpi_s\left(\tau-\tau_d\right)\right]+\left(n-k_1\sqrt{n}\right)\tau\varpi_s\\ \pi_t^1=\dfrac{\delta\times n\times B_1^t}{B\tau},\quad \pi_r^1=\dfrac{\delta\times n\times B_1^r}{B\tau},\quad \pi_B^1=k_1\sqrt{n}-\pi_t^1-\pi_r^1\end{array}\right.$$

则其网络寿命为 E_{init}/E_1，从而可得。

依据定理 3-10，图 3-15 和图 3-16 给出了不同网络参数下的网络寿命情况。总的规律是如果数据的产生率 λ 越大，或者 QTS 决定性参数 m 越大，则网络寿命越小 (见图 3-15)。而数据包越大，网络寿命越小 (见图 3-16)。

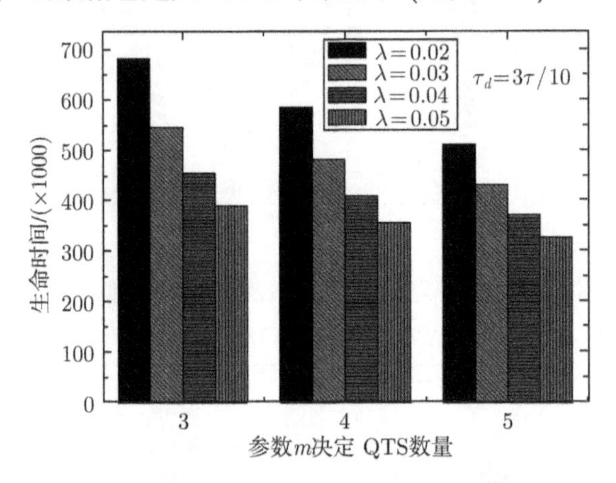

图 3-15　网络寿命 (不同 QTS 决定性参数 m 下)

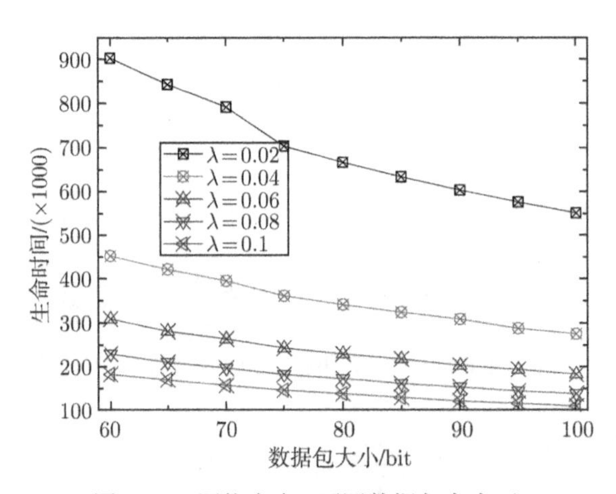

图 3-16　网络寿命 (不同数据包大小下)

3.4　自适应的基于 Quorum MAC 协议

自适应的基于 Quorum MAC 协议的提出主要来源于我们对无线传感器网络的如下两个发现：

发现 3-1　如果 Quorum 节点的时隙可以累加，那么交叉时隙就会增长，因

此转发延迟 (forwarding delay) 就会降低。

我们通过下面的例子来说明这个问题。当节点 A 位于 k 环时，其 FS 节点位于 k-1 环。节点 A 取 $F(p,m)$ 的元素 [见图 3-17(a)]，而节点 A 的 FS 取自 $F(p,m)$ 的元素 [见图 3-17(b)]，形成 (p,q,m_1,m_2)-FG-grid Quorum 系统。在这样的系统中，节点 A 与其任一 FS 节点必有 $m_1 \times m_2$ 个交叉点 (intersection points) [见图 3-17(c)]。在图 3-17 中，$m_1=2, m_2=1$，因而其交叉点是 2。因为交叉点较少，因而节点 A 有数据需要转发时，会有较大的延迟，特别是当节点的 FS 数量非常少时。在图 3-17 中，如果节点 A 只有一个 FS，设为节点 B。因而如果节点 A 在时隙 0 传到一个数据包，节点 A 需要在时隙 4 时才能将此数据发往节点 B。因而，此数据包在节点逗留的时隙数为 4 个，也就是在节点 A 上的转发延迟为 4。而如果节点 A 在时隙 4 接收到远方来的数据包，则此数据包只能在时隙 12 时才能向节点 B 发送。在节点 A 上的转发延迟是 8。

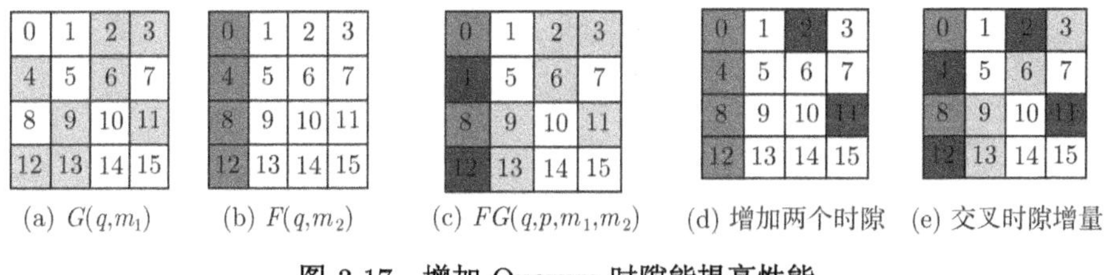

图 3-17 增加 Quorum 时隙能提高性能

但是，如果在节点 B 中增加少量的 Quorum 时隙，则转发延迟就会得到很大的下降。如图 3-5(d) 所示，在节点 B 中加入 2 个 Quorum 时隙，分别是第 2 和第 11 时隙，则节点 A 与节点 B 的交叉点就会从 2 个增加到 4 个 [见图 3-5(e)]。这时的转发延迟就分别会从 4，8 下降 2 和 7。可想而知，如果节点 A 也同时增加一些 Quorum 时隙，对提高系统的性能会更高。

发现 3-2 无线传感器网络远 Sink 区域还存在大量的能量剩余，因而可以利用那些节点中的剩余能量来增加节点的 Quorum 时隙，从而在不损害网络寿命的前提下，减少转发延迟。

图 3-18 显示的是采用本章 FG-grid Quorum 系统下网络不同位置的能量消耗情况。在 FG-grid Quorum 系统中，网络中所有节点的 QTS 数量相同，但是由于近 Sink 区域承担的数据量远高于远 Sink 区域，因而网络中的能量消耗是不均衡的。图 3-19 给出网络不同区域剩余的能量情况，可见，无线传感器网络中存在大量的剩余能量可用来增加节点的 QTS 数量，这是自适应的基于 Quorum MAC 协议提出的特质基础。

从以上分析可得：①增加节点的 QTS 数量，可以缩短网络的延迟，但需要付出更多的能量消耗代价；② WSNs 中远 Sink 区域还存在大量的剩余能量，因而可以充分利用非热点区域的剩余能量增加节点的 QTS 数量，从而可以在不缩短网络寿命的前提下减少数据收集的延迟。综合以上两点，自适应的基于 Quorum MAC 协议提出。

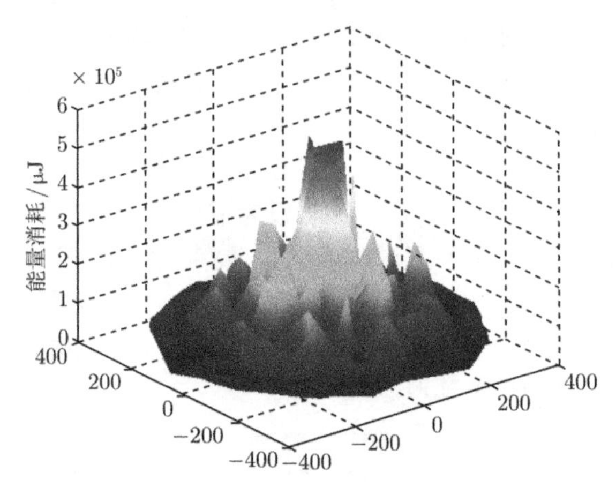

图 3-18　整个网络的能耗

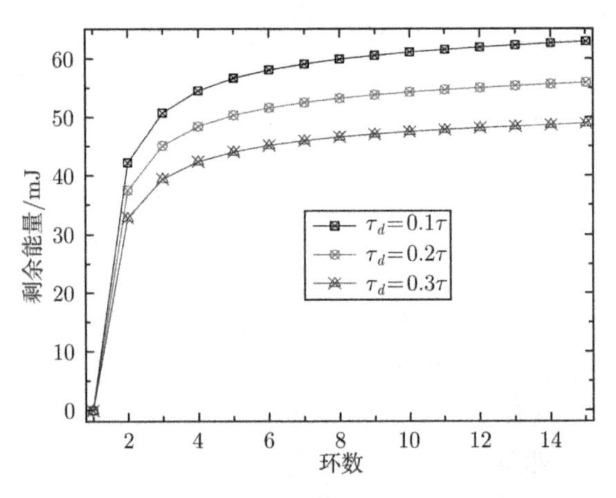

图 3-19　离 Sink 不同距离的总剩余能量

3.4.1　自适应 Quorum 设计

1. Quorum 时隙数量的计算

在同步的基于 Quorum 系统无线传感器网络中，其工作原则按如下方式进行。如果节点在 QTS 中没有数据需要发送，则在其信标窗口过后转入睡眠状态，而当有数据需要发送，则在数据窗口进行数据发送与接收。如果整个网络都采用选取相同的参数，虽然环 1 的 Quorum 时隙数量与环 $i(i>1)$ 节点的 Quorum 时隙数量相等，但是环 1 的节点由于承担了更大的数据量。因而，环 1 的节点需要更多的 QTS 用来发送数据，因而相对于环 $i(i>1)$ 的节点，其能量消耗更高，因而有能量剩余。AQM 协议的核心是利用远 Sink 区域剩余的能量以增加其 QTS 数量，因而，本节主要计算是得到距离 Sink 不同环剩余能量的情况，以及给出不同环的参数 k 的取值。

定理 3-11 整个网络都选取相同 QTS 数量的决策参数，如果第 1 环选取的参数为 k_1，则环 i 的节点所剩余的能量如此下式：

$$\begin{aligned}E_{\text{left}}^{i} &= \left(\pi_t^1-\pi_t^i\right)\tau\varpi_t+\left(\pi_r^1-\pi_r^i\right)\tau\varpi_r+\left(\pi_B^1-\pi_B^i\right)\left[\varpi_b\tau_d+\varpi_s\left(\tau-\tau_d\right)\right]\\&\quad+\left(n-k_1\sqrt{n}-n+k_i\sqrt{n}\right)\tau\varpi_s\end{aligned}\tag{3-22}$$

其中 $\pi_t^i=\dfrac{\delta\times n\times B_i^t}{B\tau},\pi_r^i=\dfrac{\delta\times n\times B_i^r}{B\tau},\pi_B^i=k_i\sqrt{n}-\pi_t^i-\pi_r^i$。

证明 依据定理 3-9，环 1 与环 i 的节点的能量分别为。E_1 和 E_i，因而其能量剩余为下式：

$$\begin{aligned}E_1-E_i &= \left(\pi_t^1-\pi_t^i\right)\tau\varpi_t+\left(\pi_r^1-\pi_r^i\right)\tau\varpi_r+\left(\pi_B^1-\pi_B^i\right)\left[\varpi_b\tau_d+\varpi_s\left(\tau-\tau_d\right)\right]\\&\quad+\left(n-k_1\sqrt{n}-n+k_i\sqrt{n}\right)\tau\varpi_s\end{aligned}$$

其中 $\pi_t^i=\dfrac{\delta\times n\times B_i^t}{B\tau},\pi_r^i=\dfrac{\delta\times n\times B_i^r}{B\tau},\pi_B^i=k_i\sqrt{n}-\pi_t^i-\pi_r^i$。

依据定理 3-11，图 3-20 和图 3-21 给出最小 QTS 方法与相同 QTS 方法下网络不同区域的剩余能量情况。从计算结果可以看出：在这两种方法下，网络远离 Sink 区域都有大量能量剩余，而最小 QTS 方法下剩余的能量最多。

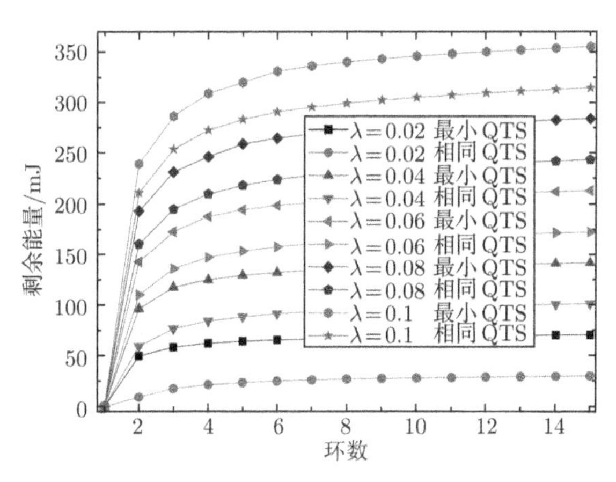

图 3-20 不同 λ 的左边能量

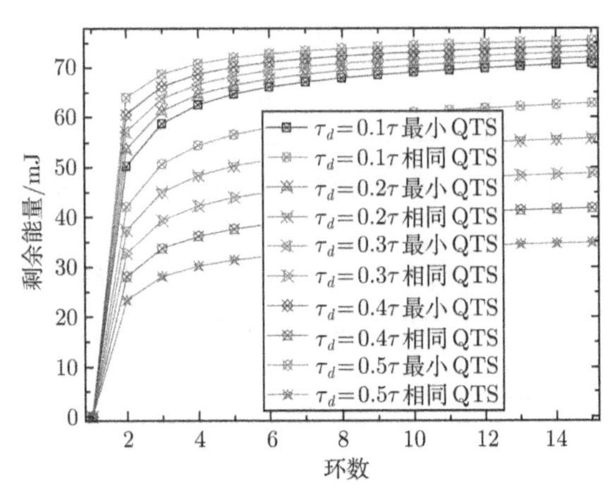

图 3-21 不同 τ_d 的左边能量

定理 3-12 如果第 1 环选取的 QTS 数量决策参数为 k_1，而其他环的节点剩余的能量用来增加 QTS 数量, 那么在不降低网络寿命的前提下，第 i 环可以增加的 QTS 个数为下式：

$$\zeta_i^{\Delta} = \frac{E_{\text{left}}^i}{(\varpi_b - \varpi_s)\,\tau_d} \tag{3-23}$$

证明 设第 i 环可以增加的 QTS 个数为 ζ_i^{Δ}，则第 i 环的 QTS 数量为 $k_1\sqrt{n}+\zeta_i^{\Delta}$。增加的能量消耗主要在于，使得 ζ_i^{Δ} 个时隙从睡眠状态转换为 QTS，由于节点承担的数据量是一定的，并不会因为增加了 QTS 数量而增加数据发送的时间。在每个 QTS 中，节点会有 τ_d 的时间由原来的睡眠状态转换成信标窗口状态，因而增加的能量消耗是

$$[\varpi_b\tau_d + \varpi_s(\tau - \tau_d)] - \varpi_s\tau = (\varpi_b - \varpi_s)\,\tau_d$$

因而有 $\zeta_i^{\Delta}(\varpi_b - \varpi_s)\,\tau_d = E_{\text{left}}^i$。故可得

$$\zeta_i^{\Delta} = \frac{E_{\text{left}}^i}{(\varpi_b - \varpi_s)\,\tau_d}$$

2. Quorum 时隙的调度 (schedule)

从 3.4 节可知，增加节点的 QTSs 可增加交叉时隙数。3.4.1 节我们给出不同环可增加 QTSs 的数量问题。但是如何安排调度新增加的 QTSs 使系统更有效也是一个重要的挑战。如果不对增加的 QTSs 仔细规划的话，也不一定能够有效的增加交叉时隙。如图 3-22 所示，节点 A 与节点 B 在没有采用 AQM 协议前的 QTSs 分布分别如图 3-22(a) 和图 3-22(b) 所示。如果节点 B 增加的 QTSs 在第 7 与第 15 时隙时 [见图 3-22(c)]，节点 A 与节点 B 的交叉时隙并没有得到增加。因而需要对增加的 Quorum 时隙进行仔细规划才能达到有效增加交叉时隙，从而有效减少转发延迟时间。因此，本节论述如果有效安排增加的 QTSs，提高网络性能的方法。

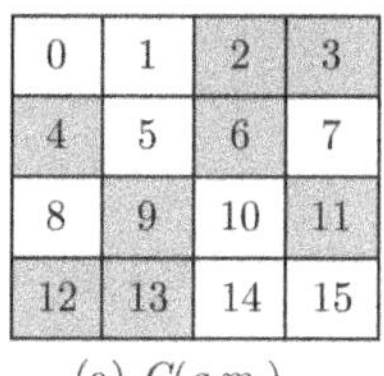

(a) $G(q,m_1)$

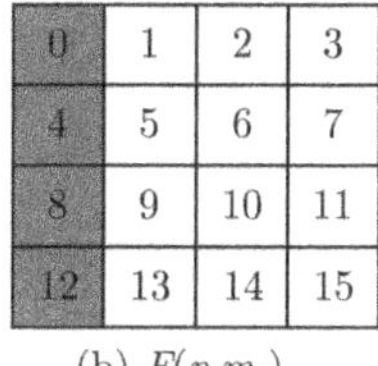

(b) $F(p,m_2)$

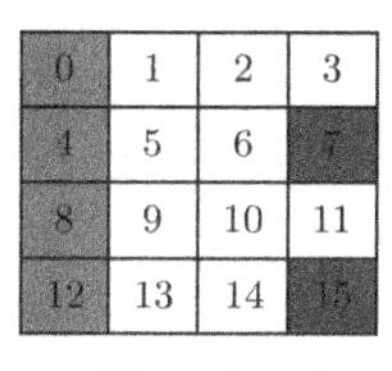

(c) 增加两个时隙

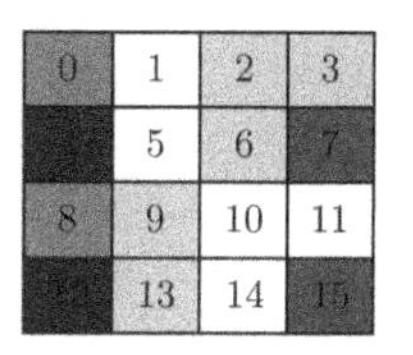

(d) 交叉时隙数无改变

图 3-22 增加 Quorum 时隙与增加交叉节点的影响

在 FG-grid 系统中，m_1 和 m_2 越大，网络敏感性越小。但是，m_1 和 m_2 越大导致占空比越大，需要消耗更多的能量来完成工作。为了同时减少能量消耗和网络敏感性，我们使用一种叫做 AIPA(add intersection points algorithm) 的新方法。假设节点 A 在环 i，节点 B 在环 $i+1$，节点 A 传输信息到节点 B。根据 FG-grid 系统，有 $m_1 \times m_2$ 个交叉节点。假设完成传输需要增加 $\alpha(1 \leqslant \alpha \leqslant \sqrt{n} - m_1 \times m_2)$ 个 QTS 到 B。如果我们能够对节点 B 增加 α 个 QTS，依照同样的方法，也能够对节点 A 增加 α 个 QTS, 这样就能够将网络所有节点都安排好合适的 QTS。因此，现在的问题是如何增加 $\alpha(1 \leqslant \alpha \leqslant \sqrt{n} - m_1 \times m_2)$ Quorum 时隙到节点 B。下面的算法 3-1 给出增加的方法。

算法 3-1 节点 $\boldsymbol{A}$ 传输信息到节点 $\boldsymbol{B}$，分别有 $\boldsymbol{m_1\sqrt{n}}$ 和 $\boldsymbol{m_2\sqrt{n}}$ 个 QTS。为节点 $\boldsymbol{B}$ 增加 $\boldsymbol{\alpha(1 \leqslant \alpha \leqslant \sqrt{n} - m_1 \times m_2)}$ 个 QTS 以使得 $\boldsymbol{A}$，$\boldsymbol{B}$ 的交叉节点最大。

输入：节点 $AF(p,m_1)$ 和节点 $BG(q,m_2)$，增加的 QTS 数量为 α

输出：节点 B 的 Quorum 时隙集合使得网络延迟参数最小：占空比 τ 和中继节点的 r_0。

1. 设 $x = m_1\sqrt{n}$，$y = m_2\sqrt{n}$；//节点 A、B 分别有 $m_1\sqrt{n}$、$m_2\sqrt{n}$ Quorum 时隙
2. 设 $z = m_1 \times m_2$；　　//节点 A、B 的交叉节点 $m_1 \times m_2$
3. 设 $I = \{i_1, i_2, i_3, \cdots, i_z\}$；//节点 A、B 的交叉节点集合
4. $I_A = \{i_{a1}, i_{a2}, \cdots, i_{ax}\}$，$I_B = \{i_{b1}, i_{b2}, \cdots, i_{bx}\}$
   //I_A、I_B 分别是节点 A、B Quorum 时隙集合
5. 根据集合 I，可得 I':

$$I' = \{\Delta i_1, \Delta i_2, \Delta i_3, \cdots, \Delta i_{m_1 * m_2 - 1}\}, \Delta i_j = i_{j+1} - i_j, 1 \leqslant j \leqslant m_1 \times m_2$$

6. 最大的 I' 为 $\Delta i_{\max}$，

$$\Delta i_{\max} = j_{j_{\max}} - i_{j_{\max}-1}, 2 \leqslant j_{\max} \leqslant m_1 \times m_2$$

7. 设 s=1，c=1；

8\. while $s < \alpha$ Do

9\. If $i_{ac} \notin I$ then

10\. 增加 i_{ac} 到 B; //i_{ac} 为交叉节点

11\. $s = s$+1;

12\. I、I'、$i_{j\max}$ 都改变;

13\. End if

14\. If $i_{j\max} \notin I$ 和 $s < \alpha$ then

15\. 增加 $i_{j\max}$ 到 B; //$i_{j\max}$ 为交叉节点

16\. $s = s$+1;

17\. I、I'、$i_{j\max}$ 都改变;

18\. End if

19\. $c = c$+1;

20\. End while

21\. Ouput I_B //得到优化的 Quorum 时隙集合

定义 3-10 网络敏感性 (network sensibility) 一个传感器节点检测在其邻域中的另一个节点的最长延迟，称为网络敏感性。在 Quorum 系统中，它是两个最远交点之间的距离。

举例来说明算法 3-1 的计算结果。从图 3-23 中可得: (a) A 的工作时间; (b1) B 的工作时间; (c1) A、B 交叉节点。

在 B 中增加两个节点，于是有 4 个交叉节点。根据上述规格选择 2、10 节点，于是 $\alpha = 2$，$G-(q, m)$ 为 $G-(q, m, \alpha)$，$FG-(p, q, m_1, m_2)$ 为 $FG-(p, q, m_1, m_2, \alpha)$。

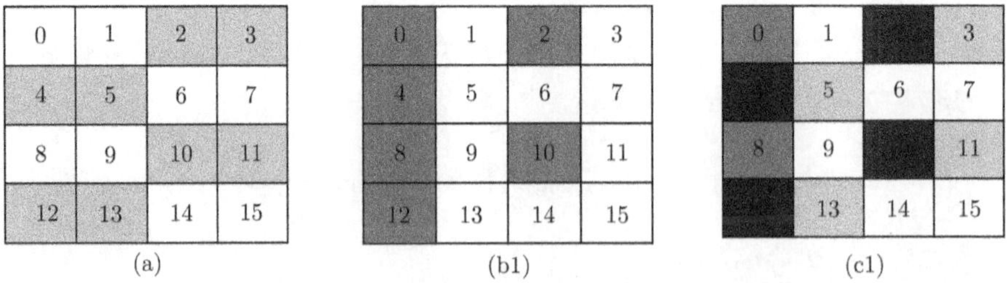

0	1	2	3
4	5	6	7
8	9	10	11
12	13	14	15

(a)

0	1	2	3
4	5	6	7
8	9	10	11
12	13	14	15

(b1)

0	1	2	3
4	5	6	7
8	9	10	11
12	13	14	15

(c1)

图 3-23 $n = 16$ 时, (a)F-clique(2,2), (b1) G-clique(4,1,2), (c1) FG-grid(2,4,2,1,2)

对比图 3-22 和图 3-23，图 3-22 中网络敏感性为 $12 - 4 = 8$，图 3-23 中为

$10-4=6$。同时图 3-23 中的交叉节点数为 4 多于图 3-22。因此，节点可以在短时间内完成工作和延长网络生命时间。

考虑 B 传输信息到 A 的例子。从图 3-24 得：(a1) A 工作时间；(b)B 工作时间；(c2) A、B 交点。在 A 中增加两个节点，于是有 4 个交叉节点。根据上述规格选择 0、8 节点。于是 α=2，$F-(p,m)$ 变为 $F-(p,m,\alpha)$，$FG-(p,q,m_1,m_2)$ 变为 $FG-(p,q,m_1,m_2,\alpha)$。

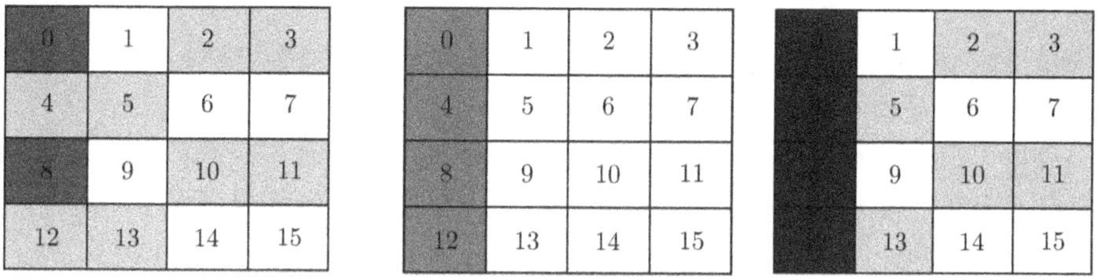

0	1	2	3
4	5	6	7
8	9	10	11
12	13	14	15

(a1)

0	1	2	3
4	5	6	7
8	9	10	11
12	13	14	15

(b)

	1	2	3
	5	6	7
	9	10	11
	13	14	15

(c2)

图 3-24 $n=16$ 时，(a1) F-clique(2,2,2); (b) G-clique(4,1); (c2)FG-grid(2,4,2,1,2)

对比图 3-22 和图 3-24，图 3-22 中网络敏感性为 $12-4=8$，图 3-24 中为 $4-0=4$。同时图 3-24 中的交叉节点数为 4 多于图 3-22。因此，节点可以在短时间内完成工作和延长网络生命时间。

3.4.2 自适应 Quorum 性能分析

下面对提出的 AQM 协议的性能进行分析。

1. **网络延迟对比**

定理 3-13 假设节点 A 位于第 k 环，其占空比为 ε，其 FS 集合个数为 υ 个，FS 节点的占空比为 ς，则数据经过此节点向前转发的平均延迟为

$$d_{\text{AQM}}=\sum_{i=1}^{n-1}iP_s=\sum_{i=1}^{(1-\varepsilon)n-1}\left[i\varepsilon(1-\varepsilon)^{(i-1)}P_k^{\varsigma}\right]+\sum_{i=(1-\varepsilon)n}^{n-1}\left[i(1-\varepsilon)^{(1-\varepsilon)n}P_k^{\varsigma}\right]+n\left(1-P_k^{\varsigma}\right) \tag{3-24}$$

其中 $P_k^{\varsigma}=\dfrac{n\left[1-(1-\varsigma)^{\upsilon}\right]}{(\rho\pi r^2)\,\mu_k}$，$\mu_k=\dfrac{\delta\times n\times B_k^t}{B\tau}+\dfrac{\delta\times n\times B_k^r}{B\tau}$。

证明 因为数据包可以在任意时刻到达，设数据包到达的时隙为周期时间中的第 k 个时隙到达。数据包到达后，如果节点 A 在下一个时隙 (第 $k+1$ 个时隙) 正好处于活动状态，则可以发送此数据包，而节点正好在这一时隙处于活动状态的

概率为 ε。而此节点能够成功发送数据成功的概率为下式:

$$P_k^{\varsigma}=\frac{n\left[1-(1-\varsigma)^{\upsilon}\right]}{(\rho\pi r^2)\,\mu_k},\quad \mu_k=\frac{\delta\times n\times B_k^t}{B\tau}+\frac{\delta\times n\times B_k^r}{B\tau}$$

因而数据包到达后，在随后的一个时隙能够成功发送的概率为 $\varepsilon P_k^{\varsigma}$。这时，数据包在此节点经历的延迟是 1 个时隙。

但是节点 A 可能在 k+1 个时隙处于睡眠状态，而在第 k+2 个时隙处于活动状态。因而，处于这种情况的概率是 $\varepsilon(1-\varepsilon)$，而如果发送的话，发送成功的概率同样是 P_k^{ς}，因而在这种情况下发送成功的概率是 $\varepsilon(1-\varepsilon)P_k^{\varsigma}$。这时，数据包在此节点经历的延迟是 2 个时隙。

同样，节点 A 可能在 k+1 到 $k+i$-1 个时隙处于睡眠状态，而在第 $k+i$ 个时隙处于活动状态。类似的可以得到在这种情况下发送成功的概率是 $\varepsilon(1-\varepsilon)^{(i-1)}P_k^{\varsigma}$。这时，数据包在此节点经历的延迟是 i 个时隙。

如果假设节点收到数据包后，如果在 n 个时隙内没有发送成功则丢弃此数据包。由于节点在一个周期中有 n 个时隙, 由于占空比为 ε，因而处于活动状态 (Quorum 时隙) 的个数为 εn，处于睡眠状态的时隙个数为 $(1-\varepsilon)\,n$。因而当一个数据在经过 $(1-\varepsilon)\,n$ 次节点 A 处于睡眠状态后，节点 A 必定都处于活动状态。因而，可以得到在这种情况下发送成功的概率是 $(1-\varepsilon)^{(1-\varepsilon)n}P_k^{\varsigma}$。这时的延迟为 i 个时隙。

因而，可以得到下式:

$$\begin{cases}P_s=\varepsilon(1-\varepsilon)^{(i-1)}P_k^{\varsigma}, & 若\ i<(1-\varepsilon)\,n\\ P_s=(1-\varepsilon)^{(1-\varepsilon)n}P_k^{\varsigma}, & 其他\end{cases}$$

因而数据发送成功的加权平均延迟为

$$\sum_{i=1}^{n-1}iP_s=\sum_{i=1}^{(1-\varepsilon)n-1}\left[i\varepsilon(1-\varepsilon)^{(i-1)}P_k^{\varsigma}\right]+\sum_{i=(1-\varepsilon)n}^{n-1}\left[i(1-\varepsilon)^{(1-\varepsilon)n}P_k^{\varsigma}\right]$$

而不成功的概率 $(1-P_k^{\varsigma})$, 其延迟为 $n(1-P_k^{\varsigma})$。综上可证。

推理 3-1 在 AQM 协议中，环 k 的平均延迟为:

$$\begin{cases}d_i^{\Delta}=\displaystyle\sum_{i=1}^{(1-\varepsilon')n-1}\left[i\varepsilon'(1-\varepsilon')^{(i-1)}P_k^{\varsigma'}\right]+\sum_{i=(1-\varepsilon')n}^{n-1}\left[i(1-\varepsilon')^{(1-\varepsilon')n}P_k^{\varsigma'}\right]+n(1-P_k^{\varsigma'})\\ 其中\varepsilon'=\left(m_k+\zeta_k^{\Delta}\right)/n,\quad \varsigma'=\left(m_{k-1}+\zeta_{k-1}^{\Delta}\right)/n\end{cases}\tag{3-25}$$

证明 依据 AQM 协议，环 k 和环 $k-1$ 可增加 QTS 数量分别为 ζ_k^{Δ}，ζ_{k-1}^{Δ}。因而环 k 和环 $k-1$ 的占空比分别为 $\varepsilon'=\left(m_k+\zeta_k^{\Delta}\right)/n$，$\varsigma'=\left(m_{k-1}+\zeta_{k-1}^{\Delta}\right)/n$。依据定理 3-11 可得环 k 的平均延迟为

$$d_i^{\Delta}=\sum_{i=1}^{(1-\varepsilon')n-1}\left[i\varepsilon'(1-\varepsilon')^{(i-1)}P_k^{\varsigma'}\right]+\sum_{i=(1-\varepsilon')n}^{n-1}\left[i(1-\varepsilon')^{(1-\varepsilon')n}P_k^{\varsigma'}\right]+n(1-P_k^{\varsigma'})$$

定理 3-14 AQM 协议下，数据短到端的加权平均延迟 $\overline{d^{\Delta}}$ 为下式。与采用相同占空比的策略到达 Sink 的平均加权延迟的比为

$$\overline{d^{\Delta}}=\sum_{i=1}^{\kappa}\left[\frac{(2i-1)}{\kappa^2}\sum_{j=1}^{i}d_j^{\Delta}\right],\overline{d^{\Delta}}/\overline{d_1}=\sum_{i=1}^{\kappa}\left[\frac{(2i-1)}{\kappa^2}\sum_{j=1}^{i}d_j^{\Delta}\right]\Bigg/\left\{d_1\sum_{i=1}^{\kappa}\left[\frac{(2i-1)i}{\kappa^2}\right]\right\}$$

证明 在采用相同占空比的策略中，数据到一跳中的延迟 d_1 为

$$d_1=\sum_{i=1}^{(1-\varepsilon)n-1}\{i\varepsilon(1-\varepsilon)^{(i-1)}[1-(1-\varsigma)^m]\}+\sum_{i=(1-\varepsilon)n}^{n-1}\{i(1-\varepsilon)^{(1-\varepsilon)n}[1-(1-\varsigma)^m]\}$$

网络的加权延迟计算如下：第 i 环节点的数据到达 Sink 的延迟为 id_1，第 i 环节点占整个网络的比例 $\varphi_i=\dfrac{\rho(2i-1)\pi\ell^2}{\rho\pi(\kappa\ell)^2}=\dfrac{(2i-1)}{\kappa^2}$，其中 $\rho(2i-1)\pi\ell^2$ 是指第 i 环节点个数，$\rho\pi(\kappa\ell)^2$ 是指整个网络的节点个数。因而整个网络的加权平均延迟为 $\overline{d_1}=\sum_{i=1}^{\kappa}(\varphi_i id_1)=d_1\sum_{i=1}^{\kappa}\left[\dfrac{(2i-1)i}{\kappa^2}\right]$。

对于 AQM 协议，第 i 环节点的数据到达 Sink 的延迟为 $\sum_{j=1}^{i}d_j^{\Delta}$，第 i 环节点占整个网络的比例同样为 $\varphi_i=\dfrac{(2i-1)}{\kappa^2}$。因此，整个网络的加权平均延迟为 $\overline{d^{\Delta}}=\sum_{i=1}^{\kappa}\left(\varphi_i\sum_{j=1}^{i}d_j^{\Delta}\right)=\sum_{i=1}^{\kappa}\left[\dfrac{(2i-1)}{\kappa^2}\sum_{j=1}^{i}d_j^{\Delta}\right]$。

2. 能量有效性对比

AQM 由于充分利用了网络能量来增加节点的 QTS，从理论上来说，网络中所有的能量都能够得到利用，因而其能量利用率为 100%。为了说明本章能量利用的有效性，定理 3-15 给出了整个网络采用相同数量 QTS 策略的能量利用率与本章 AQM 策略的能量利用率的对比。

定理 3-15 整个网络采用相同数量 QTS 策略的能量利用率与 AQM 协议的能量利用率的比值如下式：

$$\varphi=\sum_{i=1}^{\kappa}\left\{\frac{\pi_t^i\tau\bar{\omega}_t+\pi_r^i\tau\bar{\omega}_r+\pi_B^i\left[\bar{\omega}_b\tau_d+\bar{\omega}_s(\tau-\tau_d)\right]+(n-k_i\sqrt{n})\tau\bar{\omega}_s}{\pi_t^1\tau\bar{\omega}_t+\pi_r^1\tau\bar{\omega}_r+\pi_B^1\left[\bar{\omega}_b\tau_d+\bar{\omega}_s(\tau-\tau_d)\right]+(n-k_1\sqrt{n})\tau\bar{\omega}_s}\frac{(2i-1)}{\kappa^2}\right\}\tag{3-26}$$

证明　依据定理 3-9 可知，环 i 的节点数据发送数据、接收数据以及节点在 QTS 没有数据发送与接收的 Quorum 时隙数量分别为

$$\pi_t^i = \frac{\delta \times n \times B_i^t}{B\tau}, \quad \pi_r^i = \frac{\delta \times n \times B_i^r}{B\tau}, \quad \pi_B^i = k_i\sqrt{n} - \pi_t^i - \pi_r^i$$

其中 B_i^t 与 B_i^r 分别是环 i 节点发送与接收的数据量：$B_i^r = \dfrac{\lambda\left(\kappa^2 - i^2\right)}{(2i-1)}$，$B_i^t = \dfrac{\lambda\left(\kappa^2 - i^2\right)}{(2i-1)} + \lambda$。

依据定理 3-9 可以得到环 i 节点剩余的能量为

$$E_i = \pi_t^i \tau \bar{\omega}_t + \pi_r^i \tau \bar{\omega}_r + \pi_B^i \left[\bar{\omega}_b \tau_d + \bar{\omega}_s (\tau - \tau_d)\right] + \left(n - k_i\sqrt{n}\right)\tau\bar{\omega}_s。$$

第 1 环节点的能量消耗最大, 其能量消耗为

$$E_1 = \pi_t^1 \tau \bar{\omega}_t + \pi_r^1 \tau \bar{\omega}_r + \pi_B^1 \left[\bar{\omega}_b \tau_d + \bar{\omega}_s (\tau - \tau_d)\right] + \left(n - k_1\sqrt{n}\right)\tau\bar{\omega}_s。$$

第 i 个环与第 1 环的比值就是第 i 个环的能量有效利用率为$\phi_i = E_i/E_1$。第 i 环节点占整个网络的比例为 $\varphi_i = \dfrac{(2i-1)}{\kappa^2}$。因而加权的能量有效利用率为

$$\begin{aligned}
\varphi &= \sum_{i=1}^{\kappa} \varphi_i \phi_i \\
&= \sum_{i=1}^{\kappa} \left\{ \frac{\pi_t^i \tau \bar{\omega}_t + \pi_r^i \tau \bar{\omega}_r + \pi_B^i \left[\bar{\omega}_b \tau_d + \bar{\omega}_s (\tau - \tau_d)\right] + (n - k_i\sqrt{n})\tau\bar{\omega}_s}{\pi_t^1 \tau \bar{\omega}_t + \pi_r^1 \tau \bar{\omega}_r + \pi_B^1 \left[\bar{\omega}_b \tau_d + \bar{\omega}_s (\tau - \tau_d)\right] + (n - k_1\sqrt{n})\tau\bar{\omega}_s} \frac{(2i-1)}{\kappa^2} \right\}。
\end{aligned}$$

3.5 实验结果

本节对本章提出的基于 FG-grid Quorum 系统的 MAC 协议的性能进行分析，并对提出的 AQM 协议与相关协议进行对比分析。实验所采用主要参数如表 3-1 所示。实验所采用平台是 Omnet++[106]。

表 3-1　网络参数

符号	描述	值	符号	描述	值
E_{init}	初始能量	10J	τ	时隙大小	100ms
ω_t	转换能量	52.2mW	τ_d	信标窗口大小	10ms
ω_r	接收能量	83.1mW	λ	源数据率	1packet/s
ω_s	睡眠能量	48uW	δ	数据包大小	80bytes
ω_b	信标窗口能量	67.65mW	n	周期长度	36
B	信通速率	250kbps	λ	数据产生速率	0.0033packets/τ

3.5.1 FG-grid Quorum 系统性能分析

图 3-25 给出了在 FG-grid Quorum 系统中选择不同参数 m_1 和 m_2 对网络敏感性的影响。当 m_1 和 m_2 越大时，其网络敏感性越小。图 3-26 给出了不同参数 m_1 和 m_2 对交点数的影响。在 FG-grid Quorum 系统中，交点数为 $m_1 \times m_2$。据我们目前的研究，这是当前最好的 Quorum 系统能够达到的最好效果。

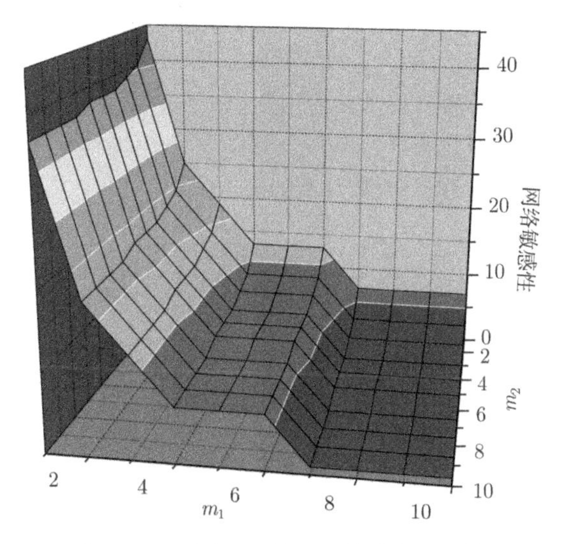

图 3-25 不同 m_1 和 m_2 的网络敏感性

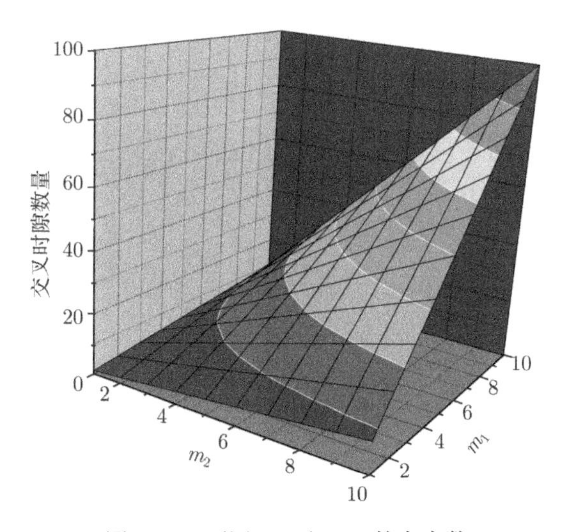

图 3-26 不同 m_1 和 m_2 的交点数

3.5.2　可增加 QTS 数量的计算

图 3-27 和图 3-28 给出了依据节点承担的数据量而需要不同 QTS 数量的情况。从实验结果可见，近 Sink 区域所需要的 QTS 数量远大于其他区域，从而导致网络的能量消耗不均衡。图 3-29 和图 3-30 给出了在不同 MAC 协议下的能量消耗情况。对于最小 QTS 方法，节点依据其承担的数据量分配所需要的 QTS 数量，也就是近 Sink 区域分配的 QTS 数量多，而远 Sink 区域分配的 QTS 数量小 (见图 3-27 和图 3-28)。在相同 QTS 方法中，网络所有节点都按最大所需 QTS 来分配。因而从图 3-29 和图 3-30 的实验结果可以看出，在最小 QTS 方法中，远 Sink 区域的能量更低。而在这两种方法下，远 Sink 区域的能量都有剩余，从而本章的 AQM 方法就是充分利用这些剩余的能量来增加 QTS 数量，从而提高网络性能。

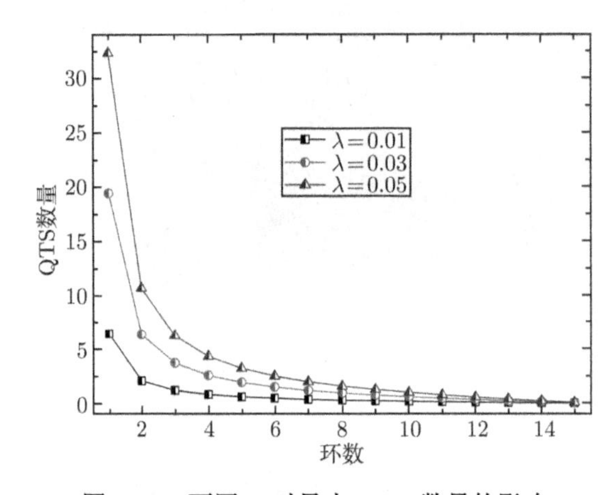

图 3-27　不同 λ 对最小 QTS 数量的影响

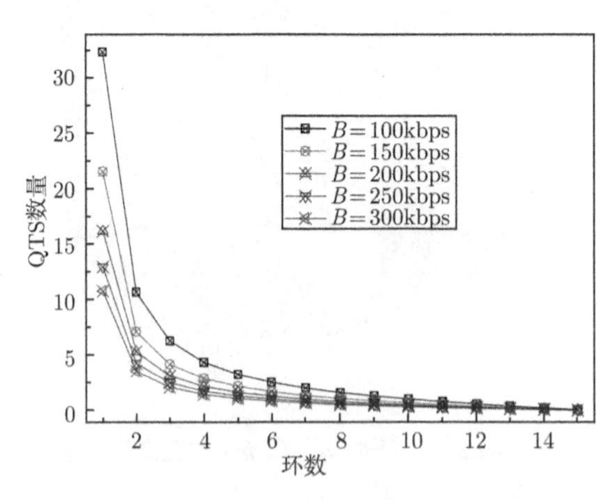

图 3-28　不同 B 对最小 QTS 数量的影响

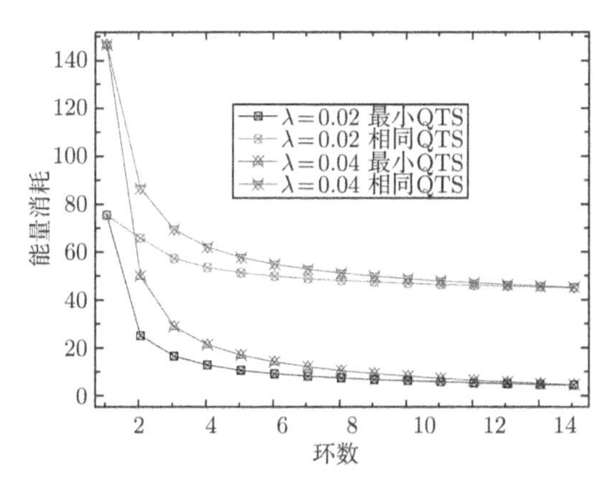

图 3-29 不同 λ 下网络能量消耗情况

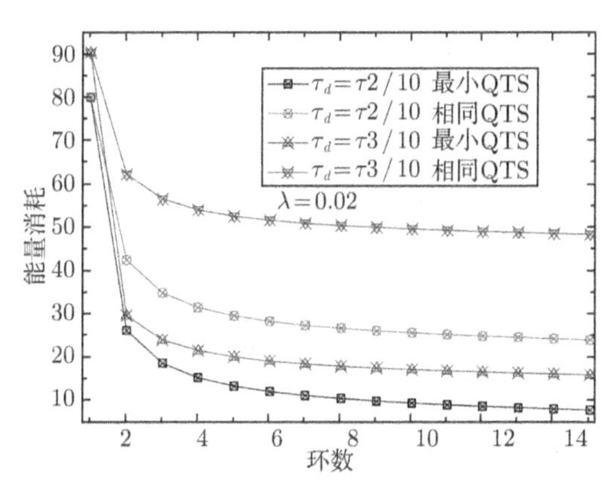

图 3-30 不同 τ_d 下网络能量消耗情况

图 3-31 和图 3-32 给出了不同网络参数下可以增加的 QTS 数量的情况，从实验结果可知，相对于相同 QTS 方法，AQM 可以为非热点区域增加较多的 QTS，而增加节点的 QTS 数量意味着网络延迟，冲突率等性能的优化。可见 AQM 方法能够提高网络性能。

3.5.3 AQM 的延迟对比

由于最小 QTS 选取的 QTS 比相同 QTS 还少，因而其性能比相同 QTS 方法还差。因而在实验中，只选取了相同 QTS 方法与本章 AQM 方法进行对比。图 3-33 的实验结果给出了网络不同环的节点进行数据转发的延迟。从实验结果可以看出，由于在第 1 环采用相同的 QTS，而在后面增加不等数量的 QTS，因而，AQM 方法中的延迟比相同 QTS 方法要小。在图 3-34 中给出了 AQM 方法与相同 QTS 方法的端到端延迟的对比，同样，本章的 AQM 方法要好于其他方法。

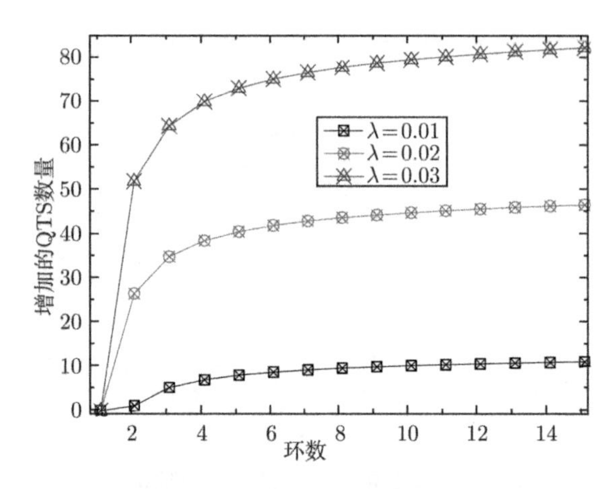

图 3-31　不同 λ 与 QTS 的影响

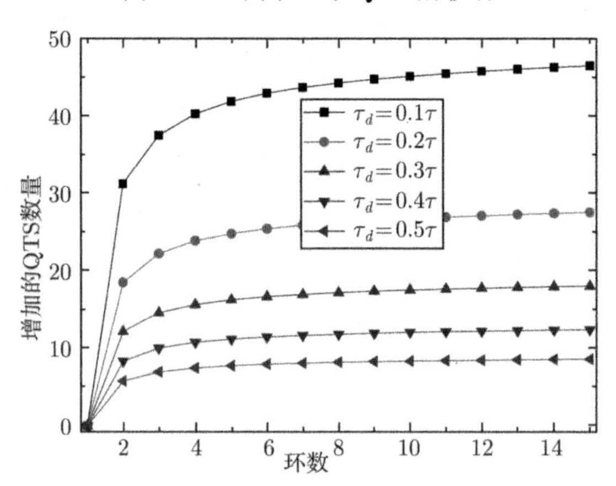

图 3-32　不同 τ_d 于 QTS 的影响

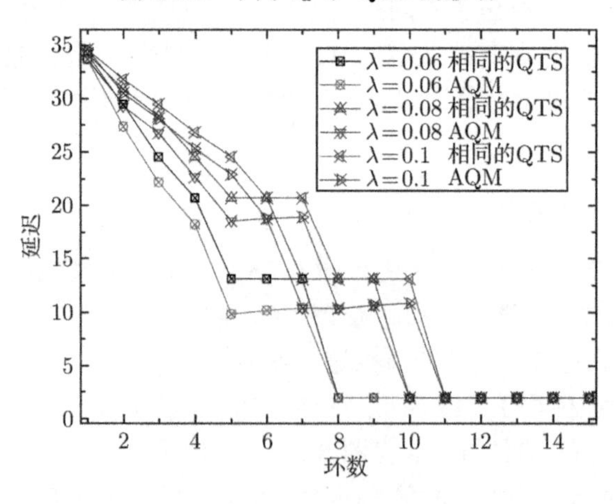

图 3-33　延迟对比

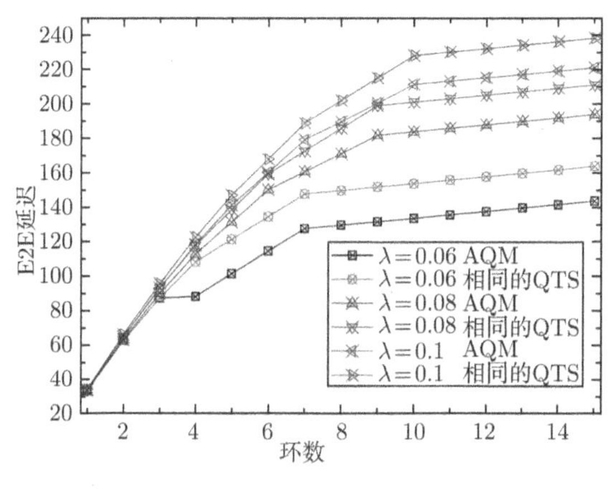

图 3-34 E2E 延迟对比

图 3-35 给出了整个网络加权延迟的对比。从实验结果可以看出本章 AQM 方法的延迟要小于其他方法。图 3-36 给出了 AQM 方法减少延迟的比例。从实验结果结果可以看出，本章的 AQM 方法可以减少的延迟为 6.7%～12.8%。

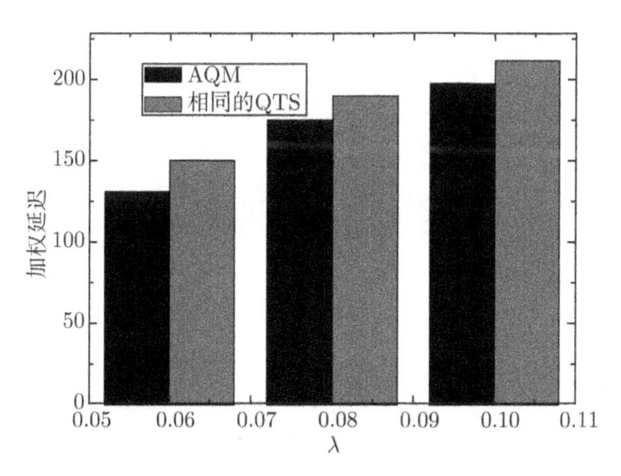

图 3-35 整个网络加权延迟对比

3.5.4 能量有效性对比

图 3-37 和图 3-38 给出了在相同 QTS 方法下能量有效利用率的情况。由于在 AQM 方法中，节点只要有能量剩余就可以用来增加 QTS，从理论上来说其能量有效利用率为 100%，因而图 3-37 和图 3-38 实验结果中的能量有效利用率也就是相对于本章的 AQM 方法能量利用率的比例。从实验结果可见，在相同 QTS 方法中，其能量有效利用率大多为 20%～50%，因而本章的 AQM 方法相对于相同 QTS 方法，其能量有效利用率提高了 2～5 倍。

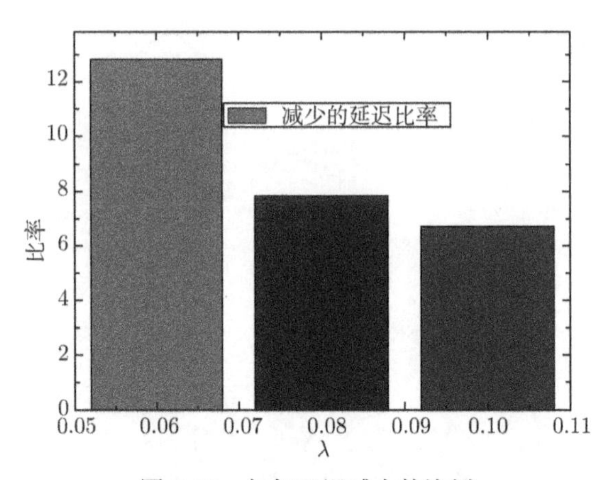

图 3-36　加权延迟减少的比例

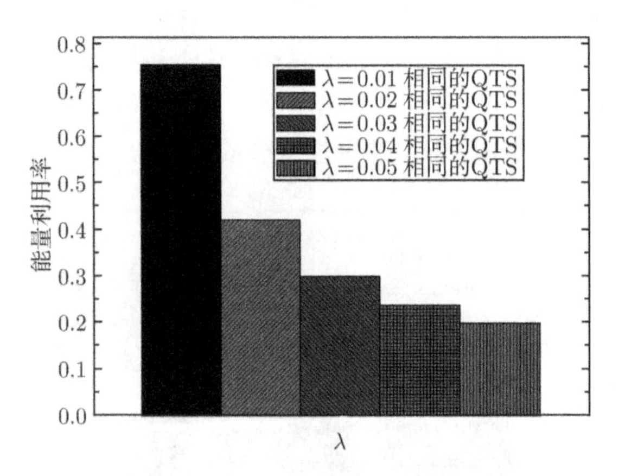

图 3-37　不同 λ 的能量利用率

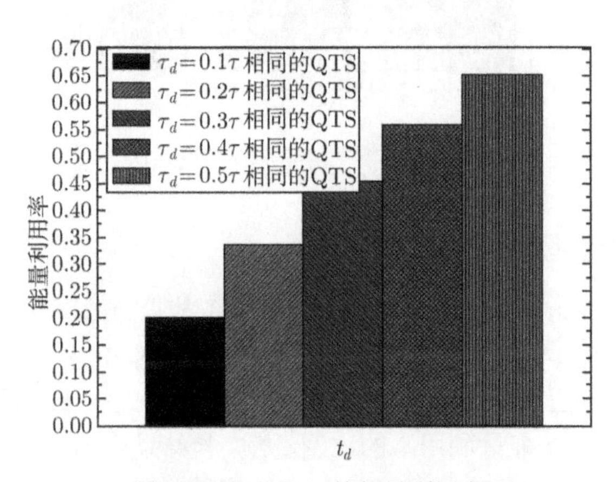

图 3-38　不同 τ_d 的能量利用率

3.6 本章小结

虽然 Quorum 系统已经被设计用于这样协议的无线传感器网络中，但是，由于受限于 Quorum 系统本身的限制，再进一步提高 Quorum 系统的性能非常有限。因而在本章中，我们的主要目标不仅仅是提出一种新 Quorum 系统 (FG-grid Quorum 系统)，更重要是反应无线传感器网络的实际情况。与以往所有研究不同的是：在远 Sink 节点承担数据小的区域不仅不减少节点的 QTS，反而依据其能量的剩余情况来增大其 QTS 数量，从而提出了一种称之为 AQM 的新方法。从而较为容易的提高了网络性能。理论分析与实验结果表明：AQM 相对以往的方法可能减少网络延迟 6.7%~12.8%，能量有效利用率提高 2~5 倍。而更为重要的是，在提高网络性能的同时没有降低网络寿命。而从另一方面来说，由于增加远 Sink 区域节点的 QTS，从而降低了网络延迟。如果在应用对网络延迟的限制一定的情况下，AQM 方法可以适当减少近 Sink 一环范围内节点的 QTS 以提高网络。虽然这时增加第 1 环节点的延迟，但是可以通过提高远 Sink 区域节点的 QTS 来降低延迟，从而使得 AQM 方法也可以在满足应用延迟要求的基础上提高网络寿命。因此，下一步的研究中，我们准备将能量消耗模型与传输模型不做更多的假设，考虑较为实际情况下的网络寿命与延迟优化的情况。

第4章　基于 Quorum 元素偏移的同步介质访问控制协议

4.1　概　　述

无线传感器网络通常用于环境监测、行动监测以及家庭、工业的自动化[96]，这些网络通常由小尺寸传感器组成，其在处理能力、数据存储和无线传输方面具有有限的资源[95-97]。在无线传感器中，最严重的约束是有限的能量。对大多数应用，补充它们的能量是不实际和不可行的。这意味着设计高效性和长寿命的应用系统是一个巨大的挑战。许多节约能量的研究，主要集中在路由算法优化的无线传感器网络[97]、数据融合[98]、MAC 算法[99-100]以及结合多层次的跨层优化方法[101]。这些研究还存在一些挑战：

(1) 能量有效性较低，网络寿命不高。在无线传感器网络中，外围数据是经过多跳逐跳的发送到 Sink，因而，从总体上来看，远 Sink 的节点数据操作的时隙较早，而近 Sink 的节点数据操作较迟，即具有 "远早近迟" 的特点。特别是在数据融合的无线传感器网络中，近 Sink 节点需要等候远方节点的传送到达经过数据融合再向前传送，因而其数据操作的这种 "远早近迟" 的次序关系更为明显。以往的基于 Quorum 时隙控制研究，Quorum 时隙是均匀分布在整个周期中，而节点的数据往往只集中于一小段时间内，其他时间段内的很多 Quorum 时隙其实都没有数据操作。而要在较少的时间段内要满足节点发送数据的需要，需要较大的占空比才能保证节点有满足数据操作的时隙数，但是较大的占空比意味着有更多的能量消耗在没有数据操作的 Quorum 时隙上，因而其能量有效利用率低，网络寿命也较低。

(2) 网络的传输延迟较大。无线传感器网络最重要的作用是监视感兴趣区域的事件，在某些应用场合中对事件产生到 Sink 节点接收到事件信息所需的时间，即传输延迟越小则对事件的处理越及时，对应用越有利。而当前的大多数研究出于对网络能量的考虑，尽量减少节点的 Quorum 时隙数量以节省能量。如果节点的 Quorum 时隙数量越少，路由上下游节点间的交叉时隙数也较少，节点感知到路由下一跳节点的延迟也较大，因而造成路由节点间网络的延迟较大。因而如何在保证网络寿命的前提下，减少网络延迟值得进一步研究。

在本章中，我们提出一种新颖的 Quorum 元素偏移的协议。主要创新点如下：

(1) 一种基于 Quorum 元素偏移的同步传感器网络的介质访问控制 (element shift quorum based medium access control，ESQMAC) 协议。已提出的 Quorum 系统中，QTS 都是随机部署在整个周期中，ESQMAC 重要创新是其 QTS 是依据节点的数据操作时段来确定，而不是均匀的分配在整个周期中。在无线传感器网络中，当进行数据收集时，数据从远 Sink 区域向 Sink 发送，因而近 Sink 区域的节点数据操作集中在周期的后半部分，而远 Sink 区域节点的数据操作集中在周期的前半部分。因而在 ESQMAC 中，其 QTS 的产生与节点所在的位置相关，距离 Sink 远的节点，其 QTS 集中在前半部分，而近 Sink 区域的节点其 QTS 集中在后半部分。这样在节点操作数据的时间段内安排较多的 QTS，而在节点非数据操作的时间段内少安排或者不安排 QTS，从而使得当节点有数据操作需要时，有较多的 QTS 可供使用，而在节点不需要数据操作时 QTS 较少或者没有 QTS，这样就能够节省节点的能量，使网络有较长的寿命。

(2) 依据网络能量的消耗情况，从理论上分析得到了 ESQMAC 下节点所需 QTS 数量的计算，通过详细的分析得到了 ESQMAC 网络寿命、网络延迟等性能分析结果，这对于指导 MAC 协议设计与优化具有很好的指导作用。

(3) 通过广泛的理论分析和模拟实验，我们表明在 ESQMAC 中，可以减少网络延迟和提高能量利用。与其他 Quorum 下 MAC 协议相比，网络寿命提高了 16%，网络延迟减少了 9.08%~29.32%。更重要的是，它在提高上述性能的同时而不损害网络寿命，相比过去的研究，这是很难实现的。

4.2 网络模型与问题描述

研究 Quorum 的 MAC 协议最重要的因素有如下方法:

(1) Quorums 系统: Quorums 系统最重要的问题是选择哪个时隙为 QTS，因此 Quorums 系统是基于 MAC 协议的。好的 Quorums 系统需要在相同环具有最小交集时隙的节点，并与不同环的节点具有最多交点。使用这种方式，节点发送数据不会被同环的其他节点干扰，并与其他环节点的相交时隙最大，当一个节点发送数据时，转发节点处于唤醒状态，于是延迟最小。现有 Quorums 系统的研究达到了相当高的水平，因为这些节点是独立选择 QTS，因此很难进一步提高 Quorums 系统的性能，并且最近几年新提出的 Quorums 系统也不多。

(2) Quorums 系统如何分配 QTS，有两类分配 QTS 的方法。一种方法是使用固定占空比。如一些 Grid 和 torus 的 Quorums 系统，具有固定的占空比，使它们不适合在不同流量状况下的网络中使用。另一种方法是采用可变占空比。这种方法会根据不同的流量状况采用不同的占空比。如 e-torus，具有自适应的占空比。当用于一个低流量负荷的网络中时，e-torus 会提供最小占空比，从而导致更多的能量消耗。

虽然研究人员在 Quorums 的基于 MAC 协议做了很多很好的工作，但还存在一些值得研究的问题。本章将这些问题归纳为如下两个方面：① QTS 在整个 $n \times n$ 的 Grid 中选取，导致 QTS 的选取比较分散，因而使得节点之间的交叉节点较少，这样导致传感器网络进行数据路由时延迟较大。在以往的 Quorums 基于 MAC 协议中，对于 $n \times n$ 的 Grid，如果节点 A 选取 m_1 行时隙作为 QTS，而节点 B 选取 m_2 列时隙作为 QTS，则节点 A 与节点 B 仅有 $m_1 \times m_2$ 个交叉节点。而且这 $m_1 \times m_2$ 个交叉节点比较分散，导致数据传送过程中延迟较大。② 以往 Quorums 基于 MAC 协议由于延迟较大，导致部分协议不能运用到对延迟要求较为敏感的应用中，从而使得其应用受到限制。

针对以上的情况，ESQMAC 协议提出了实现无线传感器网络延迟最小化和能量效率。ESQ 协议依据传感器网络数据从外围到 Sink 逐环进行的特征，将 QTS 选取在节点有数据发送的时段，而在节点没有数据传送的时段不选取 QTS。这样，使得在选取 QTS 数量与原有研究相同的情况下，增加交叉节点数量，使得交叉节点的数量大于 $m_1 \times m_2$，从而减少网络延迟，使协议的适应范围得到了扩展。

我们研究的无线传感器网络模型与 3.3.1 网络模型一致，即一种数据收集网络，其中传感器为了进一步分析 Sink 会定期生成检测数据和报告数据。实例如土木结构的维护[107−108]和连续的环境状态监测[107−108]，比如声、振动、湿度或温度监测[108]。数据聚合后再发往 Sink，文献[98][105]采用在引入的无损耗一步一步多跳聚集模型。在这样的数据融合模型中，κ 路复杂输入与源节点 s_i 顺序地执行，即传入数据与现有数据聚集一起顺序的到达，和发生在所有子节点的数据被接收和聚集之后的数据传输。这种数据融合模型得到广泛的研究与应用，也可参见文献[109 − 112]。

本章研究的问题与章节 3.2.2 实现的网络三个方面最优化一致。

4.3 基于 Quorum 元素偏移的 MAC 协议设计

4.3.1 研究动机

(1) 两个节点的交叉时隙越多，则节点数据转发的延迟越小

Quorum 理论确保相交的时间间隔内有任意两个节点[88][103]。例如在基于 Grid 的 Quorum 系统中，m 行和 k 列位于 $n \times n$ 格中。图 4-1 给出了一个 Quorum 区间选择的示例，节点 A 选择第 2 行与第 3 行为 Quorum 时隙 (QTS)[见图 4-1(a)]，节点 B 选择第 2 列为 QTS[见图 4-1(b)]。于是节点 A 和节点 B 在数据传输中的交叉时隙为节点 5 和 7[见图 4-1(c)]。在这种情况下，节点 A 与节点 B 需要数据传输时必须等到时隙 5 和 7。而如果节点 B 选择第 2 列与第 4 列为 QTS[见图 4-1(d)]，

这时节点 A 和节点 B 在数据传输中的交叉时隙为 5，7，9 和 11[见图 4-1(d)]。显然，这时节点 A 与节点 B 需要数据传输时在时隙 5，7，9 和 11 都可以进行，因此节点进行数据转发的延迟降低。因而交叉时隙越多，节点数据转发的延迟越小。

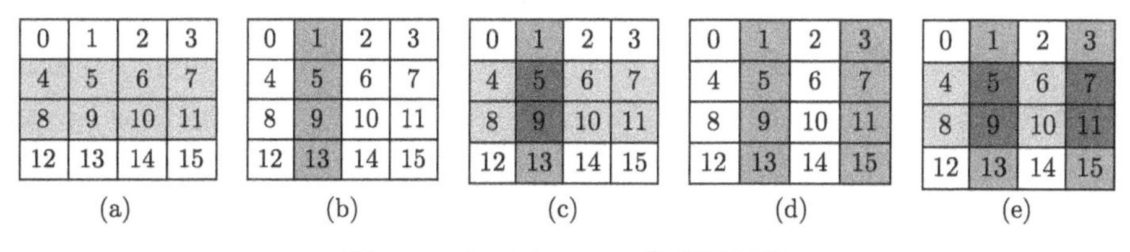

图 4-1 Grid Quorum 和交叉时隙

(2) 在周期 n 相同的情况下，如果限定某些行与列不参与 QTS 的选择，在不增大所选择的总 QTS 数量的前提下，其交叉时隙数量会增加，从而就可以减少数据传送延迟。

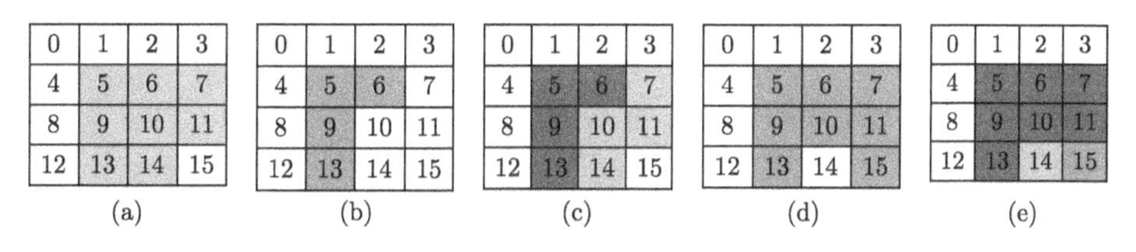

图 4-2 限定部分行与列不选择 QTS 的交叉时隙数量

如果增加选择的 QTS 数量，则交叉时隙数量会增多。但是增大节点的 QTS 会增大其能量消耗，从而减低其寿命。如果在不增大 QTS 数量的前提下增大交叉时隙数量，则意味着不缩短网络寿命的同时减少了网络延迟，因而具有重要的意义。如果限定第 1 行与第 1 列不能选择为 QTS，则在选择相同 QTS 数量的情况下，节点 A 选择的 QTS 如图 4-2(a) 所示。而节点 B 选择的 QTS 如图 4-2(b) 所示。虽然这时节点 A 与节点 B 选择与图 4-1 中相同数量的 QTS，但是，它们的交叉时隙为 QTS 5，6，7，9，13 共 5 个，是不限定前的 2 倍 [见图 4-1(c) 和图 4-2(c)]。而如果节点 B 选择更多的 QTS[见图 4-2(d)]，则其交叉时隙个数会增加到 7 个 [见图 4-2(e)]，远远大于未限定部分行与列不能选做 QTS 的情况 [见图 4-1(e)]。因而，如果能够限定部分行与列不参与 QTS 的选择，则能够增加交叉时隙的数量，也就意味着能够减少节点间数据转发的延迟。

(3) 无线传感器网络数据传输恰好具有集中在某一段时隙操作的特征，因而可以限定没有数据操作的时隙不选择 QTS，从而可以增加交叉时隙数量，减少网络延迟。

在无线传感器网络的数据收集过程中，数据收集是从远 Sink 的外围区域向

Sink 的过程中逐层进行的，远 Sink 区域节点的数据操作会集中周期 (n 个时隙) 中的前面部分 (前 a 个时隙内)。而网络中的中间部分节点数据操作会集在时隙的中间部分时隙内进行 ($[a, b]$ 时隙内)，而近 Sink 部分节点的时隙操作会在周期的后部分进行 (后 b 个时隙内)。依据这样的数据传输特征，当节点位于远 Sink 区域时，限定后面的时隙不选为 QTS，而当节点位于网络中间区域时限定前面与后面部分的时隙不被选为 QTS，而近 Sink 的节点，其开始部分的时隙不被选为 QTS，这样即满足网络传输特性，在不增大总的 QTS 数量的前提下，增大了交叉时隙的数量，也就意味着能够显著减少网络延迟。

4.3.2　ST-grid Quorum 系统

定义 4-1　S-clique[$S(n,w,u,m_1)$] 给定一个正整数 n 和一个全集 $U=\{0,1,\cdots,n-1\}$。令 $1\leqslant m_1\leqslant w$，$0\leqslant u\leqslant w\sqrt{n}-1$。$u$ 和 m_1 的 S-clique 定义为 $S(n,w,u,m_1)$：

$$\begin{aligned}&S(n,w,u,m_1)\\&=\{(i\sqrt{n}+2m_1+u+j)(\mathrm{mod}\,w\sqrt{n}):i=0,\cdots,m_1-1,j=0,\cdots,\sqrt{n}-1\}\end{aligned}\tag{4-1}$$

例如，当 n= 16，w=3，S(16, 3, 2, 2) = {0, 1, 6, 7, 8, 9, 10, 11}如图 4-3 所示。在 $S(n,w,u,m_1)$ 中，参数 w 是指在 $\sqrt{n}\times\sqrt{n}$ Grid 中限定只在前 w 行中选取 QTS，m_1 表示在 $w\times\sqrt{n}$ Grid 中选择共 m_1 行 QTS，而 u 是指定第一个 QTS 在行中的开始序号。u 不相同，则节点得到的 QTS 序列不相同。

0	1	2	3
4	5	6	7
8	9	10	11

(a)

0	1	2	3
4	5	6	7
8	9	10	11

(b)

0	1	2	3
4	5	6	7
8	9	10	11

(c)

图 4-3　当 n=16 时,w=3,(a)S-clique(16,3,2,2);(b)T-clique(16,3,4,1);(c)SG-grid(2,4,2,1)

定义 4-2　T-clique[$T(n,w,v,m_2)$] 给定一个正整数n和一个全集 $U=\{0,1,\cdots,n-1\}$。令 $1\leqslant m_2\leqslant\sqrt{n}$，$0\leqslant v\leqslant w\sqrt{n}-1$。$q$ 和 m 的 T-clique 为 $T(n,w,v,m_2)$：

$$T(n,w,v,m_2)=\{(j\sqrt{n}+im_2+v)(\mathrm{mod}\ w\sqrt{n}):i=0,\cdots,m_2-1,j=0,\cdots,w-1\}\tag{4-2}$$

例如，当 n=16，w=3，T-clique (16, 3, 4, 1) = {0, 4, 8}如图 4-2(b)。在 $T(n,w,u,m_2)$ 中，参数 w 同样是指在 $\sqrt{n}\times\sqrt{n}$ Grid 中限定只在前 w 行中选取 QTS，m_2 表示在 $w\times\sqrt{n}$ Grid 中选择共 m_2 列 QTS，而 v 是指定第一个 QTS 的序号。v 不相同，则节点得到的 QTS 序列不相同。

定义 4-3 $ST(n,w,u,v,m_1,m_2)$grid Quorum 系统给定两个正整数 m_1, m_2，$1 \leqslant m_1 \leqslant w$，$1 \leqslant m_2 \leqslant \sqrt{n}$，$\forall 0 \leqslant u, v \leqslant w\sqrt{n}-1$。设 S 和 T 为全集 U 两个非空子集合，其中 $U=\{0,1,\cdots,n-1\}$。于是 (S,T) 被称为 $ST(n,w,u,v,m_1,m_2)$-grid Quorum 系统当且仅当 S 为 $S(n,w,u,m_1)$，T 为 $T(n,w,v,m_2)$。

例如，S-clique(16,3,2,2) 和 T-clique(16,3,4,1)，于是 ST-grid(16,3,2,4,2,1) 有两个交点 0 和 8，如图 4-3(c) 所示。ST-grid Quorum 系统具有如下的性质：

性质 4-1 $S(n,w,u,m_1)$ 有 $m_1\sqrt{n}$ 个 Quorum 时隙。

依据定义 4-1，$S(n,w,u,m_1)$表示的意义是在 $w \times \sqrt{n}$ Grid 中选择共 m_1 行 QTS，因而 $S(n,w,u,m_1)$ 必定有 $m_1\sqrt{n}$ 个 QTS。

性质 4-2 $T(n,w,v,m_2)$ 有 $m_2 w$ 个 Quorum 时隙。

依据定义 4-2，$T(n,w,v,m_2)$表示的意义是在 $w \times \sqrt{n}$ Grid 中选择共 m_2 列 QTS，因而 $T(n,w,v,m_2)$ 必定有 $m_2 w$ 个 QTS。

定理 4-1 对于两个节点 A 和 B，一个选择 $S(n,w,u,m_1)$-clique，另一个选择 $T(n,w,v,m_2)$-clique，分别形成各自的周期模式，则 n 个时隙中相交时隙至少为 $m_1 \times m_2$。

证明 对于任意 Grid 为 $w \cdot \sqrt{n}$，一个 S-clique 意味着有 Grid 的 $m_1 \cdot \sqrt{n}$ 个 QTS，从式 (4-1) 可知，$m_1 \cdot \sqrt{n}$ 个 QTS 必在每行选择 m_1 个时隙；一个 T-clique 有 Grid 的 $m_2 w$ 个 QTS，从式 (4-2) 可知，$m_2 w$ 个 QTS 必有 m_2 列选择 QTS；因为 F-clique 必在每列选择 m_1 个时隙，所以它们的交叉时隙必有 $m_1 \times m_2$。

4.3.3 ESQ 基于 MAC 协议

ESQ 协议的核心在于将 QTS 只分配到节点进行数据操作的时段内，而节点没有数据操作的时段内不分配 QTS，从而克服了以往在整个周期内随机均匀分配 QTS 的不足。定理 4-2 给出网络节点选择 S-clique 或 T-clique 时参数选取的结论。

定理 4-2 在 n 确定的情况下，设第 i 环节点的第 1 次发送数据的时间是 t_i^e，最后一个节点发送数据的时间是 t_i^l，则第 i 环节点选取的 $S(n,w,u,m_1)$ clique 和 $T(n,w,v,m_2)$clique参数应该取 $u=t_{i+1} \bmod \sqrt{n}$，$v=t_{i+1}^e \bmod w$，$w=\left[t_{i+1}^e \big/ \sqrt{n}\right]-\left[t_{i+1}^e \big/ \sqrt{n}\right]+1$。$m_1$，$m_2$ 依据节点的负载而确定。

证明 依据 4.2 章给出的网络模型可得到如下结论：① 第 i 环分配 QTS 的开始时隙应是第 $i+1$ 环节点的第 1 次发送数据的时间 t_{i+1}^e。因为，第 i 环节点在 t_{i+1}^e 时隙之前没有数据操作，因而不需要分配 QTS。② 第 i 环分配 QTS 的结束时隙应是第 i 环节点最后一个发送数据的时间 t_i^l。因为第 i 环最后一个节点的数据发送后，在剩余的时隙中不会有数据操作，因而不再需要分配时隙。因而对于第 i

环的节点应该在 t^e_{i+1} 与 t^l_i 之间分配 QTS。

可以计算得到，对于第 i 环的节点分配 QTS 开始的时隙应该位于 $n\times n$ Grid 的第 $\left[t^e_{i+1}\big/\sqrt{n}\right]$ 行，而结束的时隙应该位于 $n\times n$ Grid 的第 $\left[t^f_i/\sqrt{n}\right]$ 行。从而 QTS 需要安排在第 $\left[t^e_{i+1}\big/\sqrt{n}\right]$ 行到 $\left[t^f_i/\sqrt{n}\right]$ 行，共

$$w=\left[t^e_{i+1}\big/\sqrt{n}\right]-\left[t^e_{i+1}\big/\sqrt{n}\right]+1 \tag{4-3}$$

第 i 环分配 QTS 的开始时隙应该是第 i+1环节点的第 1 次发送数据的时间 t^e_{i+1}。因而，如果节点选取的是 $S(n,w,u,m_1)$，则 $u=t^e_{i+1} \bmod \sqrt{n}$，如果节点选取的是 $T(n,w,v,m_2)$，则 $v=t^e_{i+1} \bmod w$。

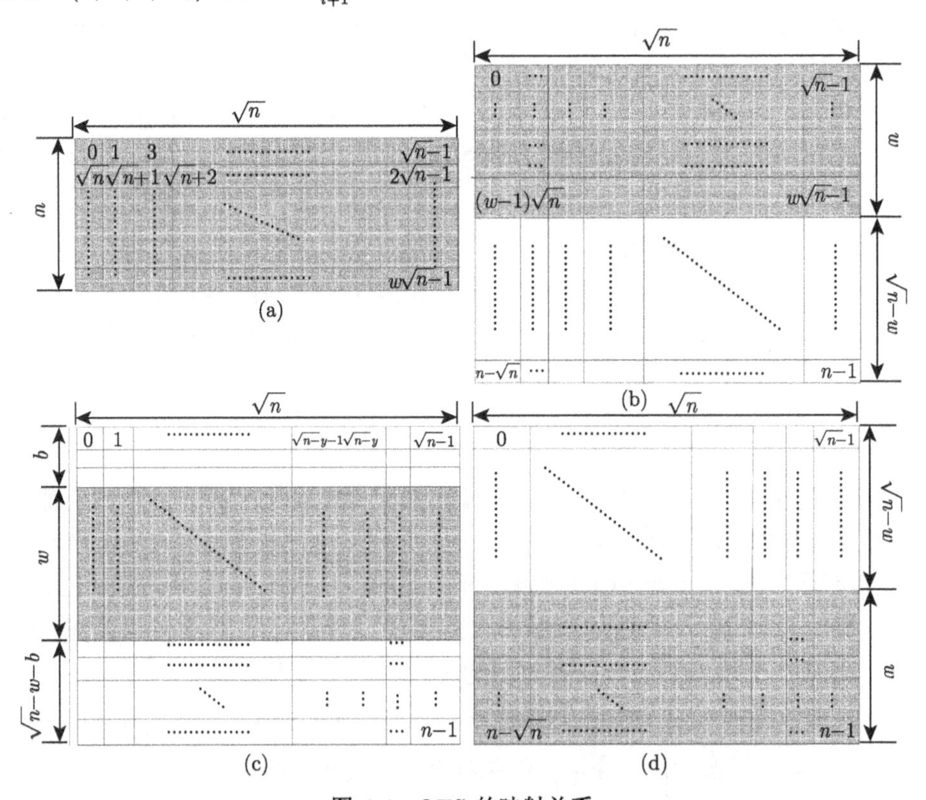

图 4-4　QTS 的映射关系

依据定理 4-2 确定第 i 环节点选取的 S-clique或 T-clique 就是如图 4-4(a) 所示的 $w\times\sqrt{n}$ 的 Grid。这样第 i 环的节点就可以依据 ST Grid Quorum 系统的规则选取相应的 QTS。但是这时选取的 QTS 只是在 $w\times\sqrt{n}$ Grid 中的序号，也就是图 4-4(a) 中的序号。但是，节点需要依据全网络统一的 $\sqrt{n}\times\sqrt{n}$ Grid 的时隙编

号，然后依据全网络统一的时隙序列进行时隙调度。依据定理 4-2 可以很容易的将 S-clique 或 T-clique 中得到的 QTS 序列号转换为全局的 QTS 序列号。如图 4-4 所示，在 ESQ 协议中，QTS 的选择集中在 $w \times \sqrt{n}$ 的网络中，Sink 最远区域的节点选择的是时隙周期的开始部分时隙 [见图 4-4(b)]，离 Sink 最近区域的节点选择的是时隙周期的最后部分时隙 [见图 4-4(d)]，而网络的中间区域选择的是时隙周期的中间部分时隙 [见图 4-4(c)]。依据定理 3-7，设节点 QTS 选择最小的时隙所在的行 $b = \left[t^e_{i+1} \middle/ \sqrt{n}\right]$，能够进行 QTS 选择的行数 $w = \left[t^e_{i+1} \middle/ \sqrt{n}\right] - \left[t^e_{i+1} \middle/ \sqrt{n}\right] + 1$，ST-grid Quorum 系统给出的在 $w \times \sqrt{n}$ Grid 中的 QTS 序号是 z，那么，在整个 $n \times n$ Grid 中它对应的序号 Z 可以按下面的公式进行变换：

$$Z = b \cdot \sqrt{n} + z \tag{4-4}$$

因此，ESQ 基于 MAC 协议所述如下。每个节点根据其环号选择 S-clique 或 T-clique。处在偶数环号的节点选择 S-clique，处于奇数环号的节点选择 T-clique。通过选择 T-clique 和 S-clique，相邻两个节点组成 ST-grid。选择 S-clique 或 T-clique 后，再依据节点距离 Sink 的距离依据定理 4-2 选择合适的参数，确定其在 $w \times n$ Grid 中的 QTS 序号。再依据式 (4-4) 转换为 $n \times n$ 的 Grid 的 QTS 序号。

图 4-5 给出了 SG-grid Quorum 系统的帧结构。在图 4-5 中，一个周期由 n=16 个时隙 (例如 beacon interval，BI) 组成。节点在非 Quorum 时隙 (见定义 3-8)

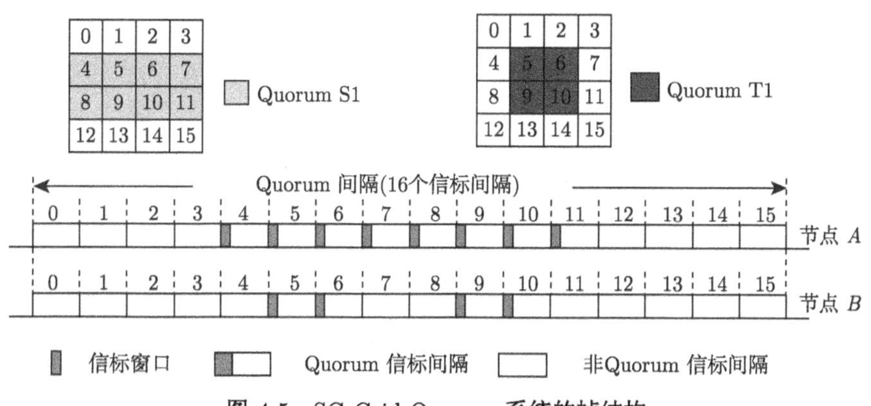

图 4-5 SG Grid Quorum 系统的帧结构

关闭所有的通信设备以节省能量。而节点在 QTS 中，开始是一段信标窗口时间，随后剩余的时隙称为数据窗口。数据操作在 DW 时间内进行。节点在 BW 时间内决定是否要在此时隙进行数据操作 (接收与发送)，如果没有数据需要操作，则随后的 DW 时间内转为睡眠状态。如果有数据操作，则在随后的 DW 时间内进行数据操作。节点 A 选取 S-clique，节点 B 选取 T-clique，但是限定了只能在第 2 行与

3 行选取 QTS，这时 w=2。从图 4-5 可以看出，在 ESQ Grid Quorum 中，交叉时隙为 4。而在 $n \times n$ Grid Quorum 中，交叉节点为 2[见图 4-1(a)，(b) 和 (c)]，可见 ESQ Grid Quorum 可以大幅度的提高交叉节点数。

4.4 性 能 分 析

本章对提出的 ESQ 协议的性能进行理论分析，主要分析 ESQ 协议的网络延迟与网络寿命两个主要性能。从分析可见本章的 ESQ 协议能够大幅度的提高网络性能。

4.4.1 网络延迟

推论 4-1 在 ESQ 协议中，将原来在 $n \times n$ Grid 选取的 QTS 压缩在 $w \times n$ Grid 中选取，选取的 QTS 数量不变。那么，ESQ 协议中节点在 k_{th} 环的平均转发数据延迟为 d_k^{ESQ}。

$$d_k^{\mathrm{ESQ}} = \sum_{i=1}^{[1-\varepsilon_1]n-1} \left[i\varepsilon_1 (1-\varepsilon_1)^{(i-1)} Q_k^{\mathrm{ESQ}} \right] + \sum_{i=(1-\varepsilon_1)n}^{n-1} \left[i(1-\varepsilon_1)^{(1-\varepsilon_1)n} Q_k^{\mathrm{ESQ}} \right] + n(1-Q_k^{\mathrm{ESQ}}) \tag{4-5}$$

其中，$\varepsilon_1 = (n/w)\varepsilon$，$Q_k^{\mathrm{ESQ}} = \dfrac{n\left[1-(1-\varepsilon_1)^{\upsilon}\right]}{(\rho\pi r^2)\,\mu_k}$，$\mu_k = \dfrac{\delta \times n \times B_k^t}{B\tau} + \dfrac{\delta \times n \times B_k^r}{B\tau}$。

证明 在 ESQ 协议中，将原来分布在整个 $n \times n$ Grid 的 QTS 压缩到 $w \times n$ Grid 中，这样节点的数据发送时的占空比就从原来的 ε 提高到了 $\varepsilon_1 = (n/w)\varepsilon$，依据定理 3-7 从而得证。

4.4.2 网络寿命

对比以往的策略，本章提出的 ESQ 基于 MAC 协议能够在不增加数据传输延迟的前提下提高网络寿命。由于无线传感器网络由外到内数据传输的特征，因而节点从 $\left\lfloor t_{i+1}^e \middle/ \sqrt{n} \right\rfloor$ 行到 $\lfloor t_i^f/\sqrt{n} \rfloor$ 行的时隙有数据传输，而其他时隙是没有数据传输的。因而，ESQ 协议可以采用简单的方法来提高网络寿命，即采用原有任意一种 Quorum 基于 MAC 协议，选择 QTS 后，再将 $\lfloor t_{i+1}/\sqrt{n} \rfloor + 1$ 到 $\lfloor t_{i-1}/\sqrt{n} \rfloor + 1$ 行以外的 QTS 去掉，这样，数据传输没有任何影响，对网络延迟也没有影响。但是由于减少了 QTS 数量，因而提高了网络寿命。而 ESQ 协议提高网络寿命的比值如定理 4-3 所示。

定理 4-3ESQ 基于 MAC 协议在 $w \times n$ grid 中选取 QTS，对比传统的从 $n \times n$ grid 选取的 QTS 的 Quorum 基于 MAC 协议，ESQ 协议在不增大网络延迟的前提

下，第 i 环节点网络寿命的比值如下式：

$$\begin{cases} \varphi = \dfrac{E_i}{E_i^{\text{ESQ}}} = \dfrac{\pi_t^i \tau \bar{\omega}_t + \pi_r^i \tau \bar{\omega}_r + \pi_B^i \left[\bar{\omega}_b \tau_d + \bar{\omega}_s (\tau - \tau_d)\right] + (n - m\sqrt{n}) \tau \bar{\omega}_s}{\pi_t^i \tau \bar{\omega}_t + \pi_r^i \tau \bar{\omega}_r + \pi_C^i \left[\bar{\omega}_b \tau_d + \bar{\omega}_s (\tau - \tau_d)\right] + (n - mw) \tau \bar{\omega}_s} \\ \text{其中}\pi_t^i = \dfrac{\delta \times n \times B_i^t}{B\tau}, \pi_r^i = \dfrac{\delta \times n \times B_i^r}{B\tau}, \pi_B^i = m\sqrt{n} - \pi_t^i - \pi_r^i, \pi_C^i = mw - \pi_t^i - \pi_r^i \end{cases} \tag{4-6}$$

证明 由于从 $\lfloor t_{i+1}/\sqrt{n} \rfloor + 1$ 到 $\lfloor t_{i-1}/\sqrt{n} \rfloor + 1$ 行以外的时隙中并没有数据传输，因而 ESQ 协议把将 $\lfloor t_{i+1}/\sqrt{n} \rfloor + 1$ 到 $\lfloor t_{i-1}/\sqrt{n} \rfloor + 1$ 行以外的 QTS 去掉，并不影响网络数据传输，也不影响网络寿命。设传统 Quorum 基于 MAC 协议的占空比 $\varepsilon = m/\sqrt{n}$，QTS 数量为 $m\sqrt{n}$。在 ESQ 协议中仅保留有 QTS 的行为 w，从而减少的 QTS 数量为 $m(\sqrt{n} - w)$，保留的 QTS 数量为 mw。

从前面理论可得一个处于环 i 的传感器节点需要 $\pi_t^i = \dfrac{\delta \times n \times B_i^t}{B\tau}$ 时隙每周期去接收数据和$\pi_r^i = \dfrac{\delta \times n \times B_i^r}{B\tau}$ 时隙每周期去发送数据。因此，发送数据的能量消耗为 $\pi_t^i \tau \bar{\omega}_t$，接收数据的能量消耗为 $\pi_r^i \tau \bar{\omega}_r$。系统需要的 QTS 为 $\pi_B^i = m\sqrt{n} - \pi_t^i - \pi_r^i$，能量消耗为 $\pi_B^i \left[\bar{\omega}_b \tau_d + \bar{\omega}_s (\tau - \tau_d)\right]$。其他 $n - m\sqrt{n}$ 个时隙处于睡眠状态，能量消耗至少为 $(n - m\sqrt{n}) \tau \bar{\omega}_s$。

因此，一个周期中需要消耗的能量为

$$\begin{cases} E_i^{\text{ESQ}} = \pi_t^i \tau \bar{\omega}_t + \pi_r^i \tau \bar{\omega}_r + \pi_C^i \left[\bar{\omega}_b \tau_d + \bar{\omega}_s (\tau - \tau_d)\right] + (n - mw) \tau \bar{\omega}_s \\ \text{其中}\pi_t^i = \dfrac{\delta \times n \times B_i^t}{B\tau}, \pi_r^i = \dfrac{\delta \times n \times B_i^r}{B\tau}, \pi_C^i = mw - \pi_t^i - \pi_r^i \end{cases}$$

网络寿命的对比就是能量消耗的反比，因而得证。

4.5 实验与性能分析结果

实验所采用平台是 OMNET++[106]。相关网络参数见表 3-1。

4.5.1 QTS 的选取与占空比

在下面的实验中，如果没有特别说明，采用的 Quorum Grid 的大小为 $n \times n$ 的 Grid，其中 n=6。对于传统的 Quorum Grid 协议，QTS 从 $n \times n$=36 个时隙中选取的 QTS 数量为 12，即占空比为 1/3。对于 ESQ MAC 协议，仅从 w=3 行共 18 个时隙中选取 12 个 QTS，因而其占空比为 2/3，说明 ESQ 协议虽然没有增大 QTS 数量，但是由于限定的 QTS 选取的范围，从而使占空比增大了一倍。而占空比的增大意味着网络性能的改善。表 4-1 给出了在 ESQ 协议中第一个开始选取 QTS 的时隙情况。表中的 u 表示开始选取 QTS 的时隙，D 表示到达某一环的延迟。例如：在数据产生率 λ=0.001 的网络中，距离 Sink 最远的第 10 环，选取的第 1 个 QTS 的时隙应该从第 1 个时隙开始选取，然后w=3 行中选取 12 个 QTS，也就是从 1 到 18 个时隙中选取 12 个时隙。因为，第 10 环的数据传送到第 9 环需要一定延迟，因而，第 9 环的 QTS 时隙就有可能不相同，例如：λ=0.002 的网络中，第 9 环的 QTS 可以从 2 个时隙开始选择 QTS。

表 4-1　ESQ MAC 协议开始选择 QTS 的时隙的取值 ($w = 3$)

环 ID	1		2		3		4		5	
	D	u	D	u	D	u	D	u	D	u
$\lambda = 0.001$	30.4	18	27.4	18	24.3	18	21.3	15	18.3	12
$\lambda = 0.002$	3 7.0	18	33.9	18	30.9	18	27.9	18	24.8	15
$\lambda = 0.003$	41.3	18	38.3	18	35.3	18	32.2	18	29.2	18

环 ID	6		7		8		9		10	
	D	u	D	u	D	u	D	u	D	u
$\lambda = 0.001$	15.3	9	12.3	6	9.2	3	6.2	1	3.19	1
$\lambda = 0.002$	21.8	12	18.8	9	15.8	5	12.7	2	9.75	1
$\lambda = 0.003$	26.2	16	23.2	14	20.1	8	17.1	4	14.1	1

4.5.2　单跳延迟

单跳延迟是指数据经过第 i 环的节点时，从节点接收到数据数据被发送到下一跳所需的时间。单跳延迟主要包括两个组成：① 转发延迟。指数据经过节点中转时的延迟，主要包括从网络接口接受数据，转移到发送网络端口，再发送所需要的时间；② 排队延迟。指数据包在节点转发时在发送队列中等候发送的排队时间。很显然，数据包在每个节点上的转发延迟基本相等，而数据在不同节点上的排队延迟相差很大。节点承担的数据量越多，则其排队延迟越大。

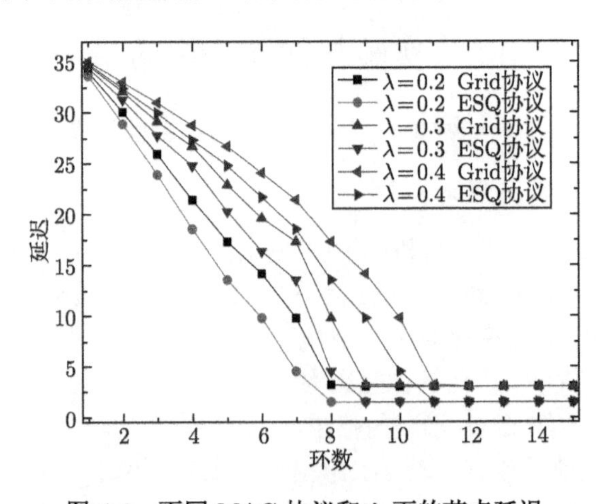

图 4-6　不同 MAC 协议和 λ 下的节点延迟

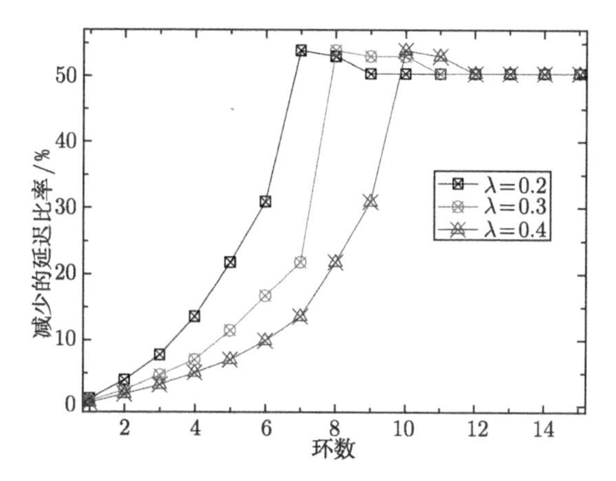

图 4-7 不同 λ 下 ESQ 对比其他协议减少延迟的比例

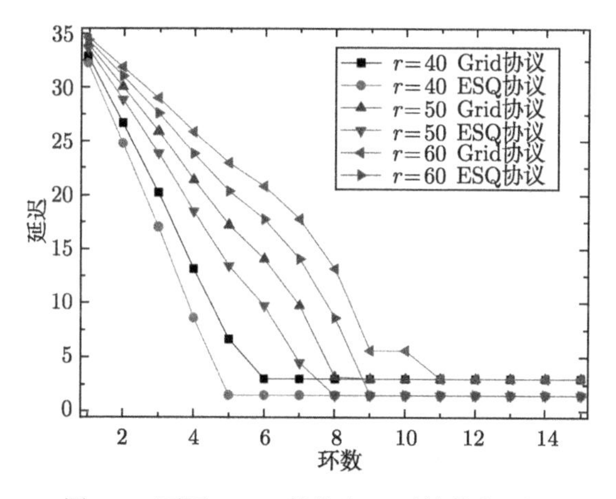

图 4-8 不同 MAC 协议和 r 下的节点延迟

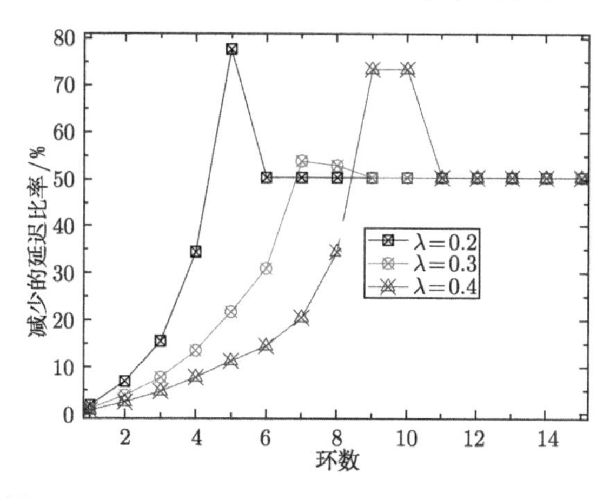

图 4-9 不同 r 下 ESQ 对比其他协议减少延迟的比例

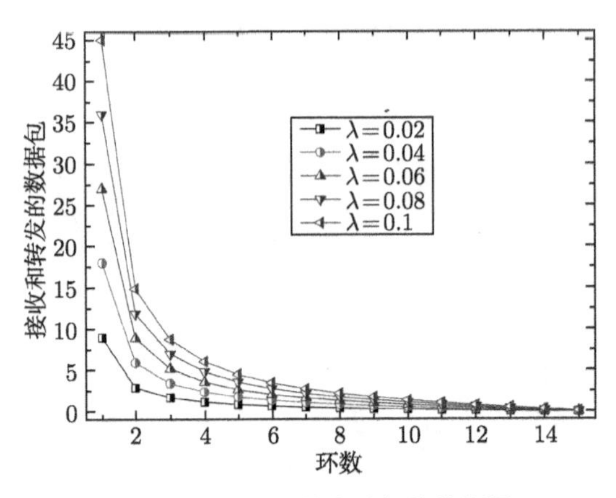

图 4-10 不同环节点承担的数据量

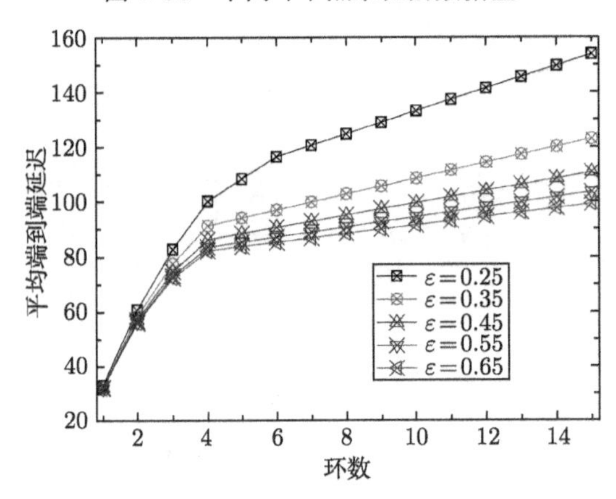

图 4-11 不同占空比下的端到端延迟

图 4-6~图 4-9 给出了 ESQ MAC 协议与其他 Quorum基本协议的单跳延迟的对比情况。很显然，远离 Sink 区域环的节点承担的数据量越少，因而其节点的单跳延迟越小。而越近 Sink，节点承担的数据量增长很快 (见图 4-10)，因而其延迟越来越大，在图 4-6 和图 4-8 中表现为其单跳延迟变化很大。而当节点承担的数据量下降到一定程度后，节点承担的数据量非常少，因而没有排队延迟，只有转发延迟，因而其延迟固定在一个较小的值上 (见图 4-6 和图 4-8)。而 ESQ 协议由于将 QTS 集中在有数据发送的时段，因而相当于提高了占空比，而提高占空比能够减少延迟 (见图 4-11)，从而 ESQ 协议能够减少延迟 1.11%到 72.35%(见图 4-7 和图 4-9)。

4.5.3 端到端延迟

当节点承担的负载较轻时, 数据在多跳路由中的每一跳的延迟主要是转发延迟，而排队延迟几乎为 0。因为节点的单跳延迟在每一跳都相差不大。在实验结果中表现为不同环的端到端延迟为线性上升的趋势 (见图 4-12)。同样，本章的 ESQ 协议相对于 Quorum 基本协议能够减少端到端延迟从 31.08% 到 54.32%(见图 4-13)，说明 ESQ 协议能够大幅度减少端到端延迟。

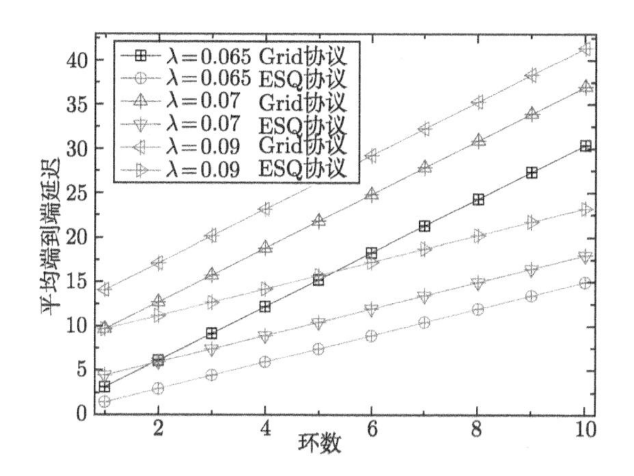

图 4-12 当负载较轻时，不同 MAC 协议和 λ 下端到端延迟

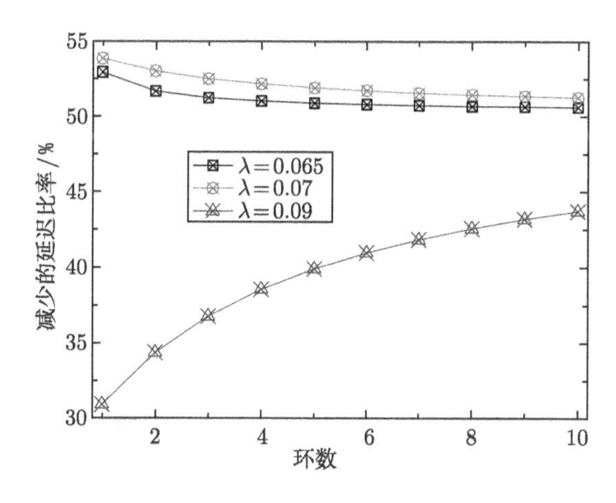

图 4-13 当负载较轻时，不同 λ 下 ESQ 对比其他延迟减少 E2E 延迟的比例

当节点承担的负载较重时，节点的端到端延迟的情况又有所不同 (图 4-14 和图 4-15)。当节点承担的数据量较重时，节点的排队延迟会随着数据量的增多而显著上升，因而从图 4-14 可以看出，近 Sink 区域节点承担数据量多，这时影响延迟的主要因素是排队延迟，因而其端到端延迟上升非常快。而距离 Sink 到一定距离后，节点的数据量下降较快，这时影响延迟的主要是转发延迟，因而其延迟变缓。而 ESQ 协议依然能够有效减少延迟 (见图 4-15)。

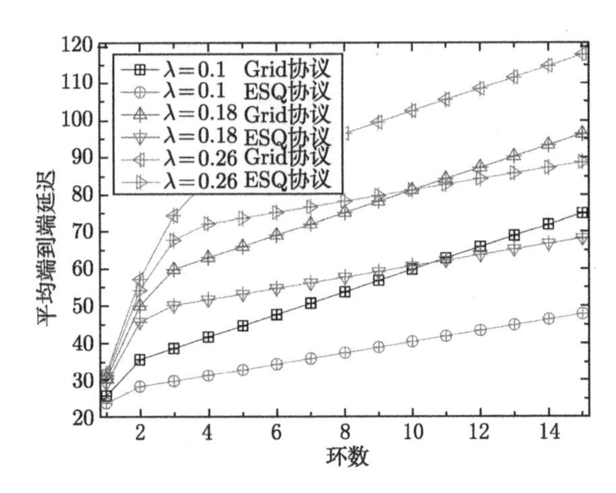

图 4-14 当负载较重时，不同 λ 和不同协议下的端到端延迟

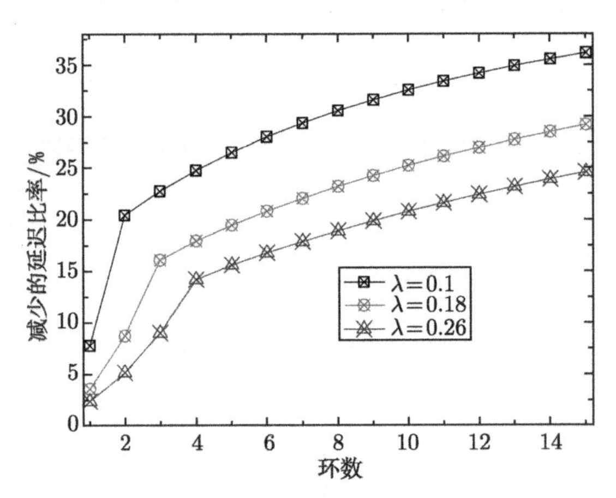

图 4-15 当负载较重时，不同 λ 下 ESQ 对比其他延迟减少 E2E 延迟的比例

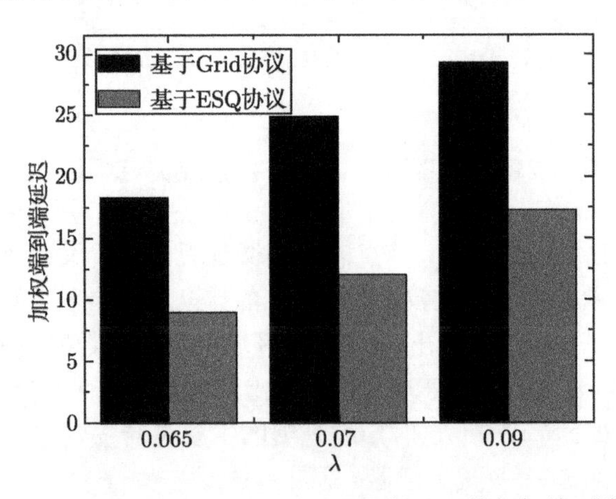

图 4-16 当负载较轻时，不同 λ 和不同协议下的加权端到端延迟

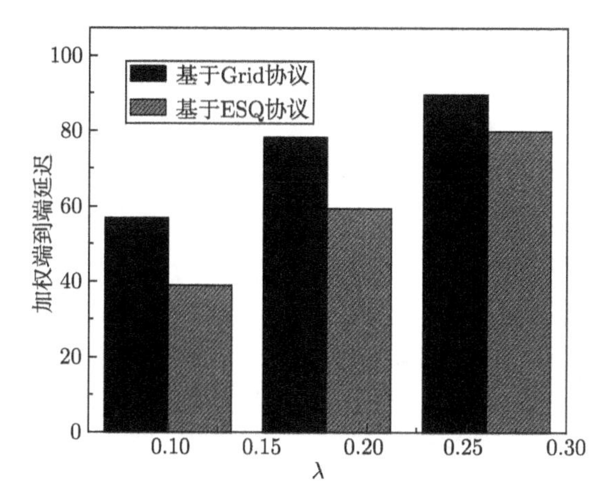

图 4-17 当负载较重时，不同 λ 和不同协议下的加权端到端延迟

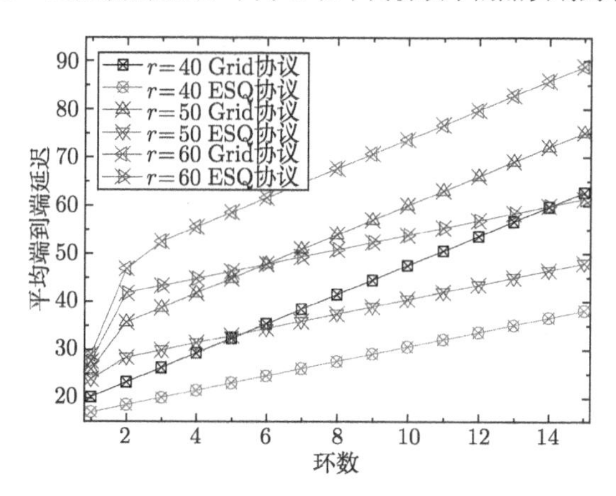

图 4-18 不同 ρ 和不同协议下的加权端到端延迟

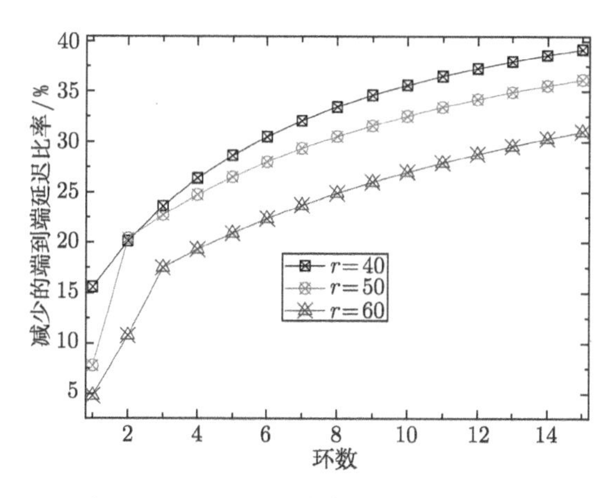

图 4-19 不同 ρ 下 ESQ 对比其他协议减少 E2E 延迟的比例

图 4-16 与图 4-17 给出了不同 λ 下的加权端到端延迟的对比实验结果。实验结果可以看出不管是在负载轻还是负载重的情况下，本章的 ESQ 协议都能够显著减少加权端到端延迟。加权端到端延迟，轻负载下减少了 9.08%到 29.32%，重负载下减少了 39.18%到 89.21%。

图 4-18 给出的是在不同 ρ 下的端到端实验结果。从实验结果可以看出，当节点密度越大时，节点承担的数据量越多，因而其端到端延迟越大。ESQ 协议在不同节点密度下的端到端延迟依然小于基于 Quorum 协议的端到端延迟。其端到端延迟减少了 2.13%到 33.45%(见图 4-19)。

图 4-20 给出的是在不同 r 下的端到端实验结果。从实验结果可以看出，节点的发射半径 r 越大时，其端到端延迟越大。其原因是：节点的发射半径 r 越大时，节点的干扰范围增大，因而节点的冲突率上升，从而节点重发次数增多，因而造成节点的延迟增大。ESQ 协议在不同发射半径 r 下的端到端延迟依然小于基于 Quorum 协议的端到端延迟。其端到端延迟减少 4.56%到 38.98%(见图 4-21)。

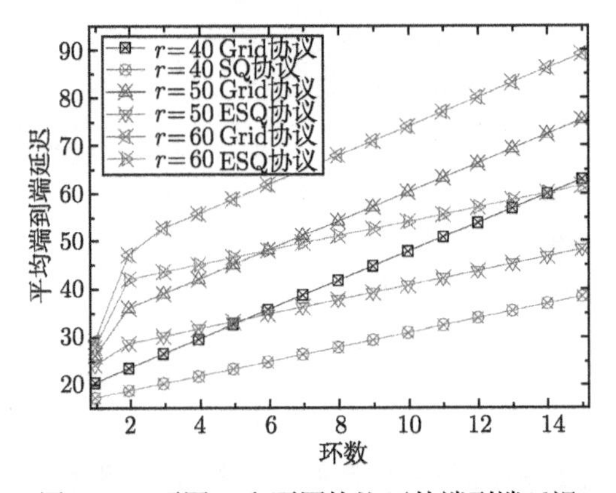

图 4-20　不同 r 和不同协议下的端到端延迟

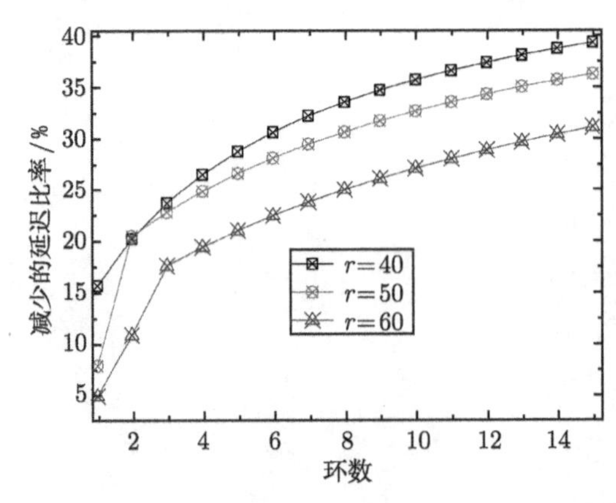

图 4-21　不同 r 下 ESQ 对比其他协议减少 E2E 延迟的比例

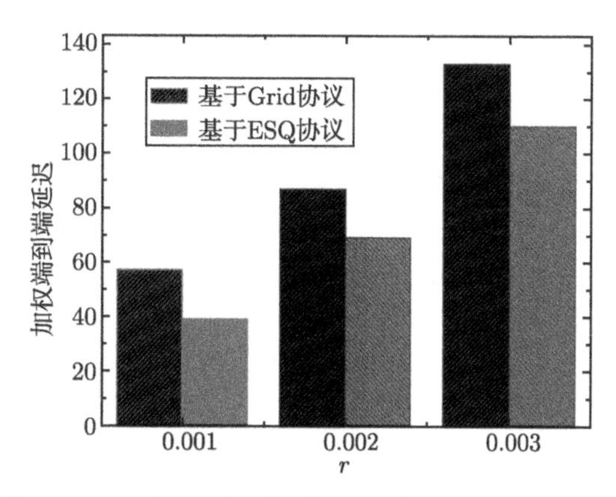

图 4-22 不同 ρ 和不同协议下的加权端到端延迟

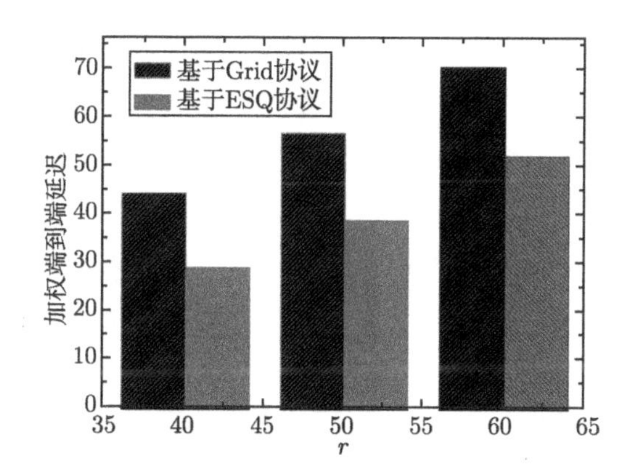

图 4-23 不同 r 和不同协议下的加权端到端延迟

图 4-22 和图 4-23 分别给出了不同节点密度 ρ 与不同点的发射半径 r 下加权端到端延迟的对比实验结果。实验结果可以看出不管是在不同节点密度 ρ 与不同点的发射半径 r 的情况下，本章的 ESQ 协议都能够显著地减少加权端到端延迟。加权端到端延迟减少了 17.21%到 29.55%。

4.5.4 协议的使用范围对比

本节主要分析以往基于 Quorum 协议很少论述的一个非常重要的问题，这个问题就是协议的适用范围。在基于 Quorum 协议中，采用的是 $n \times n$ 的 Grid，即一个周期由 n^2 个时隙组成，所有数据操作必须在一个周期内完成。很显然，以往的基于 Quorum 协议中 QTS 是在 $n \times n$ 的 Grid 中进行选取。存在的不足是 QTS 分散在整个 $n \times n$ Grid 中。因而节点的占空比小，节点与节点之间的交叉时隙也小，故导致延迟非常大。如果节点的端到端延迟超过了 n^2 个时隙，则节点的数据不能在一个周期内完成，则此协议不能适用于实际。因而，协议的最大端到端延迟就是协议能够适用的范围。

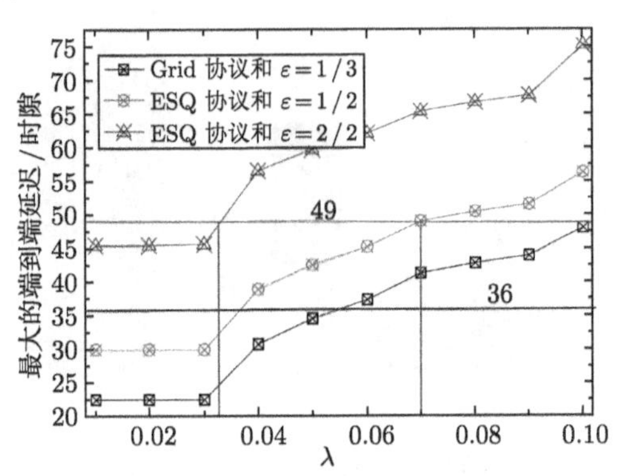

图 4-24　不同 λ 和不同协议下的最大延迟

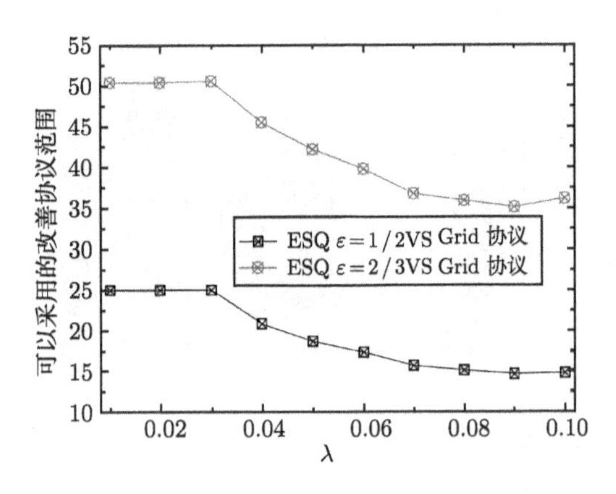

图 4-25　不同 λ 下 ESQ 协议能够扩大的适用范围

本节实验的设置情况是：在 6×6 的 Grid 中，与 ESQ 进行对比的基于 Quorum 协议选择 2 行，共 12 个 QTS。对于本章提出的 ESQ 协议，在前而的实验中是将选择 QTS 的行限定在 w=3 行中选择 12 个 QTS，因而这时的 ε=2/3。而图 4-24 中的 ε=1/2 是指将选择 QTS 的行限定为 w=4 行中选择 12 个 QTS，因而 ε=1/2。对于 ESQ 协议，当 ε=2/3，w=3 行时，必须保证节点的数据传输在选定 QTS 的 $w\times n$=18 个时隙内完成，而当 ε=1/2 时，节点的传输必须在 $w\times n$=24 个时隙内完成。可见 ε 越小，协议选择 QTS 的范围越广。可见参数 w 控制了 ESQ 协议 QTS 选择的范围。而 w 对协议设计的影响是：w 越小，协议设计要求越准确，必须准确确定节点选择第一个 QTS 开始的时隙 u(或者 v)，以保证此节点的数据操作在 $[u,u+w\times n]$ 时隙内完成，否则其数据传输无法完成。反之，w 越大，确定 u 不需要特别准确，但是导致网络性能下降。

图 4-24 给出了不同协议的最大端到端延迟情况。可见，ESQ 协议下，当 $\varepsilon=2/3$，其数据产生率 $\lambda \leqslant 0.05$ 时，选择 6×6 的 Grid 可满足应用的需求。而选择以往 6×6 Grid 基于 Quorum 协议都不满足应用需求。图 4-25 给出了本章的 ESQ 协议扩大适应范围的比例情况，从实验结果可见 ESQ 协议能够大幅度的扩大原有协议的应用范围。这是以往协议不能做到的。而图 4-26 和图 4-27 给出了 ESQ 协议与其他协议在不同网络规模 (R) 下的适用范围对比，从结果可以看出本章的 ESQ 能够将协议适用的范围扩大 20% 以上。

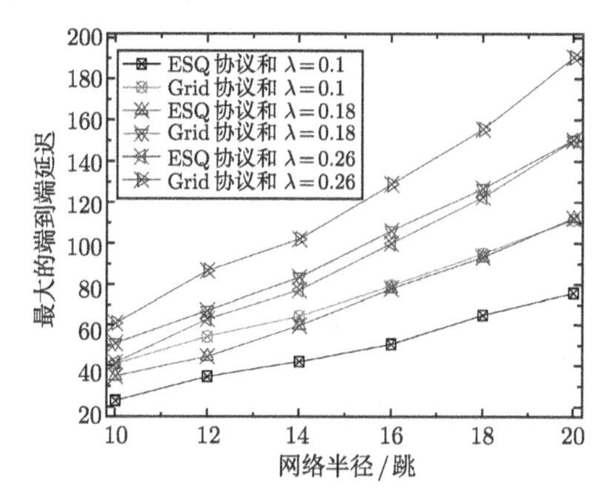

图 4-26 不同 R 和不同协议下的最大延迟

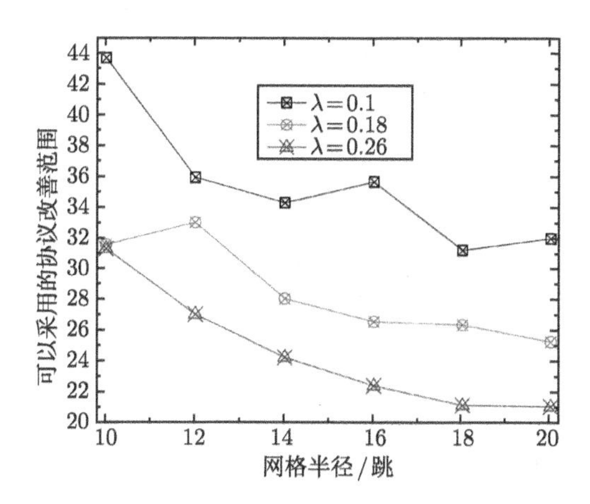

图 4-27 不同 R 下 ESQ 协议能够扩大的适用范围

4.5.5 能量与网络寿命的实验结果

本节主要是 ESQ 协议与其他基于 Quorum 协议在能量消耗与网络寿命方面的对比。从整体上来说，ESQ 协议能在不增大网络延迟的基础上提高网络寿命，或者在不降低网络寿命的前提下减少网络延迟。在前面的实验中 ESQ 协议选择的 QTS 数量与其他基于 Quorum 协议一样，因而这时 ESQ 协议的能量消耗与其他协议一样，但减少网络延迟 (见章节 4.5.2 和 4.5.3)。本节主要论述 ESQ 在不增大网络延迟的前提下其网络寿命的提高情况。

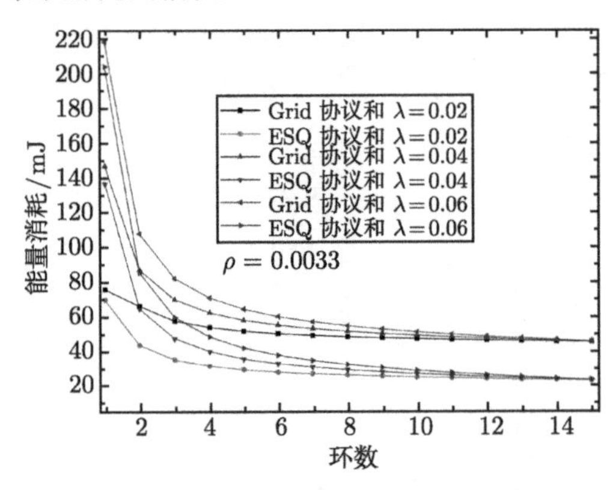

图 4-28　不同 λ 和不同协议下的能量消耗

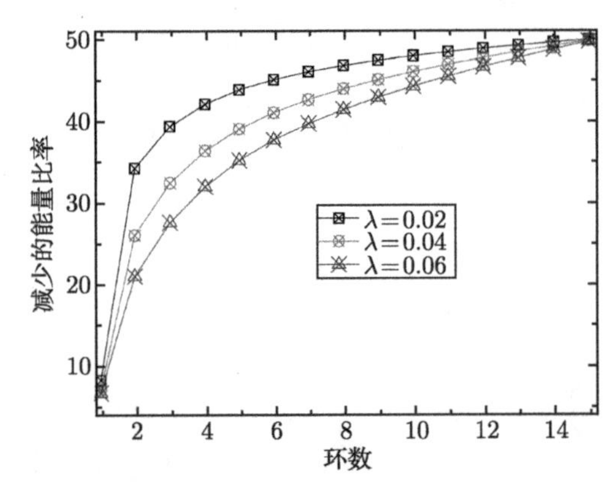

图 4-29　不同 λ 下 ESQ 协议与传统基于 Quorum 协议能量消耗的比值

在本节的实验中，对于 ESQ 协议只要将其他协议选取的不落入到 ESQ 协议选取范围内 QTS 删除就可保证不影响数据传输。因为在 ESQ 协议选取 QTS 范围外的时隙内节点没有数据传输，因而不影响数据传输。但却因为减少了 QTS 的数量，因而能够提高网络寿命。图 4-28 给出了 ESQ 协议与其他协议的能量消耗对比情况。从实验结果可以看出，ESQ 协议减少能量消耗，能够减少能量消耗 4.23%~48.66%(见图 4-29)。图 4-30 的实验是测试在不同参数 τ_d 下能量消耗的对比情况。τ_d 是指节点的信标窗口大小。节点苏醒后，经过一个 τ_d 后，发现有数据操作则进行数据操作，否则进入睡眠状态。因而 τ_d 时间越多，节点的能量消耗越多。从图 4-30 和图 4-31 的结果可以看出，ESQ 协议在不同 τ_d 下能够减少能量消耗从 7.23%到 41.89%，而且 τ_d 越大，减少的能量消耗越多。

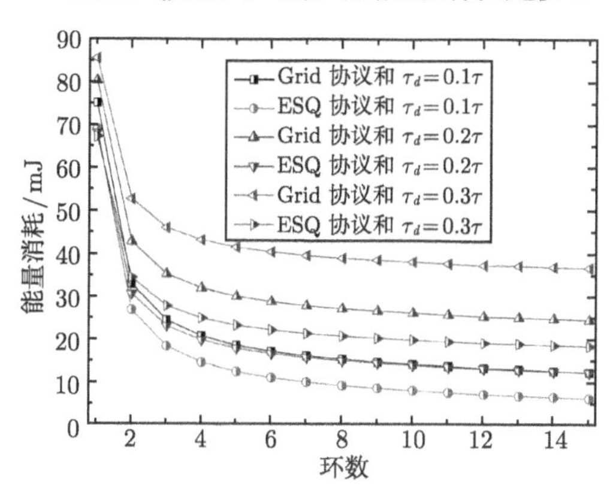

图 4-30 不同 τ_d 和不同协议下的能量消耗

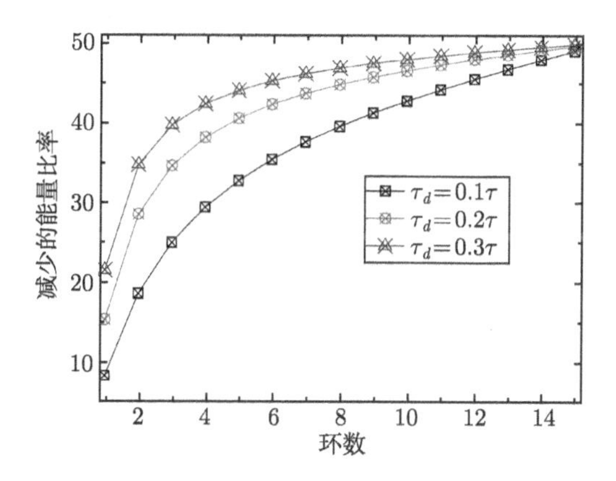

图 4-31 不同 τ_d 下 ESQ 协议与传统基于 Quorum 协议能量消耗的比值

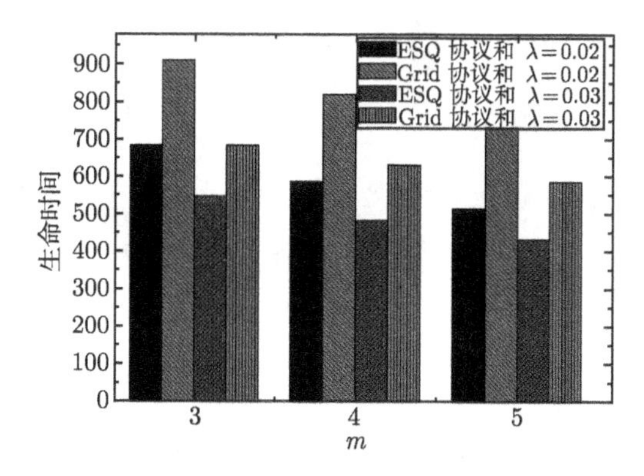

图 4-32 不同 m 和不同协议下的网络寿命

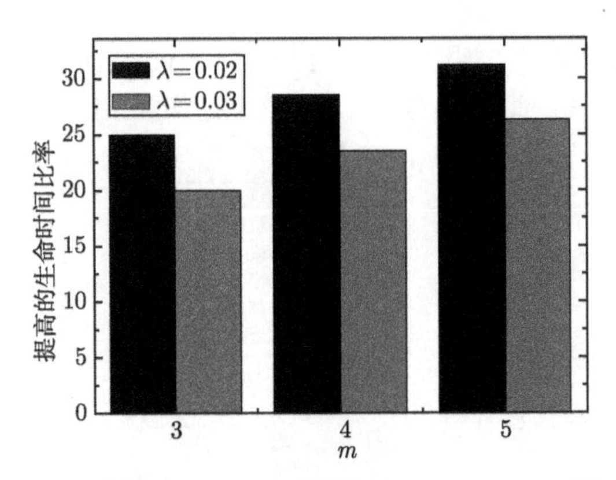

图 4-33　不同 m 下 ESQ 协议与传统基于 Quorum 协议网络寿命的比值

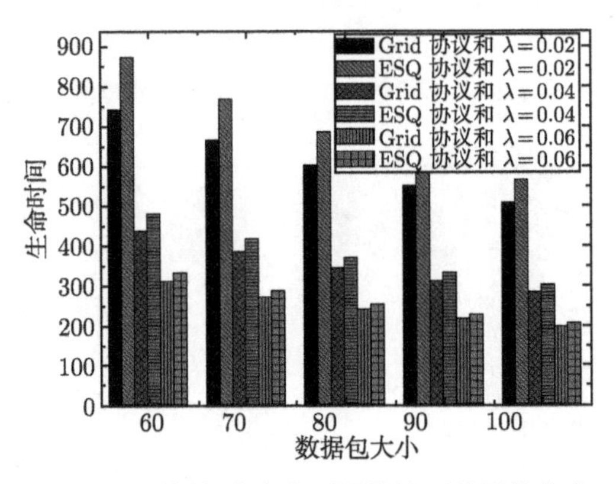

图 4-34　不同包大小和不同协议下的网络寿命

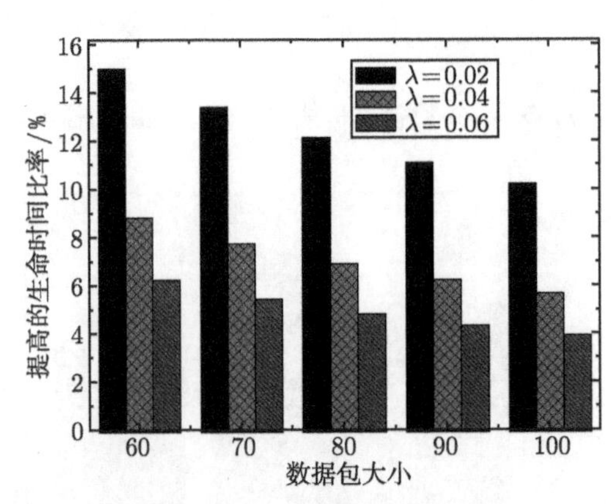

图 4-35　不同包大小下 ESQ 协议与传统基于 Quorum 协议网络寿命的比值

图 4-32 给出了在选择不同参数 m(指选取 QTS 的行数) 下的网络寿命情况。从实验结果可以得到如下结论：① m 越大，意味着选取的 QTS 数量越多，因而网

络寿命越低。② 数据产生率 λ 越大，网络寿命越低。③ ESQ 协议相对于其他基于 Quorum 协议能够显著的提高网络寿命 16% 以上 (见图 4-33)。

图 4-34 给出了在不同数据包大小下的网络寿命对比情况。从实验结果可以得到如下结论：① 数据包越大，节点承担的数据量越多，因而网络寿命越低。② 数据产生率 λ 越大，网络寿命越低。③ ESQ 协议相对于其他基于 Quorum 协议能够的提高网络寿命 3.95% 到 14.99%(见图 4-35)。

4.6 本 章 小 结

在本章中，基于 Quorum 元素偏移的同步介质访问控制协议能够实现无线传感器网络延迟最小化和提高能量效率。ESQ 协议的一个重要创新是依据传感器网络中节点距离 Sink 的远近而其数据操作的时隙逐环进行的，因而在 QTS 的分配上将节点中没有数据操作的时隙中不分配 QTS，将 QTS 集中数据操作的时段，从而使得数据操作所需要时隙增多，从而提高了数据传输的成功率，显著降低了数据传输的延迟。另一方面，ESQ 也可以在保持与原有基于 Quorum 协议相同网络延迟的基础上提高网络寿命。ESQ 协议还具有以往基于 Quorum 协议不具有的两个优点是：① ESQ 协议并不是提出一种新的基于 Quorum 协议。相反，ESQ 协议可以运用到已经提出的基于 Quorum 协议中，可以在不对原有协议进行改变的情况下，提高原有基于 Quorum 协议的性能，从而具有广泛的适用性；② ESQ 协议具有更广泛的应用范围。相对于原有 $n \times n$ Grid 的基于 Quorum 协议，在选取较小的 QTS 数量时，网络延迟大于 $n \times n$ 时隙，从而使得这些协议不可在实际中使用。而 ESQ 是能够在不缩短网络寿命的前提下，显著降低网络延迟，从而能够适应用更广泛的应用，具有很好的意义。

第 5 章　自适应调整工作时隙长度的异步介质访问控制协议

5.1　概　　述

在基于 MAC 协议的 Quorum 系统中，时间被划分为固定的周期。一个周期由 n 个时隙组成，为节省能量，节点并不是在每个时隙都处于活动状态，而只有部分时隙处于活动状态，而那些处于活动状态的时隙称为 QTS。在基于 MAC 协议的 Quorum 中，每一个传感器节点都独立的选择 QTS，并且保证相互通信的传感器节点之间必定有一定数量的 QTS 选择在相同的时隙，从而使节点间能够通信。显然，如果 QTS 数量越多，当节点有数据需要发送时，其代理设置 (见定义 3-1) 处于活动状态的概率越高，因而其延迟越小。但是，由于节点处于活动状态所消耗的能量是其睡眠状态的 100 倍甚至 1000 倍以上，因而 QTS 数量越多，节点的寿命越小。因而在基于 MAC 协议的 Quorum 中，其 QTS 的设计与部署是一个挑战性的问题，当前的研究还在如下方面存在不足：

(1) 能量有效性较低。在无线传感器网络中存在一种特殊的称为 “能量空洞” 现象[95,98,101]。“能量空洞” 现象是因为无线传感器网络 “多对一” 数据收集特征，导致近 Sink 区域的能量消耗远高于其他区域，从而导致近 Sink 一跳范围内的节点提前死亡，近 Sink 一跳范围内的节点提前死亡后导致远 Sink 区域节点的数据不能被传送到 Sink，从而导致整个网络失效而死亡，虽然这时网络中还剩余高达 90% 的能量[95,113−114]。而在已有的基于 MAC 协议的 Quorum 中大多是整个网络采用相等的 QTS 数量，这时网络就存在 “能量空洞” 现象。而有些研究为了节省能量对承担数据量少的远 Sink 区域节点减少其 QTS 数量，这样的方法会导致网络的剩余能量更高，能量利用率更低。

(2) 基于 MAC 协议的 Quorum 交叉时隙较小。基于 MAC 协议的 Quorum 是通过节点独立的选取部分时隙作为 QTS，而且要保证有数据交换的节点间存在一定数量的交叉时隙，这样才能进行数据传输。因而基于 MAC 协议的 Quorum 设计的重要目标之一就是要使得节点之间的交叉时隙越多越好。但是，目前的研究只能保证在 $\sqrt{n}\times\sqrt{n}$ 的 Grid 中，如果节点 A 选取 m_1 行，而节点 B 选取 m_2 列的情况下得到 $m_1 \times m_2$ 个交叉时隙，其交叉时隙的比值仅为 $(m_1 \times m_2)/[(m_1 + m_2)(\sqrt{n} \times \sqrt{n})]$。

而交叉时隙比值直接关系到协议的性能[100,104]，因而对如何突破当前基于 MAC 协议的 Quorum 的交叉时隙比值小的不足具有重要的意义。

(3) 网络的传送延迟较大。传送延迟定义为当节点感知数据产生的时刻与数据传送到 Sink 时刻的差值。无线传感器网络最重要的作用是监视感兴趣区域的事件，事件的传送延迟越小则对事件的处理越及时，对应用越有利。而当前的基于 MAC 协议的 Quorum 还存在不足：大多数研究出于对网络能量的考虑，尽量减少节点的 QTS 数量以节省能量。如果节点的 QTS 数量越少，则节点间的交叉时隙的数量也越少，节点有数据需要传送时，传感器节点的延迟检测路由的下一跳节点也较大，因而造成路由节点间网络的延迟较大。因而如何在保证网络寿命的前提下，减少网络延迟值得进一步研究。

5.2 系统模型与问题描述

在本章中，基于 MAC 协议的 QTSAC (Quorum time slot adaptive condensing) 协议能够实现无线传感器网络延迟最小化和能量利用效率。本章工作的主要创新点如下：

(1) QTSAC 协议将 QTS 压缩到节点有数据传输的时间段, 使得系统的交叉时隙数量增大，从而提高网络性能。

已经提出 Quorum 系统中，QTS 都是随机部署在整个周期中。基于 MAC 协议 QTSAC 的重要创新是其 QTS 依据节点的数据操作时段来确定，而不是均匀的分配在整个周期中。在无线传感器网络中，当进行数据收集时，数据从远 Sink 区域向 Sink 发送，因而近 Sink 区域的节点数据操作集中在周期的后半部分，而远 Sink 区域节点的数据操作集中在周期的前半部分。因而在 QTSAC 协议中，其 QTS 的产生与节点所在的位置相关，距离 Sink 远的节点，其 QTS 集中在前半部分，而近 Sink 区域的节点其 QTS 集中在后半部分。这样在节点操作数据的时间段内安排较多的 QTS，而在节点非数据操作的时间段内少安排或者不安排 QTS，从而使得当节点有数据操作需要时，有较多的 QTS 可供使用，而在节点不需要数据操作时 QTS 较少或者没有 QTS，这样就能够节省节点的能量, 使网络有较长的寿命。

(2) QTSAC 协议充分利用网络外围区域节点的剩余能量，增大其 QTS 数量，从而在不影响网络寿命的前提下减少了网络延迟。

在以往的研究中，网络中节点的 QTS 数量要么相等，要么依据节点的负载情况分配相应的 QTS 数量。而 QTSAC 协议不仅不减少在远 Sink 区域节点的 QTS 数量，反而增大这些区域节点的 QTS 数量，既能够充分利用这些剩余的能量，又能够减少网络延迟，从而进一步提高协议的性能。

(3) 通过广泛的理论分析和模拟研究，本章所述协议能够减少网络延迟和提高能量利用效率。对比其他基于 MAC 协议，延迟减少 10%~23%。更重要的是，它提高上述性能而不损害网络寿命，这在过去的研究中是很难实现的。

本章所要描述的最关键的因素的方法参见 4.2 章节。本章方法与所有以前的方法不同的是：它不减少在远 Sink 区域的 QTS 加载节点数量，但是增加 QTS 数量，这样不仅可以充分利用剩余数量，而且可以减少在该区域的节点延迟，并提高网络性能。网络除第一环外，其他区域都是能量过剩的，因此增加 QTS 面积占该网络的大部分面积，所以能够提高除第一环以外的其他网络性能，进而提高整个网络的性能。

当前基于 MAC 协议的 Quorum 并未针对传感器网络的数据传输特征进行针对性的设计，导致其性能不高。其中最重要的一个局限性就是节点的 QTS 在整个 $\sqrt{n} \times \sqrt{n}$ Grid 中选取，从而导致系统的交叉时隙比较少，从而影响其性能。实际上，无线传感器网络的数据传输是逐环进行的，因而在本章中对 QTS 的分配的时段进行了限定，从而使得 QTS 集中分配在节点有数据操作的时段内，从而提高了协议的性能。

本章采用的网络模型与第 4 章网络模型相同，参见章节 4.2.1。本章研究的问题与章节 3.2.2 实现的网络三个方面最优化一致。

5.3 基于 MAC 协议的 ESQ

5.3.1 研究动机

基于 MAC 协议的 QTSAC 研究动机主要来自无线传感器网络的两个发现：

发现 5-1 在周期 n 相同的情况下，如果限定某些行与列不参与 QTS 的选择，在不增大所选择的总 QTS 数量的前提下，其交叉时隙数量会增多。无线传感器网络数据传输恰好具有集中在某一段时隙操作的特征，因而可以限定没有数据操作的时隙不选择 QTS，从而可以增加交叉时隙数量，减少网络延迟。

如图 5-1 所示的 5×5 的 Grid 中，如果节点 A 取选取 2 行时隙作为 QTS [见图 5-1(a)]，而节点 B 选取 1 列作为 QTS [见图 5-1(b)]，此时的交叉时隙为时隙 7 和 12 共 2 个 QTS。如果限定第 1 行与第 1 列不能选择为 QTS，则在选择相同 QTS 数量的情况下，节点 A 选择的 QTS 如图 5-1(d) 所示。而节点 B 选择的 QTS 如图 5-1(e) 所示。虽然这时节点 A 与节点 B 选择的 QTS 数量没有增加，但是，它们的交叉时隙这时为 QTS 6，7，12，17，22 共 5 个，是不限定前的 2 倍 [见图 5-1(c) 和 5-1(f)]。

在无线传感器网络的数据收集过程中，数据收集是从远 Sink 的外围区域向

Sink 的过程中逐层进行的，远 Sink 区域节点的数据操作会集中周期 (n 个时隙) 中的前面部分 (前 a 个时隙内)。而网络中的中间部分节点数据操作会集中在周期的中间部分时隙内进行 ($[a, b]$ 时隙内)，而近 Sink 部分节点的时隙操作会在周期的后部分进行 (后 b 个时隙内)。依据这样的数据传输特征，当节点位于远 Sink 区域时，限定后面的时隙不选择为 QTS，而当节点位于网络中间区域时限定前面与后面部分的时隙不被选为 QTS，而近 Sink 的节点，其开始部分的时隙不被选为 QTS，这样即满足网络传输特性，在不增大总的 QTS 数量的前提下，增大了交叉时隙的数量，也就意味着能够显著减少网络延迟。

发现 5-2 如果节点的 QTS 数量能够增加，那么交叉时隙也能够增加，所以转发延迟能够减少。而传感器网络中远 Sink 区域恰好存在大量的能量剩余，因而可以利用这些能量来增加节点的 QTS，从而可以提高协议的性能。

图 5-2 说明了不同网络区域中的能量消耗。在 Grid Quorum 系统中，所有网络节点都有相同的 QTS。然而，近 Sink 区域的节点承担了更多的数据量，网络消耗的能量不一样。图 5-3 说明了在网络的不同区域的剩余能量分配。从中可以看出，可用大量的剩余能量去增加节点的 QTS 数量，以减少转发延迟而不破坏网络的生命周期。

然而，如果在节点 A 和 B 之间增加一些 Quorum 时隙，交叉节点会增加较多，而延迟将会极大减低。如果节点 A 和 B 各增加一个 QTS，节点 A 增加的为时隙 18，节点 B 增加时隙 11 为 QTS，则节点 A 与节点 B 的交叉时隙也增加 1 个 [如时隙 11，见图 5-1(g)]。

基于以上分析，QTSCA 协议的创新主要是：① 将 QTS 压缩到节点有数据传输的阶段。② 利用远 Sink 区域的剩余能量增加节点的 QTS，从而进一步增大交叉时隙。从图 5-1 可以看出，对比原有的 Grid 协议，QTSAC 协议能够将原有的交叉时隙从 2 个提高到 5 个，从而使得协议性能得到极大的提高，具有很好的效果。

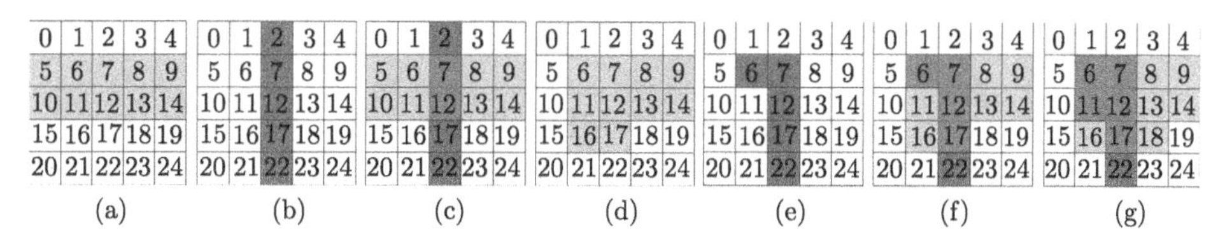

图 5-1 限定部分行与列不选择 QTS 的交叉时隙数量

5.3.2 SO-grid Quorum 系统

定义 5-1 S-clique[$S(u, m_1, x, y)$] 给定一个正整数 n 和一个全集 $U = \{0, 1, \cdots, n-1\}$。令 $1 \leqslant m_1 \leqslant (\sqrt{n} - x)^2 \big/ \sqrt{n}$，$0 \leqslant u \leqslant n-1$，$1 \leqslant x = y \leqslant \lfloor \sqrt{n}/2 \rfloor$，$(x, y)$ 表示第 1 行到第 x 行和第 1 列到第 y 列都不安排 Quorum 时隙。一个 u, m_1, x, y 的

S-clique 被定义为 $S(u, m_1, x, y)$：

$$S(u,m_1,x,y)=\begin{cases}(i\sqrt{n}+j+m_1+u)[\mathrm{mod}(\sqrt{n}-x)^2] & (i=0,1,\cdots,m_1-1;j=0,1,\cdots,\sqrt{n}-2)\\ [(m_1\sqrt{n}-1)+j+m_1+u](\mathrm{mod}(\sqrt{n}-x)^2) & (i=m_1;j=0,1,\cdots,m_1-1)\end{cases} \tag{5-1}$$

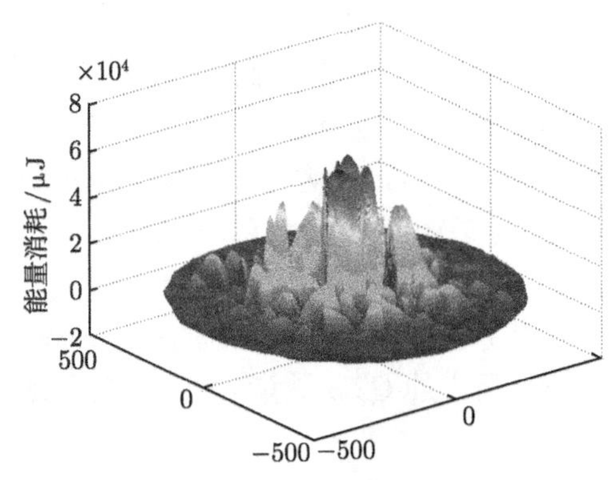

图 5-2　整个网络的能量消耗

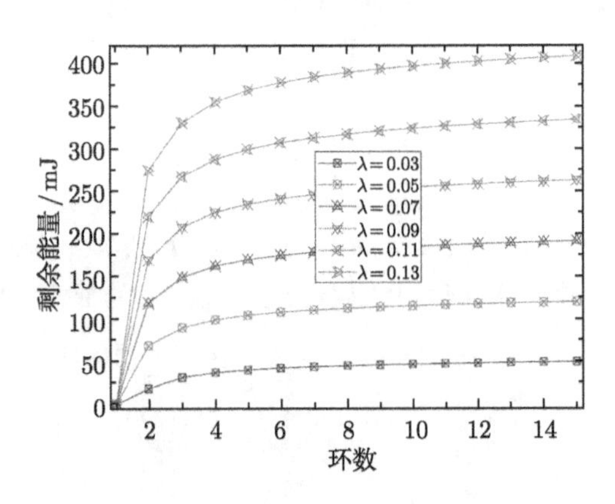

图 5-3　不同 λ 的剩余能量

例如：当 $x=y=1, \sqrt{n}=4, m_1=2, u=3$ 时，根据式 (5-1) 可以得到 $S(3,2,1,1)=\{0,1,2,3,4,5,6,7\}$，见图 5-4(a)。

定义 5-2　O-clique$[Q(v,m_2,x,y)]$ 给定一个正整数 n 和一个全集 $U=\{0,1,\cdots,n-1\}$。令 $1\leqslant m_2\leqslant(\sqrt{n}-x)^2\Big/\sqrt{n}$，$0\leqslant v\leqslant n-1$，$1\leqslant x=y\leqslant\lfloor\sqrt{n}/2\rfloor$，$(x,y)$ 表示第 1 行到第 x 行和第 1 列到第 y 列都不安排 Quorum 时隙。一个 v 和 m_2 的

O-clique 被定义为 $O(v,m_2,x,y)$:

$$O(v,m_2,x,y)=\begin{cases}(j\sqrt{n}+im_2+v) \pmod{(\sqrt{n}-x)^2}(i=0,1,\cdots,m_2-1;j=0,1,\\ \cdots,\sqrt{n}-2)\\ (j\sqrt{n}+im_2+v) \pmod{(\sqrt{n}-x)^2}(i=m_2;j=0,1,\cdots,m_2-1)\end{cases} \tag{5-2}$$

例如：当 $x=y=1,\sqrt{n}=4,m_2=1,v=2$ 时，根据式 (5-2) 可以得到 $O(2,1,1,1)=\{1,2,3,6\}$ 见图 5-4(b)。

定义 5-3 $SO(u,v,m_1,m_2,x,y)$Grid Quorum 系统给定 4 个正整数 m_1, m_2, x, y，令 $1\leqslant m_1,m_2\leqslant(\sqrt{n}-x)^2/\sqrt{n}$，$\forall 0\leqslant u,v\leqslant n-1$，$1\leqslant x=y\leqslant\lfloor\sqrt{n}/2\rfloor$。令 S 和 O 为集合 U 的两个非空子集，其中 $U=\{0,1,\cdots,n-1\}$。于是 (S,O) 为 $SO(u,v,m_1,m_2,x,y)$ Grid Quorum 系统，当且仅当 S 为 $S(u,m_1,x,y)$ 和 O 为 $O(v,m_2,x,y)$，反之亦然。

例如：S-clique(3, 2, 1, 1) 和 O-clique(2, 1, 1, 1)，于是 SO-grid(3, 2, 2, 1, 1, 1) 有 4 个交点 1, 2, 3 和 6，如图 5-4(c) 所示。

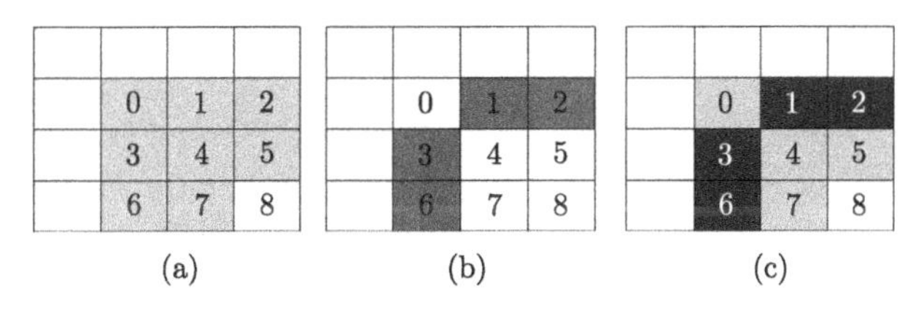

图 5-4 SO-grid Quorum 系统

SO-gird Quorum 系统具有如下的性质:

性质 5-1 $S(u,m_1,x,y)$ 有 $m_1\sqrt{n}$ 个元素 (例如，Quorum 时隙)。

当 u,m_1 确定时，就可以得到投影后的时隙数，我们在原有的选择方法上对公式中 i,j 的取值进行了约束，从而保证依然有 $m_1\sqrt{n}$ 个工作时隙 (例如，Quorum 时隙)。

性质 5-2 $O(v,m_2,x,y)$ 有 $m_2\sqrt{n}$ 个元素 (例如，Quorum 时隙)。

同上，当 v,m_2 确定时，就可以得到投影后的时隙数，我们在原有的选择方法上对公式中 i,j 的取值进行了调整，从而保证依然有 $m_2\sqrt{n}$ 个工作时隙。

定理 5-1 对于两个节点 A 和 B，其中一个选择 $S(n,w,u,m_1)$-clique，另一个选择 $O(n,w,v,m_2)$-clique，分别形成各自的周期模式，则在 n 个时隙中至少相交 $m_1\times m_2$。

证明 对于任意的 $w\cdot\sqrt{n}$Grid，一个 S-clique 意味着携带 $m_1\cdot\sqrt{n}$Grid 的 QTS，从式 (3-4) 可得，$m_1\cdot\sqrt{n}$QTS 每行必有 m_1 时隙被选择；一个 O-clique 具有 m_2wQTS Grid，从式 (5-1) 可得，m_2w QTS 必有 m_2 行被选择且所有时隙均为

QTS。因为 F-clique 每行必选择 m_1 时隙，所以必须 $m_1 \times m_2$ 相交。

5.3.3 QTS 压缩矩阵

QTSAC 协议的第 1 个关键是将 QTS 从 $\sqrt{n} \times \sqrt{n}$ 的 Grid 压缩到 $(\sqrt{n} - x) \times (\sqrt{n} - y)$ Grid 中，从而使得在 QTS 数量不变的情况下，节点间的交叉时隙增加，而这些 QTS 又集中在节点有数据传输的时段，因而能够降低网络延迟。QTSAC 协议压缩后的 SO-Grid 在网络中总体分配情况如图 5-5 所示。图 5-5(a) 是压缩后的 $(\sqrt{n} - x) \times (\sqrt{n} - y)$ Grid。而未压缩前的一个周期共有 $\sqrt{n} \times \sqrt{n}$ 个时隙，因而每个节点依据其距离 Sink 的远近而选择不同的参数。① 如果是距离 Sink 最近的节点，那么在周期的开始阶段没有数据传输，因而压缩的矩阵位于整个 $\sqrt{n} \times \sqrt{n}$ Grid 的最右下角，如图 5-5(b) 所示；② 如果是距离 Sink 最远的节点，则时隙的最

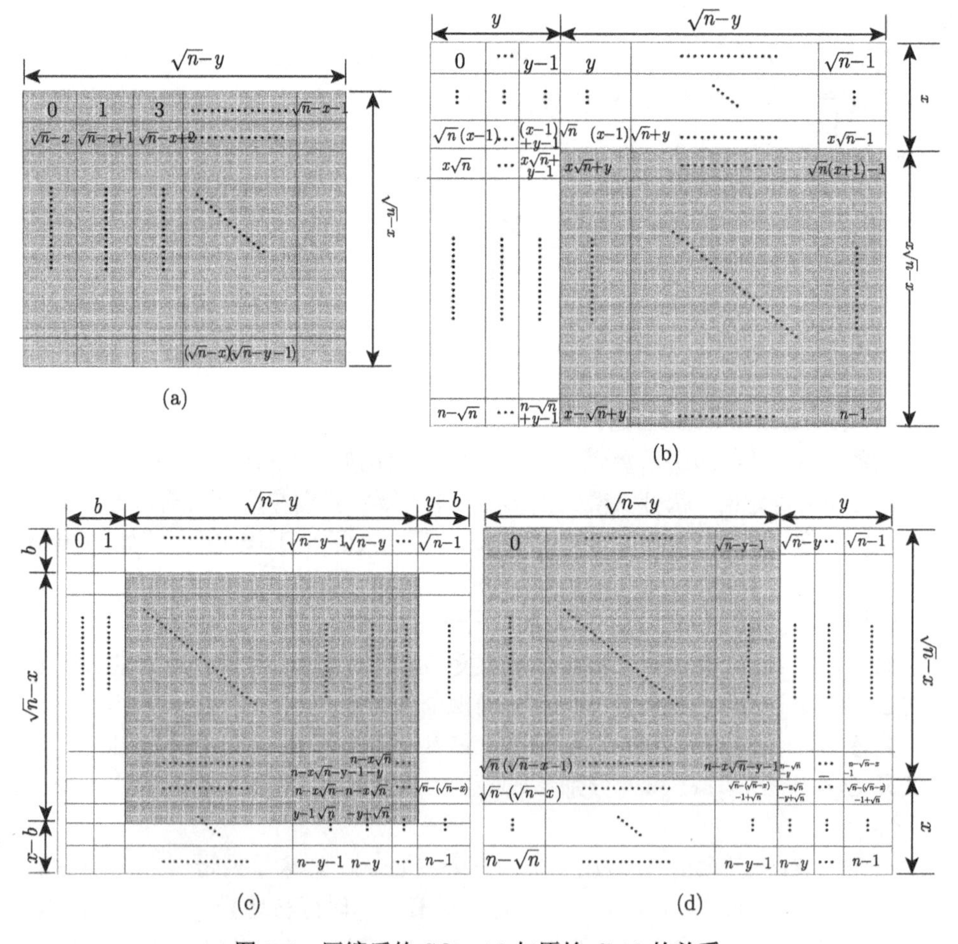

图 5-5 压缩后的 SO-grid 与原始 Grid 的关系

后 x 行没有数据传输，因而压缩的矩阵位于未压缩矩阵的左上角，如图 5-5(d) 所示。③ 如果节点是位于网络中的中间部位，则节点的前 b 行以及最后的 $x-b$ 行没有数据传输，因而压缩的矩阵位于未压缩矩阵的中部，如图 5-5(b) 所示。

值得注意的是：依据式 (5-1) 和式 (5-2) 确定的 QTS 序号是在 $(\sqrt{n}-x)\times(\sqrt{n}-y)$ Grid 中的序号，但是，可以依据节点所在的位置转化为在 $\sqrt{n}\times\sqrt{n}$ Grid 的序号。考虑节点确定在$\sqrt{n}\times\sqrt{n}$ Grid 的前 b 行不选 QTS，节点依据式 (5-1) 和式 (5-2) 按 SO-grid Quorum 系统给出的 QTS 序号是 z，那么它对应整个 $\sqrt{n}\times\sqrt{n}$ Grid 的序号可以按下面的公式进行变换：

$$Z = b\cdot n + y + [z/(n-b)]\cdot n + z\text{mod}\,(n-b) \tag{5-3}$$

在前面已经给出了 QTSAC 协议 SO-grid Quorum，并且确定了压缩的 SO-grid Quorum 向未压缩矩阵转换的规则。下面要确定节点如何确定压缩矩阵在网络中开始的位置，以及压缩矩阵的大小。考虑节点 i 第一次发送 (或者接收) 数据包的时间为 t_i^e，从而可以得到节点 i 的 QTS 分配只需要从时隙 t_i^e 即可，也就是下式：

$$b_i = \left[t_i^e/\sqrt{n}\right] \tag{5-4}$$

考虑节点 i 最后一次发送数据包的时间为 t_i^l，则节点 i 需要的 QTS 只需要在 $[t_i^e,\ t_i^l]$ 内分配就可以了。因而，所需要的压缩矩阵的大小为 $w_i\times w_i$，其中 $w_i=(\sqrt{n}-x)\times(\sqrt{n}-y)\left[\left(t_i^l-t_i^e\right)/(\sqrt{n}-b_i)\right]$。但是压缩矩阵的大小要满足网络中所有节点传输所需要的时间，显然需要按网络中所有节点中最大的传输时间来确定。因而在 QTSAS 协议中压缩矩阵的大小为

$$w\times w,\text{其中}w=\max(w_i)\,,w_i=\left(\sqrt{n}-x\right)\times\left(\sqrt{n}-y\right)\left[\left(t_i^l-t_i^e\right)/\left(\sqrt{n}-b_i\right)\right] \tag{5-5}$$

5.3.4 基于 MAC 协议的 QTSAC

因此，基于 MAC 协议的 QTSAC 描述如下：

(1) 每个节点依据自身环数来选择 S-clique 或者 O-clique。处于偶数环号的节点选择 S-clique，处于奇数环号的节点选择 O-clique，反之亦然。通过选择 S-clique 和 O-clique，相邻两个节点就形成了 SO-grid；

(2) 依据式 (5-5) 选定压缩矩阵的大小为 $w\times w$；

(3) 对于节点 i, 依据式 (5-4) 选定节点的 b_i, 表示从 $\sqrt{n}\times\sqrt{n}$ 的 Grid 的第 b_i 行与第 b_i 开始选择 $w\times w$ 的压缩矩阵；

(4) 对于节点 i，据其选择的 S-clique 或 O-clique 分别采用式 (5-1) 和式 (5-2) 计算出选择的 QTS 序号；

(5) 对计算出的 QTS 序号依据式(5-3) 计算出在 $\sqrt{n}\times\sqrt{n}$ Grid 中对应的序号作为其工作时采用的 QTS 序号；

(6) 依据式 (3-20) 计算出可以增加的 QTS 数量Q_i^{Δ}，然后在 $\sqrt{n}\times\sqrt{n}$ Grid 中从第一个 QTS 时隙开始向后查找，依次将Q_i^{Δ} 个非 QTS 转为 QTS，从而最终确定每个节点的 QTS;

(7) 每个节点按选定的 QTS 工作。

图 5-6 给出了 QTAS 协议的一个具体例子。如果对于 4×4 的 Grid，如果 b_i=1，则限定第 1 行与第 1 列不选取 QTS，对于 S-clique(3, 2, 1, 1)和 O-clique(2, 1, 1, 1) 按照式 (5-1) 和式 (5-2) 选择图 5-4 所示 QTS。然后，依据式 (5-3) 生成在 $\sqrt{n}\times\sqrt{n}$ Grid 的中 QTS 序号，如图 5-6 所示。这时形成的 SO-grid(3, 2, 2, 1, 1, 1) 有 4 个交叉时隙 6，7，9 和 13。依据式 (3-20)计算出可以增加的 QTS，设计算出可以增加的 QTS 个数为 2，则分别加到 S-clique 和 O-clique 中(如图 5-6)。这样，最后形成的 SO-grid(3, 2, 2, 1, 1, 1) 有 6 个交叉时隙 6, 7, 8, 9, 12 和 13。而按照 $\sqrt{n}\times\sqrt{n}$ grid 选取方法，S-clique 取 2 行，O-clique 取一列，其交叉时隙数量只有 2 个。可见 QTSAC 协议极大的增加了交叉时隙数量。

图 5-6 为 SO-grid Quorum 系统的帧结构。在图 5-6 中，一个周期由 n=16 个时隙 (例如，beacon interval, BI) 组成。节点在 Non-Quorum 时隙关闭所有的通信设备以节省能量。而节点在 Quorum 时隙中，开始是一段 BW 时间，随后剩余的时隙称为 DW。数据操作在 DW 时间内进行。节点在 BW 时间内决定是否要在此时隙进行数据操作 (接收与发送)，如果没有数据需要操作，则随后的 DW 时间内转为睡眠状态。如果有数据操作，则在随后的 DW 时间内进行数据操作。

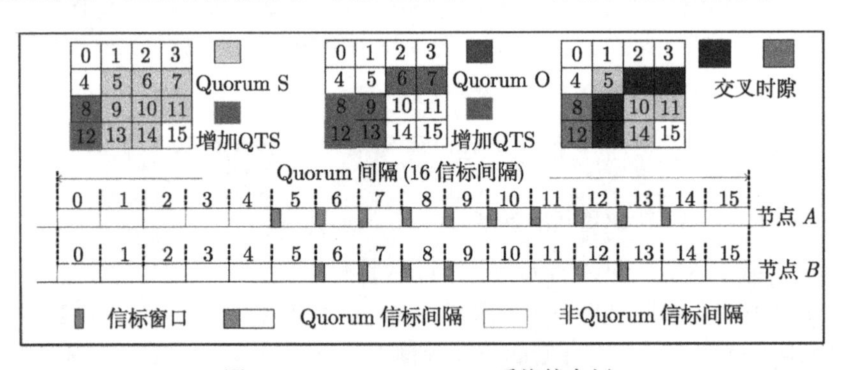

图 5-6 SO-grid Quorum 系统的实例

5.4 性能分析

5.4.1 网络延迟

本节对提出的 QTSAC 协议的性能进行理论分析，主要分析 QTSAC 协议的网络延迟与网络寿命两个主要性能。

推论 5-1 在 QTSAC 协议中，考虑将原来在 $\sqrt{n}\times\sqrt{n}$ Grid 选取的 QTS 压缩在 $w\times w$ Grid 中选取，设第 k 环剩余的能量能够增加的 QTS 数量为 Q_k^{Δ}。那么，QTSAC 协议中节点在 k_{th} 环的平均转发数据延迟为

$$
\begin{aligned}
d_k^{\text{QTSAC}} = &\sum_{i=1}^{(1-\varepsilon_1)n-1}\left[i\varepsilon_1(1-\varepsilon_1)^{(i-1)}P_k^{\text{QTSAC}}\right] \\
&+\sum_{i=(1-\varepsilon_1)n}^{n-1}\left[i(1-\varepsilon_1)^{(1-\varepsilon_1)n}P_k^{\text{QTSAC}}\right]+n(1-P_k^{\text{QTSAC}})
\end{aligned}
\tag{5-6}
$$

其中，$\varepsilon_1=(\sqrt{n}/w)^2\varepsilon+Q_k^{\Delta}/w^2$，$P_k^{\text{QTSAC}}=\dfrac{n\left[1-(1-\varepsilon_1)^{\upsilon}\right]}{(\rho\pi r^2)\mu_k}$，$u_k=\dfrac{\delta\times n\times B_k^t}{B\tau}+\dfrac{\delta\times n\times B_k^r}{B\tau}$。

证明 在 QTSAC 协议中，将原来分布在整个 $\sqrt{n}\times\sqrt{n}$ Grid 的 QTS 压缩到 $w\times w$ Grid 中，这样节点的数据发送时的占空比就从原来的 ε 提高到了 $(\sqrt{n}/w)^2\varepsilon$，并且其 QTS 数量增加 Q_i^{Δ}，则其占空比增加 Q_i^{Δ}/w^2。因而 QTSAC 协议的占空比 $\varepsilon_1=(\sqrt{n}/w)^2\varepsilon+Q_i^{\Delta}/w^2$，再依据定理 3-7 从而得证。

数据从 i 环节点到达 Sink 的最终延迟 Θ_i 为

$$
\Theta_i=\sum_{j=1}^{i}d_j^{\text{QTSAC}}
\tag{5-7}
$$

5.4.2 网络寿命

对比以往的策略，QTSAC MAC 协议能够在减少传输延迟的前提下同时提高网络寿命。分析如下：由于无线传感器网络数据传输的特征，如果 QTSAC 协议按照原有基于 MAC 协议的 Quorum 安排 QTS，然后，去掉那些没有数据传输时段的 QTS，那么这时 QTSAC 协议就会因为减少 QTS 数量而提高了网络寿命。但即使在这种情况下，在 QTSAC 协议中，远 Sink 区域仍然可以增加一些 QTS，从而可以减少网络延迟。这说明 QTSAC 协议能够在提高网络寿命的同时减少网络延迟。

定理 5-2 考虑基于 MAC 协议的 QTSAC 在 $\sqrt{n}-w$ 行内不选取 QTS，对比传统的从 $\sqrt{n}\times\sqrt{n}$ Grid 选取的 QTS 基于 MAC 协议的 Quorum，QTSAC 协议可提高的网络寿命的比值如下式：

$$
\begin{cases}
\varphi=\dfrac{T_t^1\tau\bar{\omega}_t+T_r^1\tau\bar{\omega}_r+\left[(\aleph w)/\sqrt{n}-T_t^1-T_r^1\right]\left[\bar{\omega}_b\tau_d+\bar{\omega}_s(\tau-\tau_d)\right]+\left[n-(\aleph w)/\sqrt{n}\right]\tau\bar{\omega}_s}{T_t^1\tau\bar{\omega}_t+T_r^1\tau\bar{\omega}_r+\left(\aleph-T_t^1-T_r^1\right)\left[\bar{\omega}_b\tau_d+\bar{\omega}_s(\tau-\tau_d)\right]+(n-\aleph)\tau\bar{\omega}_s} \\
\text{其中，}T_t^1=\dfrac{\delta\times n\times B_1^t}{B\tau},\ T_r^1=\dfrac{\delta\times n\times B_1^r}{B\tau}
\end{cases}
\tag{5-8}
$$

证明 传统基于 MAC 协议的 Quorum 的占空比 $\varepsilon = \aleph/n$。因为节点在 $\sqrt{n}-w$ 行时隙内没有数据传输，因而 QTSAC 协议在 $\sqrt{n}-w$ 行不需要选取 QTS，因而仅需要保留有 QTS 的行为 w，保留的 QTS 数量为 $(\aleph w)/\sqrt{n}$。而网络寿命取决于网络中近 Sink 1 跳范围内节点的能量消耗，依据式 (3-20) 可得到传统基于 MAC 协议的 Quorum 下的环 1 节点的能量消耗为

$$E_1 = T_{_t}^1 \tau \bar{\omega}_t + T_{_r}^1 \tau \bar{\omega}_r + T_{_B}^1 \left[\bar{\omega}_b \tau_d + \bar{\omega}_s \left(\tau - \tau_d\right)\right] + \left(n - \aleph\right) \tau \bar{\omega}_s$$

其中 $T_{_t}^1 = \dfrac{\delta \times n \times B_1^t}{B\tau}$, $T_{_r}^i = \dfrac{\delta \times n \times B_1^r}{B\tau}$, $T_{_B}^1 = \aleph - T_{_t}^1 - T_{_r}^1$。

在 QTSAC 协议中, QTS 的数量减少为 $(\aleph w)/\sqrt{n}$。因而节点的能量消耗为

$$\begin{aligned} E_{_1}^{\rm QTSAC} = & T_{_t}^1 \tau \bar{\omega}_t + T_{_r}^1 \tau \bar{\omega}_r + \left[(\aleph w)/\sqrt{n} - T_{_t}^1 - T_{_r}^1\right] \left[\bar{\omega}_b \tau_d + \bar{\omega}_s \left(\tau - \tau_d\right)\right] \\ & + \left[n - (\aleph w)/\sqrt{n}\right] \tau \bar{\omega}_s \end{aligned}$$

因而其网络寿命的比值为 $\varphi = \ell^{\rm QTSAC}/\ell = \dfrac{E_{\rm init}}{E_{_1}^{\rm QTSAC}} \Big/ \dfrac{E_{\rm init}}{E_1}$

$$\Rightarrow \varphi = \frac{T_{_t}^1 \tau \bar{\omega}_t + T_{_r}^1 \tau \bar{\omega}_r + \left[(\aleph w)/\sqrt{n} - T_{_t}^1 - T_{_r}^1\right] \left[\bar{\omega}_b \tau_d + \bar{\omega}_s \left(\tau - \tau_d\right)\right] + \left[n - (\aleph w)/\sqrt{n}\right] \tau \bar{\omega}_s}{T_{_t}^1 \tau \bar{\omega}_t + T_{_r}^1 \tau \bar{\omega}_r + \left(\aleph - T_{_t}^1 - T_{_r}^1\right) \left[\bar{\omega}_b \tau_d + \bar{\omega}_s \left(\tau - \tau_d\right)\right] + \left(n - \aleph\right) \tau \bar{\omega}_s}$$

推论 5-2 考虑基于 MAC 协议的 QTSAC在 $\sqrt{n}-w$ 行内不选取 QTS，第 k 环剩余的能量能够增加的 QTS 数量为 $Q_k^{\triangle}$。那么，此种情况下 QTSAC 协议中节点在 k_{th} 环的平均转发数据延迟 $d_{_{k,2}}^{\rm QTSAC}$ 为

$$\begin{aligned} d_{_{k,2}}^{\rm QTSAC} = & \sum_{i=1}^{(1-\varepsilon_1)n-1} \left[i\varepsilon_2(1-\varepsilon_2)^{(i-1)} P_{_{k,2}}^{\rm QTSAC}\right] \\ & + \sum_{i=(1-\varepsilon_2)n}^{n-1} \left[i(1-\varepsilon_2)^{(1-\varepsilon_2)n} P_{_{k,2}}^{\rm QTSAC}\right] + n(1 - P_{_{k,2}}^{\rm QTSAC}) \end{aligned} \tag{5-9}$$

其中，$\varepsilon_2 = \varepsilon + Q_k^{\triangle}/w^2$，$P_{_{k,2}}^{\rm QTSAC} = \dfrac{n\left[1-(1-\varepsilon_2)^{\upsilon}\right]}{(\rho\pi r^2)\,\mu_{_k}}$，$u_{_k} = \dfrac{\delta \times n \times B_k^t}{B\tau} + \dfrac{\delta \times n \times B_k^r}{B\tau}$。

证明 依据定理 3-7，这时节点的占空比由于 QTS 数量增加而增大，其占空比 $\varepsilon_2 = \varepsilon + Q_k^{\triangle}/w^2$，代入式 (3-16) 就可得证。

如果在 QTSAC 协议中采用与原来策略相同的 QTS 数量情况下，QTSAC 协议的网络寿命与已有策略一样，但是减少的网络延迟更多。

5.5 实验与性能分析结果

5.5.1 实验设计

实验所采用平台是 OMNET++[106]，相关网络参数见表 3-1。

在下面的实验中，如果没有特别说明，采用的 Quorum Grid 的大小为 $\sqrt{n}\times\sqrt{n}$ 的 Grid，其中 $\sqrt{n}$=7。对于传统的 Quorum Grid 协议，QTS 从 $\sqrt{n}\times\sqrt{n}$=49 个时隙中选取的 QTS 数量为 2 行共 14 个，即占空比为 14/49=2/7。因为传统的基于 Quorum 协议的整个网络中都是选取相等数量的 QTS，因而在后面的实验中称为相同的 QTS 协议。QTSAC 协议对以往基于 Quorum 的改进主要有两个：① 将以往协议中 QTS 分布于整个时段内的方法，改为将 QTS 压缩到仅有数据传输的时段内。在后面的实验中，称这种采用与以往基于 Quorum 协议相同 QTS 数量，但压缩到 $w\times w$ 的协议称为压缩 QTS 协议；② 利用远 Sink 区域的剩余能量增加远 Sink 区域节点 QTS 数量的方法，我们称为增加 QTS 协议，而结合这两种方法的协议称为 QTSAC 协议。

在实验中，网络规模 κ=12，而将原来的 7×7 的矩阵压缩到 6×6 矩阵。即对于远 Sink 区域的节点最后一行与最后一列不分配 QTS，而对于近 Sink 区域的节点，开始的第一行与第一列不分配 QTS。显然，对于 κ=12 的网络是完全可压缩的。在这样的实验设置下，原来基于 Quorum 协议的占空比为 2/7，而压缩后的占空比为 14/36=7/18。说明压缩 QTS 协议虽然没有增大 QTS 数量，但是由于限定了 QTS 选取的范围，从而使占空比显著增大。而占空比的增大意味着网络性能的改善。而 QTSAC 协议又利用远 Sink 的剩余能量增加 QTS，因而更提高了占空比，更提高了网络性能。

5.5.2 QTS 数量

QTSAC 协议一个重要的改进是利用远 Sink 区域的剩余能量来增加 QTS 数量。因而本节首先对采用相同数量的 QTS 情况下网络的能量消耗情况进行试验。图 5-7 和图 5-8 给出了网络中不同环节点的能量消耗情况。从实验结果可以看出：网络近 Sink 区域的能量消耗远高于远 Sink 区域，因而可以利用这些剩余来增加 QTS 数量，以提高网络性。图 5-9 和图 5-10 给出了网络不同区域可以增加的 QTS 数量。从实验结果可以看出，远 Sink 区域存在大量的剩余能量，因而从可以增加的 QTS 数量较多。其原因是因为近 Sink 区域节点承担了高得多的数据量，因而发送与接收数据消耗的能量远高于远 Sink 区域。而另一方面的原因是虽然增加了 QTS 数量，但实际上这些节点原有的 QTS 就足以完成数据的传输。因而增加的 QTS，其实只是在 QTS 的开始阶段有一段长度为 τ_d 的时间内节点处于苏醒状态。因而所需的能量不多，故剩余的能量能够增加较多的 QTS。

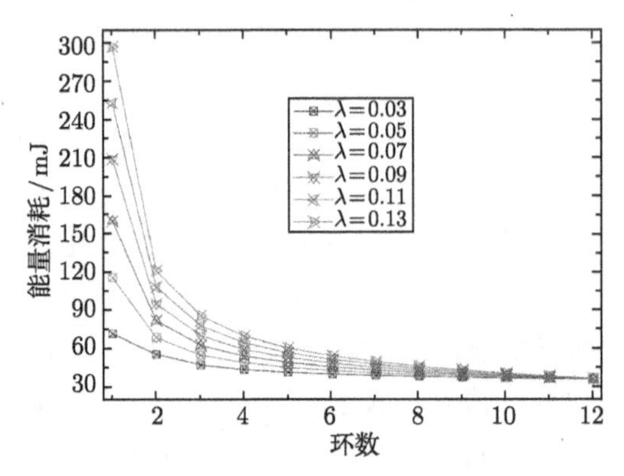

图 5-7 不同 λ 下的网络能量消耗

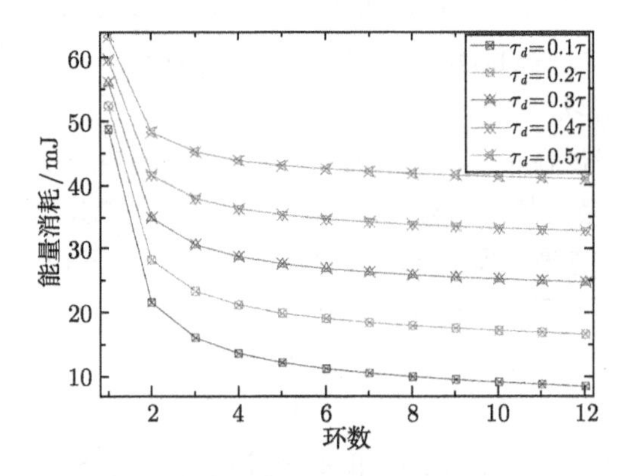

图 5-8 不同 τ_d 下的网络能量消耗

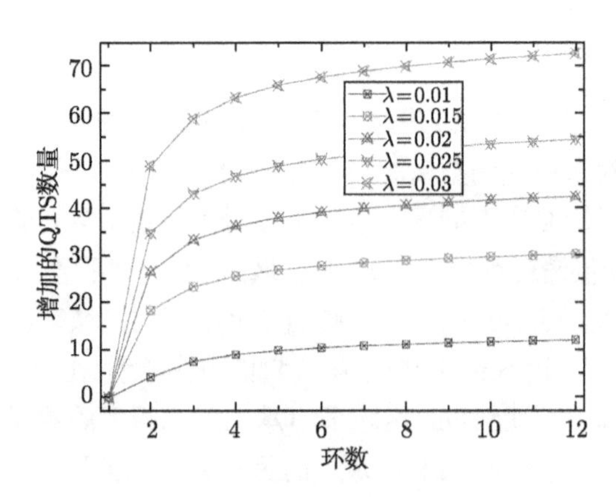

图 5-9 不同 λ 下 QTSs 增加量

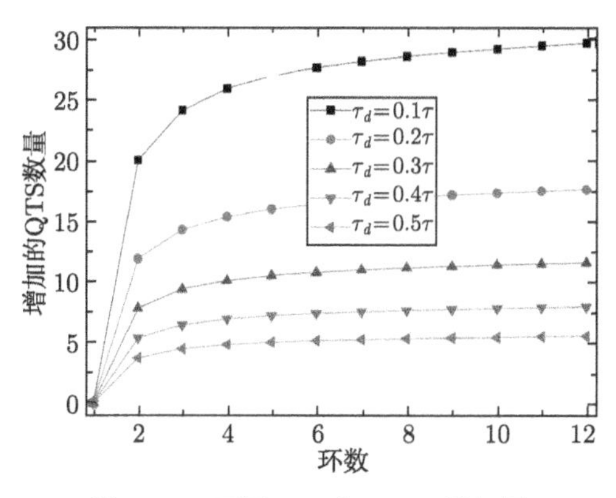

图 5-10 不同 τ_d 下 QTSs 增加量

5.5.3 占空比的对比情况

本节的实验主要给出本章协议能够提高 QTS 数量的情况。从图 5-11 到图 5-14 的实验结果可以看出本章提出的协议增加 QTS 数量高达 21.23%。在图 5-11 中，相同 QTS 方法表示以往的在整个网络中取相同数量 QTS 数量的 Quorum。而 "仅仅增加 QTS" 表示仅利用远 Sink 区域剩余的能量增加 QTS 的方法。而 QTSAC 方法表示即对 QTS 进行压缩又利用远 Sink 区域的剩余能量增加 QTS 的协议。从实验结果可以看出：在 "仅仅增加 QTS" 方法中，近 Sink 一环内节点的占空比与原有协议相同，而离 Sink 越远，其占空比越大。而 QTSAC 协议由于将 QTS 从 7×7 的矩阵压缩到 6×6 矩阵，因而在即使不利用远 Sink 区域剩余能量增加 QTS 的情况下，也能够将占空比从原来的 0.2857 增加到 0.3888，而再利用远 Sink 区域剩余能量来增加 QTS 后，其占空比增加更多，在大多数区域能够增加 30%到 70%以上 (见图 5-12 和图 5-14)，而提高节点的占空比意味着网络性能的改善，因而说明了本章协议的优越性。

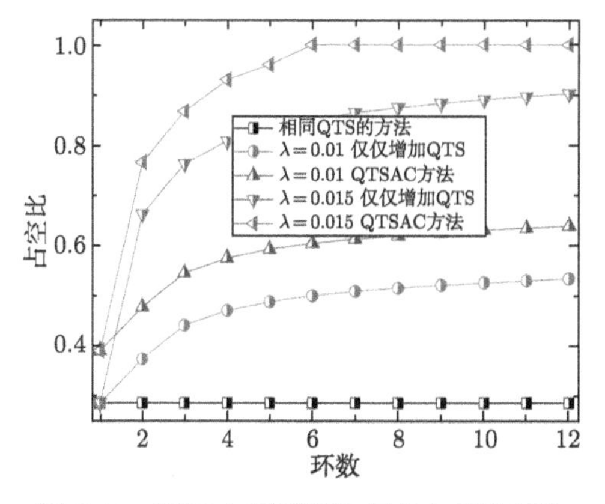

图 5-11 不同 λ 下不同协议的占空比对比

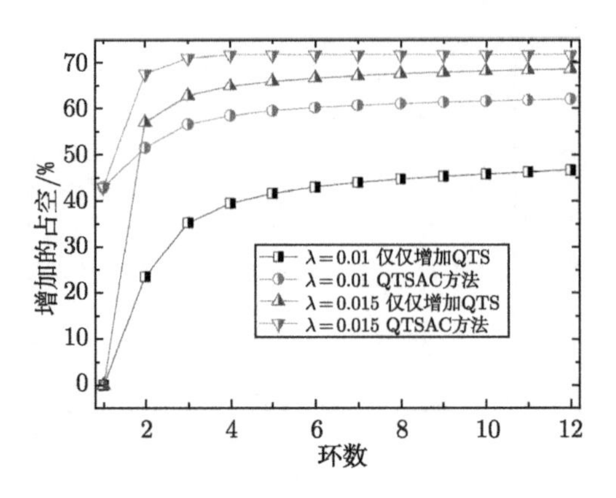

图 5-12　不同 λ 下本章协议相对于原有协议提高占空比的比值

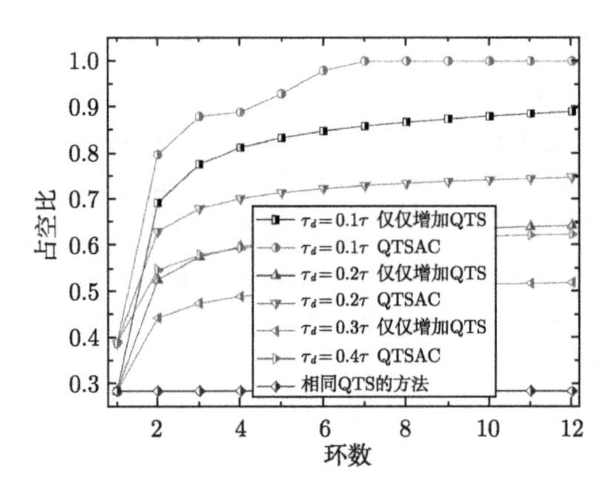

图 5-13　不同 τ_d 下不同协议的占空比对比

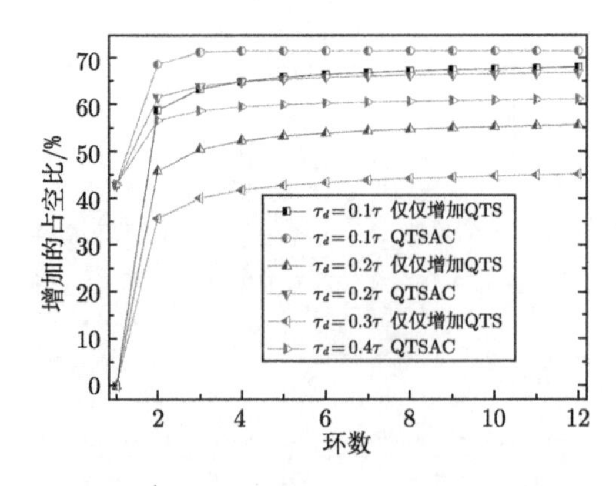

图 5-14　不同 τ_d 下本章协议相对于原有协议提高占空比的比值

5.5.4 单跳延迟

单跳延迟是指数据经过第 i 环的节点时，从节点接收到数据到数据被发送到下一跳所需的时间。单跳延迟主要包括两个组成：① 转发延迟，指数据经过节点中转时的延迟，主要包括从网络接口接受数据，转移到发送网络端口，再发送所需要的时间；② 排队延迟。指数据包在节点转发时在发送队列中等候发送的排队时间。很显然，数据包在每个节点上的转发延迟基本相等，而数据在不同节点上的排队延迟相差很大。节点承担的数据量越多，则其排队延迟越大。

图 5-15~图 5-18 给出了单跳延迟的实验结果。从实验结果可以得到如下几点：① 压缩 QTS 协议与 QTSAC 协议都能够显著的减少节点的单跳延迟。而 QTSAC 协议减少节点的单跳延迟最多。减少的单跳延迟从 1%到 70%，平均减少延迟超过 21.34%；② 由于远 Sink 区域的节点增加的 QTS 数量越多，因而越是离 Sink 远的节点，其单跳延迟下降的越多 (见图 5-16 和图 5-18)；③ 节点的数据产生率 λ 越

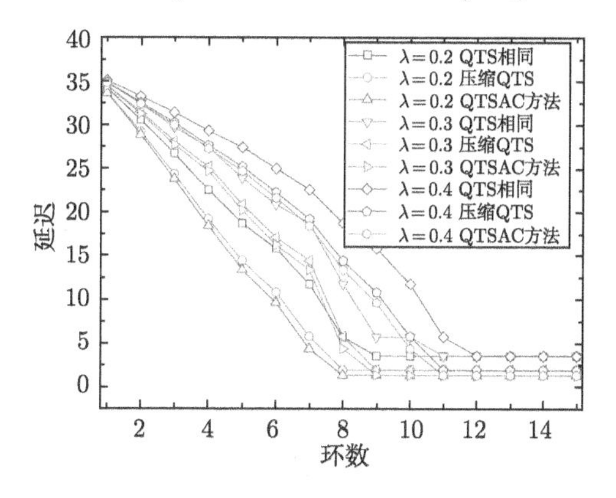

图 5-15 不同 λ 下不同协议的节点延迟

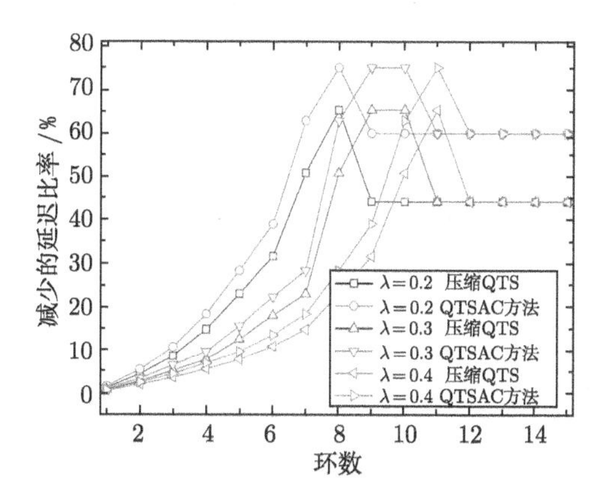

图 5-16 不同 λ 下不同协议减少延迟的比例

大，数据包越大，则延迟越大。④ 在节点的负载较轻时，节点的单跳延迟主要是转发延迟，而每个节点的转发延迟都基本相同，因而在图 5-15 和图 5-17 的实验结果中表现为在远离 Sink 的区域 (> 12 环后) 的延迟基本相等，因而延迟的曲线是基本水平的。而当节点的负载较重时，排队延迟在单跳延迟中占较大的比例。而且排队延迟会随着节点负载变重而变大。从图 5-15 和图 5-17 的实验结果中表现为在近 Sink 区域的单跳延迟很大，而且随着距离 Sink 变远而下降较快。

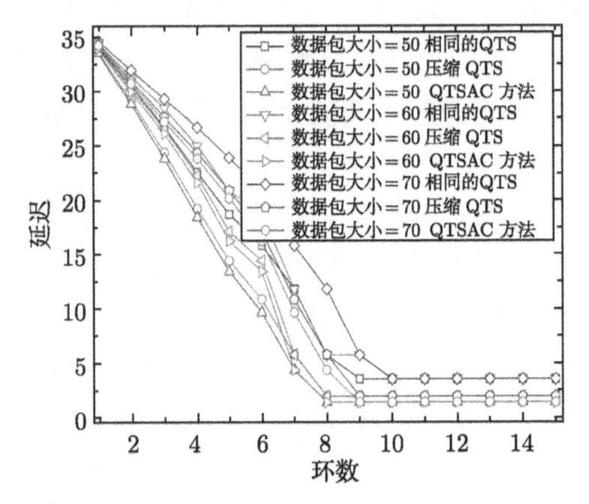

图 5-17　不同 ρ 和不同 MAC 协议下的节点延迟

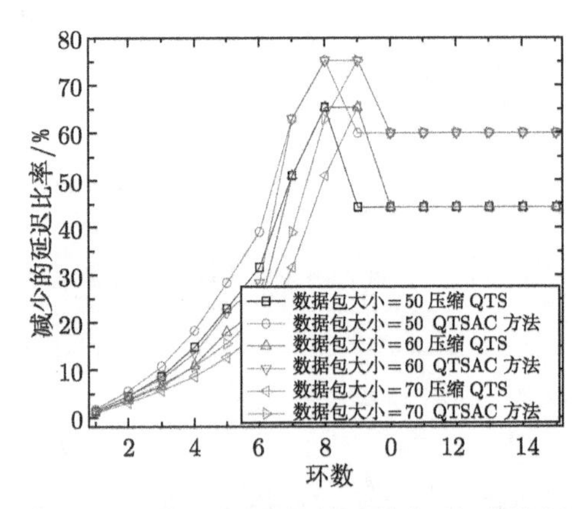

图 5-18　不同 ρ 和不同协议减少延迟的比例

5.5.5　端到端延迟

图 5-19 给出了在不同占空比下的端到端延迟的情况。从实验结果可以看出，占空比越大，则节点的端到端延迟越小。图 5-20 给出了网络不同距离处的端到端延迟实验结果。从图 5-20 可以看出，离 Sink 越远的节点需要多跳才能发送到 Sink，因而离 Sink 越远，则端到端延迟越大。同样，占空比越大，节点的端到端延迟越小。

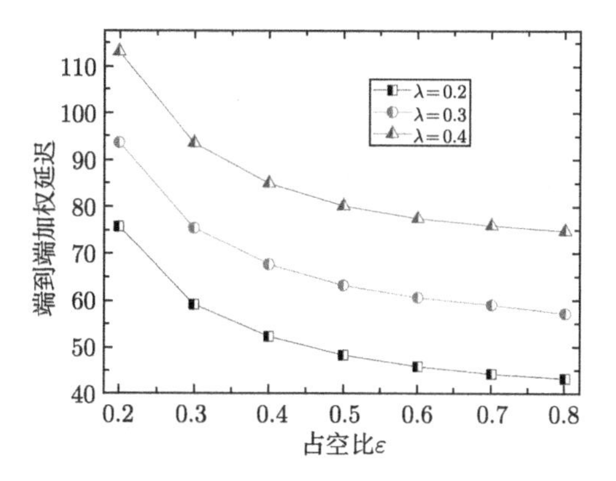

图 5-19 不同占空比下的端到端延迟

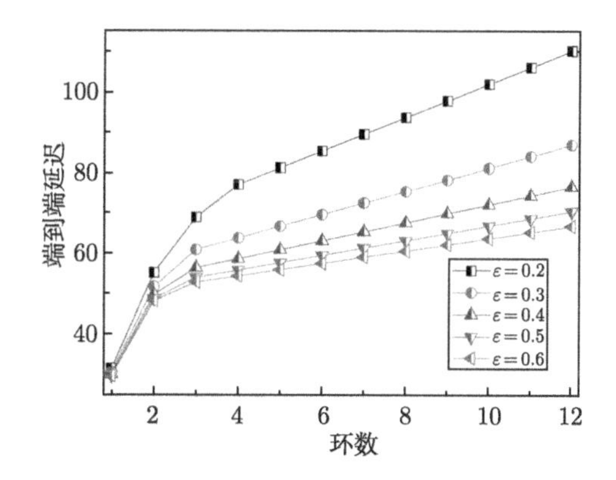

图 5-20 距离 Sink 不同距离处的端到端延迟

图 5-21 给出的是在不同 ρ 下的端到端延迟实验结果。从实验结果可以看出，当节点密度越大时，节点承担的数据量越多，因而其端到端延迟越大。而压缩

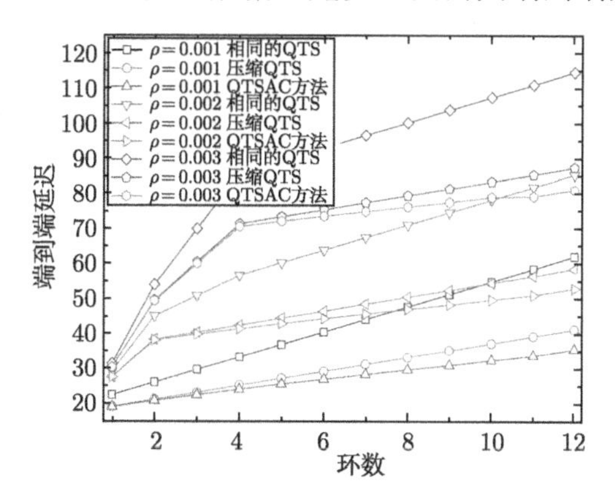

图 5-21 不同 ρ 和不同协议下的端到端延迟

QTS 协议在不同节点密度下的端到端延迟小于基于 Quorum 协议的端到端延迟。其端到端延迟减少了 3.53%到 23.45%(见图 5-22)。而 QTSAC 协议减少的端到端延迟更多，下降了 3.59%到 29.23%(见图 5-22)。

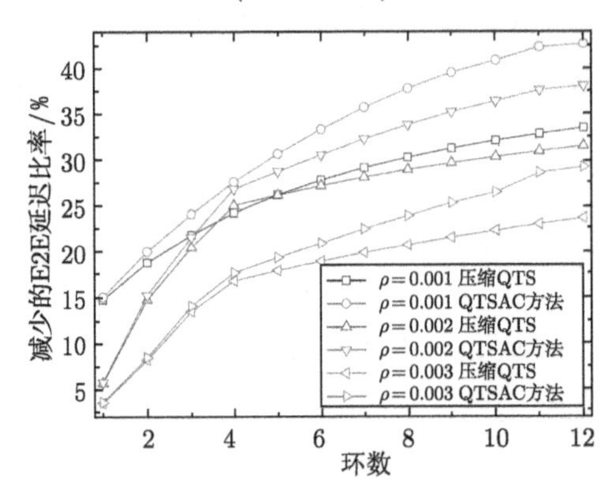

图 5-22 不同 ρ 下对比其他协议减少 E2E 延迟的比例

图 5-23 给出的是在不同 r 下的端到端延迟实验结果。从实验结果可以看出，节点的发射半径 r 越大时，其端到端延迟越大。其原因是：节点的发射半径 r 越大时，节点的干扰范围越大，节点的冲突率上升，节点重发次数增多，从而造成节点的延迟增大。压缩 QTS 协议在不同发射半径 r 下的端到端延迟小于基于 Quorum 协议的端到端延迟。其端到端延迟减少了 5.83%到 30.84%(见图 5-24)。同样，QTSAC 协议减少的端到端延迟更多，下降了 5.91%到 33.48%(见图 5-22)。

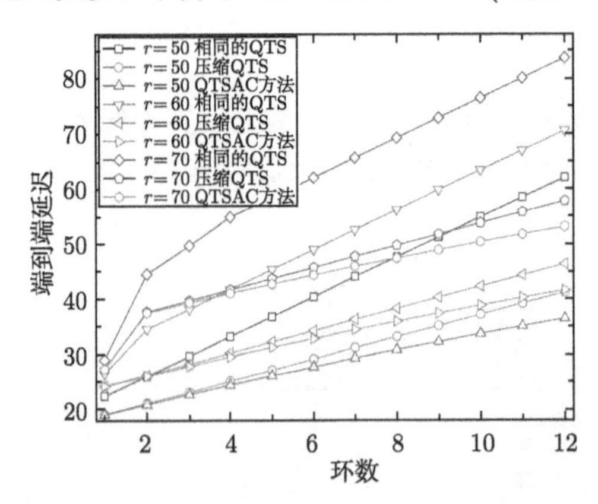

图 5-23 不同 r 和不同协议下的端到端延迟

图 5-25 和图 5-26 分别给出了不同节点密度 ρ 与不同点的发射半径 r 下加权端到端延迟的对比实验结果。实验结果可以看出不管是在不同节点密度 ρ 与不同点的发射半径 r 的情况下，本章的压缩 QTS 协议将端到端延迟减少了 20.77%到

30.27%(见图 5-25)，或者 28.07%到 30.27%(见图 5-26)。QTSAC 协议减少的端到端延迟更多，分别下降了 23.95%到 37.74%(见图 5-25) 以及 31.39%到 35.19%(见图 5-26)。

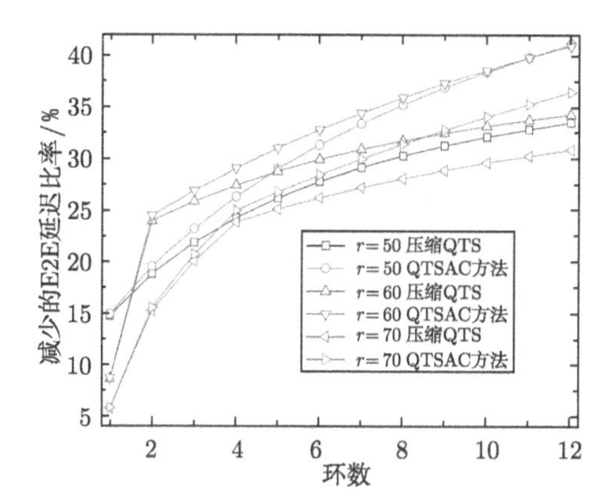

图 5-24 不同 r 下对比其他协议减少 E2E 延迟的比例

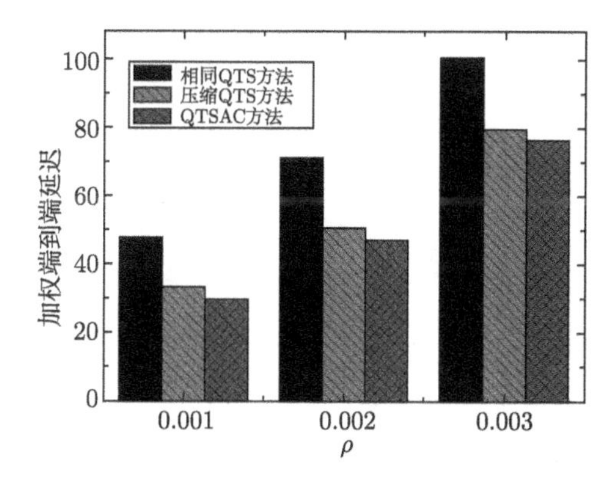

图 5-25 不同 ρ 和不同协议下的加权端到端延迟

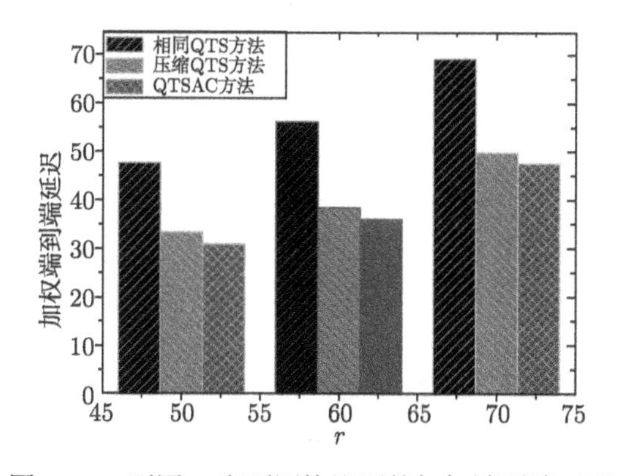

图 5-26 不同 r 和不同协议下的加权端到端延迟

5.5.6　能量与网络寿命的实验结果

本节主要是本章提出的协议与其他基于 Quorum 协议在能量消耗与网络寿命方面的对比。从整体上来说，QTSAC 协议能够在减少网络延迟的情况下同时提高网络寿命，这是在以往的协议中很难做到的。

在本节实验中，对于 QTSAC 协议采用简单的按照已经有的基于 Quorum 协议相同的 QTS 选取方法，然后去掉落入到压缩矩阵以外的 QTS，再依据节点的剩余能量情况给能量有剩余的节点增加 QTS。通过采用上述方法后，QTSAC 协议的网络寿命与网络延迟同时得到优化。其原因是网络寿命取决于第 1 环节点的能量消耗情况。而本节的实验设置中去掉了压缩矩阵外没有数据操作部分的 QTS，因而减少了其能量消耗，因而网络寿命得到了提高。而另一方面，由于去掉了没有数据传输的 QTS，因而去掉 QTS 后的协议与没有去掉 QTS 的协议其网络延迟是相等的。但是，由于 QTSAC 协议利用远 Sink 区域节点的剩余能量增加了 QTS，因而提高了节点的占空比，减少了网络延迟，而压缩 QTS 只是去掉非压缩矩阵外的 QTS。

图 5-27 至图 5-30 给出了基于 Quorum 协议，压缩 QTS，QTSAC 协议的能量消耗情况。从实验结果可以看出，压缩 QTS 协议的能量消耗最小，而基于 Quorum 协议的能量消耗稍大，QTSAC 协议的能量消耗最均衡。而且由于压缩 QTS 和 QTSAC 协议在能量消耗最大的第 1 环的能量消耗比基于 Quorum 协议还小，因而提高了网络寿命。网络寿命提高了 6.58%到 7.18%(见图 5-28) 以及 15.56%到 27.31%(见图 5-30)。

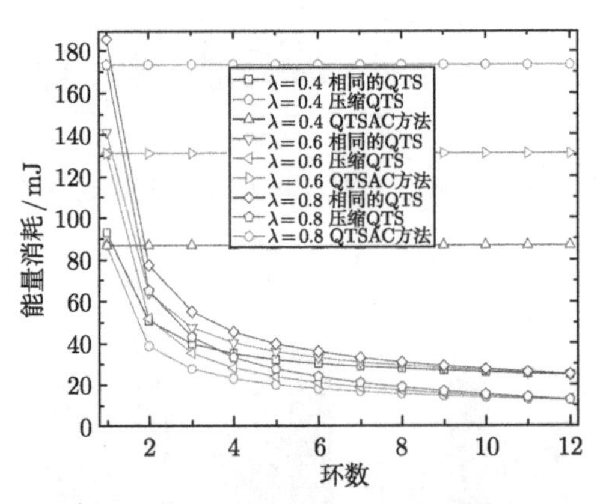

图 5-27　不同 λ 和不同协议下的能量消耗

图 5-31 和图 5-32 描述了能量利用情况。在 QTSAC 方法，如果节点剩余能量能够增加 QTS，因此在这个理论中，能量的利用率将达到 100%。基于 Quorum 协议，压缩 QTS 协议的能量利用分别为 17.3%到 75.36%(见图 5-31 和图 5-32)。可

见这些协议的能量利用都较低。这也说明，QTSAC 协议能够利用大量的剩余能量来增加 QTS，从而有效提高网络性能。

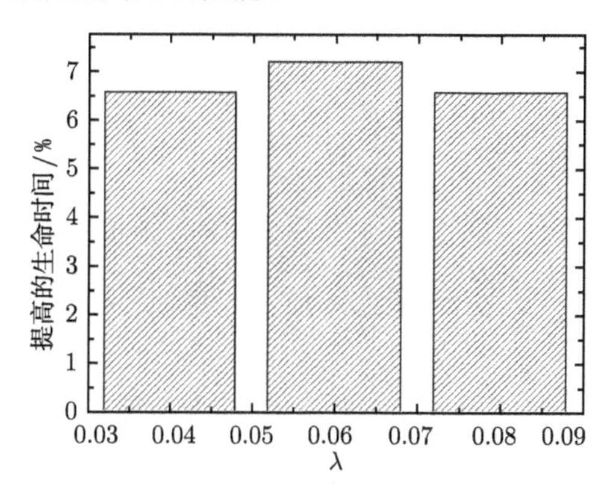

图 5-28 不同 λ 提高的网络寿命

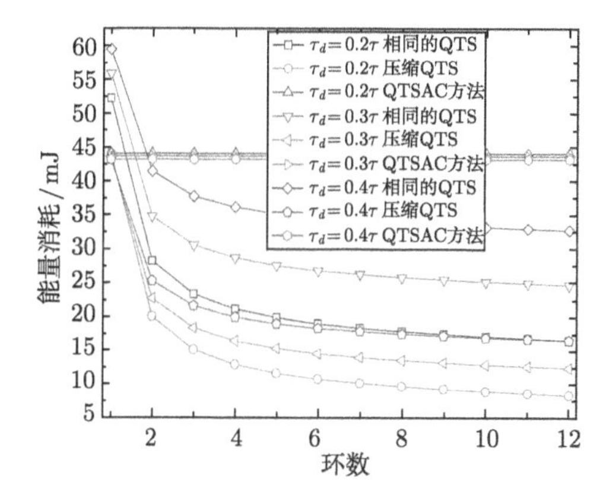

图 5-29 不同 τ_d 和不同协议下的能量消耗

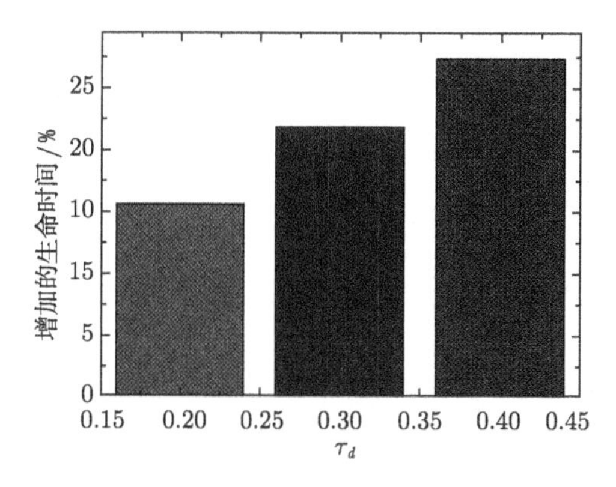

图 5-30 不同 τ_d 下 ESQ 协议与传统基于 Quorum 协议的能量消耗的比值

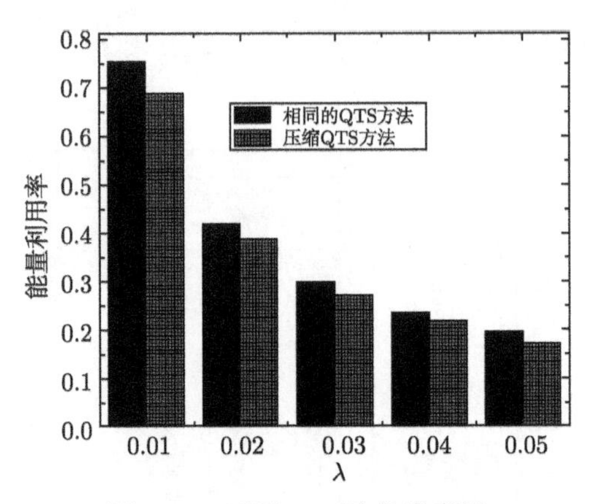

图 5-31　不同 λ 下的能量利用

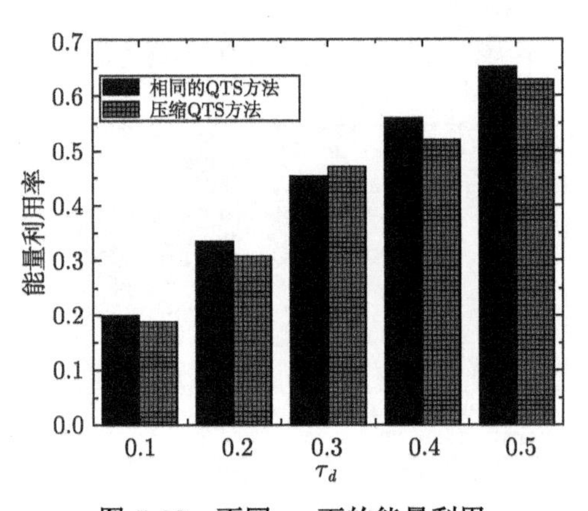

图 5-32　不同 τ_d 下的能量利用

5.6　本 章 小 结

QTSAC 协议的主要创新有如下两点：① 依据无线传感器网络数据传输的特征，将 QTS 压缩到数据传输的阶段进行。这样使得节点的占空比增大，降低了网络延迟；② 依据传感器网络远 Sink 区域存在大量剩余能量的情况，从而充分利用这些剩余能量来增加 QTS，同时增大了节点的占空比，降低了网络延迟。本章设计并给出了压缩矩阵 QTS 的 SO-grid Quorum 系统。从理论上与实验上对 QTSAC 协议的性能进行了详细的分析与对比，证实了本章提出的 QTSAC 协议的性能好于以往协议，更重要的是，本章提出的协议能够在提高网络寿命的同时，显著的降低网络延迟。这在以往的协议中是很难做到的。因而，QTSAC 协议具有较好的意义。

第6章　网络寿命、汇聚信息量和采样周期折中的优化调度算法

6.1　概　　述

无线传感器网络的功能就是把传感器节点采集或感知的信息发送到 Sink 节点进行进一步的处理[1-2]。随着无线传感器网络在医疗、农业、制造、物联网等领域的应用越来越广泛[115-118]，如何在传感器网络节点能量有效的情况下，实现数据高效地汇聚到 Sink 节点成为主要的研究问题[119-120]。为了减少数据传输中的传感器网络节点能量消耗，常常通过传感器网络的数据聚合机制。

由于数据之间存在相关性，因而在传感器网络的数据收集过程中，当两个或者多个感知数据包相遇时，就可以通过数据聚合技术融合成信息量更大，但数据量小的数据包。其中，本章的数据聚合是指这样一种情况，即任意两个数据包在路由的过程中在某一节点相遇时，数据聚合成一个数据包。聚合后的数据包的比特数未变，但信息量更大。本章对每个节点感知数据包的信息量定义为 1，聚合后数据包的信息量为聚合前数据包信息量之和。

在无线传感器网络的很多应用中，Sink 需要周期性的收集来自所有传感器网络节点的信息，而节点感知信息的频率便是本章中的采样周期。在每个采样周期所有传感器网络节点进行一次数据采样，每个节点的采样信息同步在每个采样初始时刻产生。每个采样周期由多个时隙组成。节点的调度就是如何安排时隙，如图 6-1 所示。在数据聚合传输不冲突的情况下，有效的收集数据，减少节点能量消耗。

采样周期是一个影响性能的重要参数。原来的研究主要关注于在给定采样周期下的调度问题。采样周期与数据收集的延迟并没有特定的相关性，但是，采样周期却影响网络寿命，原因是在采样周期小的调度算法中，为了提高 Sink 汇集的信息量。一般调度算法采用的原则是只要 Sink 附近的节点有时隙可调度就调度其中一节点进行数据传送。这样产生的影响是 Sink 附近的节点不停的进行数据转发，导致其能量消耗大，而无线传感器网络的寿命取决于 Sink 附近一跳内节点的寿命，因而会严重损害网络寿命。另外，Sink 汇集的信息量并不一定大。因为向 Sink 发送的数据包多，但是数据包中包含的信息量却比较少，因而总的 Sink 汇集的数据量并不多。

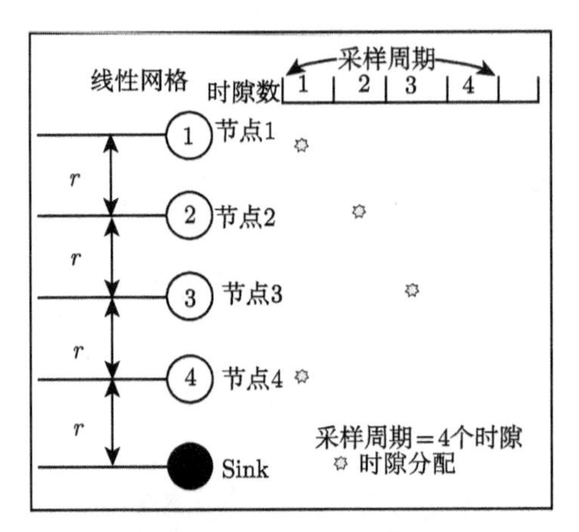

图 6-1　节点调度时隙分配

因此基于以上分析：如果采用优化的采样周期，使 Sink 附近的节点并不是有数据就向 Sink 发送，而是等待其汇集到一定数据量的信息后，再一次向 Sink 发送，这样，大大减少了向 Sink 发送数据包的次数，从而减少了无线节点间的通信干扰，使得网络外围节点可以向 Sink 附近汇集更多信息量的数据，使得近 Sink 一跳向 Sink 一次发送的信息量大大增加，从而达到既提高了网络寿命，又增大了 Sink 汇集信息的双重目标。

但是如何选择优化的采样周期是一个非常复杂的问题。周期太小，周期的时隙数就少，在某些情况下，无法进行节点数据无冲突传输的调度时隙分配；另外，周期太小，网络 Sink 附近的节点要不断地向 Sink 发送数据包，严重影响网络寿命。而周期太大会使采样数据频率降低，导致采样信息的失真。

因而，本章对以上问题进行了深入的工作，主要创新点如下：

(1) 给出最小采样周期定理，能够得到给出网络的最小采样周期，并从理论上给出了最小采样周期的上界。

最小采样周期定理是节点优化调度算法的理论基础。在最小采样周期组成的时隙内，Sink 子节点能互不干扰的完成数据收发各一次。文献[121]在假设下层节点都有数据需要 Sink 子节点转发的情况下，给出 Sink 子节点的最短时隙周期。在此基础上，本章给出了不同深度、不同拓扑结构下树型无线传感器网络的最小采样周期定理。

(2) 给出了给定采样周期下的节点优化调度算法。在给定采样周期下，该节点优化调度算法是在文献[122]的基础上，增加了对叶子节点调度时隙分配的优化。在采用自上而下、逐层的节点调度时隙分配时，当调度节点为叶子节点时，分配传输周期中最小的空余时隙给该节点，以尽快进行数据传输，减少该节点不必要的等待时间，提高数据传输效率，增大 Sink 汇集的数据信息量。

(3) 给出了折中优化算法。采样周期与 Sink 收集的数据量，以及网络寿命存在一种复杂的折中优化关系。折中优化算法是在网络采样周期、Sink 节点汇聚数据信息量和网络寿命三者之间寻找一种平衡优化关系。我们发现：如果选择优化的采样周期，不但没有使 Sink 节点汇聚的数据信息量减少，而且还可以提高网络的寿命。在采用优化的采样周期，即当采样周期由 4 个时隙变为 6 个时隙时，反而使 Sink 节点汇聚的数据信息量提高了 30.5%，而且网络的寿命提高了 27.78%。

6.2 系统模型和问题描述

6.2.1 无线传感器模型

本章多跳无线传感器网络 WSN$G=(V,E)$ 由节点集合和通信链路集合组成，其中，V 表示传感器节点集合，E 为传感器节点通信链路集合；并具有以下性质：① 网络中所有传感器节点一旦部署则静止不动，并具有相同的初始能量及通信半径；② 传感器节点工作在半双工状态，即不能同时发送和接收数据。

网络的数据传输干扰模型采用文献[123]中的模型，每个节点只有一个发射频率，发送与接收数据不能同时进行。对于任意节点 V，其有一个数据传输干扰域 R，当满足式 (6-1) 时，节点 V 通过通信链路 VU 接收节点 U 的数据，会受到另一发送节点 P 的干扰。书中把数据传输相互干扰的节点称为一跳邻居节点。

$$\|V-P\| \leqslant R \tag{6-1}$$

为了避免数据传输中的干扰和碰撞，对于任意一个时隙，对于任一节点，节点进行接收数据时，除其一子节点外，其他一跳邻居节点都不能进行数据发送；节点进行发送数据时，除其父节点外，其他一跳邻居节点都不能进行接收。本章对于给定的树型聚合结构传感器网络，用虚线表示除父子节点外的其他一跳邻居节点关系。

6.2.2 能量消耗模型

能量消耗采用典型的能量消耗模型[124]，节点发送 lb 的数据消耗的能量为式 (6-2) 所示，式中 E_{elec} 表示发射电路损耗的能量，若传输距离小于阈值 d_0，功率放大损耗采用自由空间模型；当传输距离大于等于阈值 d_0 时采用多路径衰减模型；ε_{fs},ε_{amp} 分别为这两种模型中功率放大所需的能量。节点接收 lb 的数据消耗的能量为式 (6-3) 所示。表 6-1 为网络能量消耗参数。

$$\begin{cases} E_{\text{member}} = lE_{\text{elec}} + l\varepsilon_{\text{fs}}d^2, & \text{其中} d < d_0 \\ E_{\text{member}} = lE_{\text{elec}} + l\varepsilon_{\text{amp}}d^4, & \text{其中} d \geqslant d_0 \end{cases} \tag{6-2}$$

$$E_{\text{Rx}}(l) = lE_{\text{elec}} \tag{6-3}$$

表 6-1 网络能量消耗参数

参数	值
阈值距离 d_0/m	87
感应范围 r_s/m	10
E_{elec}/ nJ · b^{-1}	50
初始能量/J	0.5
e_{fs}/ pJ· (b · m^2)$^{-1}$	10
e_{amp}/pJ · (b · m^4)$^{-1}$	0.0013
E_{fusion}/nJ · b^{-1}	5

6.2.3 数据聚合模型

所有传感器节点都感知周围区域，中继节点负责接收和发送自身及其他节点的数据；叶子节点只负责感知周围区域，并把感知数据发送给其父节点进行聚合后发送。书中的数据聚合模型即任意两个数据包在路由的过程中在某一节点相遇时，数据聚合成一个数据包。在传感器网络中，叶子节点在其调度时隙将其感知数据聚合成一个数据包进行发送；汇聚节点将其感知和接收的其他节点的数据聚合成一个数据包，在其调度时隙发送给其父节点；Sink 节点将会接收其子节点发送的数据包。

对于数据聚合，我们采用无损逐跳的数据聚合模型[115]。在该数据聚合模型中，节点 s_i 的 κ 个输入的聚合逐序进行。也就是，新到的数据与节点当前数据进行聚合。$\wp_i$ 表示节点 s_i 没有聚合的数据或者称为原始数据，$\varphi(s_i, s_j)$ 表示节点 s_i 和节点 s_j 的聚合结果，或者简单的用 φ_i 代表节点 s_i 的当前聚合结果，ϕ_i 表示节点 s_i 自身数据与所有收到数据包的聚合结果。

当节点 s_i 收到来自节点 j 的数据包 ϕ_j，节点 s_i 聚合 ϕ_j 和自身数据 (或者是原始数据 $\wp_i$ 或者中间聚合数据 φ_i)。若节点 s_i 当前的数据包是 $\wp_i$，来自节点 s_j 的数据是 $\wp_j$，即节点实现原始数据聚合，聚合公式如下：

$$\varphi(s_i, s_j) = \max(\wp_i, \wp_j) + (1 - c)\min(\wp_i, \wp_j) \tag{6-4}$$

在公式 (6-4) 中，c 是相关系数（大于 0 小于 1）。若聚合的数据不是原始数据，则聚合公式如下：

$$\varphi(\varphi_i, \phi_j) = \max(\varphi_i, \phi_j) + \varsigma(1 - c)\min(\varphi_i, \phi_j) \tag{6-5}$$

在公式 (6-5) 中，ς 称之为遗忘系数，其是比 1 小的小数，例如，ς=0.8；φ_i 和 ϕ_j 分别表示中间聚合结果和子节点最终聚合结果，在 φ_i 和 φ_j 中，至少有一个是非原始数据包。

6.2.4 问题描述

为了揭示无线传感器网络的采样周期、Sink 汇集数据信息量和网络寿命之间复杂关系的问题，我们通过三个方面进行论述。首先通过提出的最小采样周期定理，计算得到网络采样周期的理论上界值 c_{s}。另外，在最小采样周期 c_{s} 基础上，针对不同采样周期 $c = c_{\mathrm{s}} + t$，利用本章提出的优化调度算法分别对网络节点发送数据的时隙进行分配，分析在给定的时隙内，Sink 节点汇聚的数据信息量和传感器网络节点的能量消耗。最后，提出的折中优化算法在满足网络采样周期、Sink 汇集数据信息量和网络寿命之间约束条件下对采样周期进行优化选择。本章所有参数的表示及其描述如表 6-2 所示。

表 6-2 参数及其描述

变量名	变量表示的意义	变量名	变量表示的意义
G	无线传感器网络	c_{s}	网络最小采样周期
c	网络采样周期	l_i	节点 i 的首次传输时隙
i	节点编号	r_i	节点 i 的传输周期
p_i	节点 i 发送数据包	f_i	节点 i 的父节点
m_i	节点 i 的数据信息量	T	网络寿命
m	Sink 节点汇聚的数据信息量	t_i	节点 i 的寿命

每个采样周期 c，所有传感器节点进行一次数据采样，每个节点的采样数据打包成一个数据包，且每个节点的数据包 p_i 同步在每个采样初始 0 时刻产生。采样周期由多个时隙组成，最小采样周期 c_{s} 是指 Sink 子节点互不干扰完成数据收发一次所需的时隙数。最小采样周期定理给出了不同网络拓扑结构下采样周期的上界值。

节点的调度就是如何安排时隙，在节点数据传输无干扰冲突及提高数据传输效率的情况下，确定所有节点的调度时隙。每个节点的调度时隙 s_i 表示为 $s_i = (l_i, r_i)$，其中 l_i 表示节点 i 首次发送数据的时隙，r_i 表示调度周期。在其调度时隙内，中继节点聚合其子节点和自身感知信息成一个数据包发送给父节点。聚合后数据包包含的信息量等于聚合前每个数据包的信息量之和。若用 m_i 表示节点 i 的发送数据包包含数据信息量，其表示如式 (6-6) 所示，当节点 i 的数据包在其调度时隙传输到其父节点 f_i 时，该数据包与父节点数据包 p_{f_i} 进行聚合，聚合后数据包 $p_{i_{f_i}}$ 包含的信息量如式 (6-7) 所示。Sink 汇集的数据包来自其子节点 μ 发送的数据包，式 (6-8) 表示为 Sink 汇集数据信息量。

$$m_i = \phi(p_i) \quad (1 \leqslant i \leqslant n) \tag{6-6}$$

$$m_{f_i} = \phi(p_{i_{f_i}}) = \phi(p_i) + \phi(p_{f_i}) \quad (1 \leqslant i \leqslant n) \tag{6-7}$$

$$m = \sum_{\mu=1}^{\rho} \phi(p_\mu) \tag{6-8}$$

网络能量消耗情况用网络寿命来描述，对网络寿命进行如下定义：在某个时刻 t，当无线传感器网络中某个节点的能量不足以发送或接收一个数据包时，网络的寿命便是 t。用 t_i 表示网络中节点 i 的网络寿命，e_i 表示节点 i 消耗能量，则无线传感器网络的寿命 T 表示如式 (6-9) 所示。

$$\begin{cases} t_i = \varphi(e_i) \\ T = \min(t_i) = \min[\varphi(e_i)] \end{cases} \quad (1 \leqslant i \leqslant n) \tag{6-9}$$

网络寿命和 Sink 节点汇聚的数据信息量与采样周期之间有一个复杂的变化关系，折中优化算法的目标就是选择一优化采样周期，在该优化采样周期下，利用优化节点调度时隙分配算法对节点的调度时隙进行分配，使得 Sink 节点汇聚数据信息量、网络寿命和采样周期 c 三者之间满足式 (6-10) 的优化约束条件。

$$\begin{cases} \max\zeta(T, m, 1/c) = \zeta[\max\min(t_i), \max\sum\limits_{\mu=1}^{\rho}\phi(p_\mu), \max 1/c] \quad (i = 1, 2, 3, 4, \cdots, n) \\ \text{其中，} c_s \leqslant c \leqslant 2 \cdot c_s \end{cases} \tag{6-10}$$

6.3 折中优化算法调度设计

6.3.1 研究动机

采样周期与 Sink 汇集数据信息量和网络寿命之间存在一种复杂的关系。对于无线传感器网络，采样周期会严重影响网络的寿命，同时，采样周期小，Sink 汇集的数据信息量不一定大。下面我们通过一个简单的实例进行说明。

对一个如图 6-2 所示简单的树型聚合结构的传感器网络，节点的编号如图 6-2 所示；虚线表示节点数据的收发是相互干扰的。除 Sink 节点外，其余节点与父节点的距离依次分别为 65，98，80，72，55，93，77（单位为 m）。在传感器网络采样周期 $c = c_{\mathrm{s}} = 4$ 个时隙到 $c = 2 \cdot c_{\mathrm{s}} = 8$ 个时隙之间变化的情况下，根据文献[122]对节点的调度时隙进行分配，所有节点的首次调度时隙和调度周期的数据如表 6-3 所示。

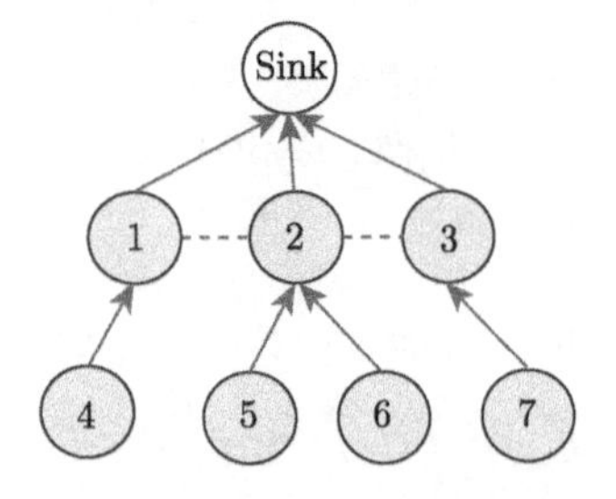

图 6-2　树型无线传感器网络拓扑

表 6-3 不同采样周期下的调度时隙分配

ID	0	1	2	3	4	5	6	7
$c=4$	×	3,4	4,4	2,4	2,4	1,8	5,8	3,4
$c=5$	×	4,5	5,5	3,5	3,5	1,5	2,5	4,5
$c=6$	×	5,6	6,6	4,6	3,6	1,6	2,6	5,6
$c=7$	×	6,7	7,7	5,7	3,7	1,7	2,7	4,7
$c=8$	×	7,8	8,8	6,8	3,8	1,8	2,8	4,8

网络中节点能量有关参数的具体设置与文献[124]相同，如表 6-1 所示。在以上不同采样周期和节点调度时隙分配下，假设节点发送的每个数据包的比特数为 5×10^5 比特，对于上图 6-2 所示的树型传感器网络数据聚合调度结构，可分析出 Sink 节点在 50 个时隙的情况下，Sink 节点汇聚的数据信息量和节点的能量消耗情况，结果如图 6-3 所示。

由图 6-3 可知，当采样周期由 $c=4$ 增大为 $c=7$ 时，Sink 节点汇聚的数据信息量由 27 减少为 25，而网络寿命由 20 提高到 28；当采样周期由 $c=5$ 增大到 $c=7$ 时，Sink 节点汇聚的数据信息量由 24 增大为 25，而网络的寿命由原来的 20 提高到 28。以上表明在不同采样周期下，对节点进行某一种调度时隙分配，缩小采样周期，可以使网络的寿命降低；另一方面适当增加采样周期，不但没有使 Sink 节点汇聚的数据信息量减少，而且还可以提高网络的寿命。

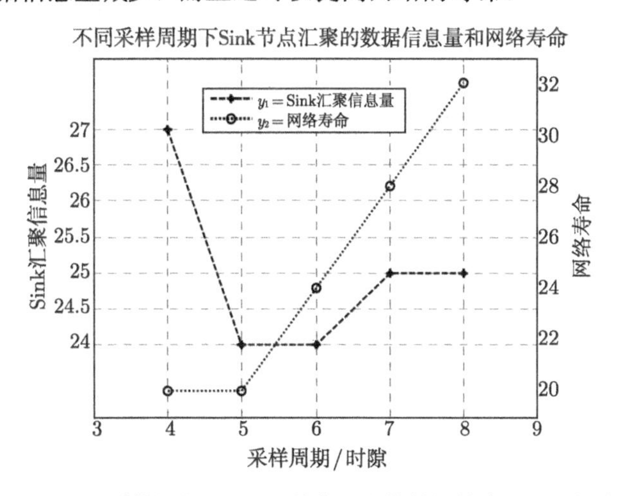

图 6-3 不同采样周期下 Sink 节点汇聚的数据信息量和网络寿命

因此，采样周期与 Sink 收集的数据量，以及网络寿命存在一种复杂的折中优化关系，在调度时隙分配下，研究三者之间的关系及选择满足三者优化约束条件的优化采样周期成为一个关键问题。下面我们将对最小采样周期定理、给定采样周期下节点优化调度时隙分配及折中优化算法进行具体分析与设计。

6.3.2 折中优化调度算法的分析与设计

1. 最小采样周期

我们首先从理论上给出最小采样周期的定理，以作为本章的理论基础。根据最小采样周期是指 Sink 子节点互不干扰完成数据收发一次所需的最小时隙数，因而在自上而下、逐层的时隙分配思想下，要达到高的时隙利用率，要求 Sink 连续不断的接收数据，而汇聚节点 Sink 所接收的数据都是由其子节点发送或者转发的，Sink 子节点最小采样周期需要各子节点依次进行数据发送。在文献[121]的基础上，下面我们分两种情况对最小采样周期进行描述和证明。

(1) 假设下层节点总是有数据需要各 Sink 子节点进行转发，且在避免数据传输干扰的基础上，给出 Sink 一跳节点最小采样周期的定理并对其进行证明。

定理 6-1 对于以 Sink 为根的深度大于 1 的树型聚合结构的无线传感器网络，其子节点数为 $n(n \geqslant 2)$，则该 n 个子节点，最小采样周期时隙数：

$$c_{\mathrm{s}} = \max(4, n) \tag{6-11}$$

证明 当 $n = 2$ 时，因为每个节点收发各需 2 个时隙，2 个节点共需 4 个时隙，因此 Sink 节点的最小采样周期为 4。当 $n = 3$ 时，令节点 1 与节点 2、节点 2 与节点 3 是一跳邻居节点，节点 1 发送时，节点 2 既不能接收也不能发送，节点 3 可以接收；节点 2 发送时，节点 1 和节点 3 都不能发送亦不能接收；节点 3 发送时，节点 1 可以接收，但节点 2 为空闲状态；当节点 2 接收时，节点 1 和节点 3 为空闲状态，因此 Sink 节点最小采样周期为 4。当 $n \geqslant 4$ 时，n 个 Sink 子节点需要 n 个时隙向 Sink 节点发送数据，另外每个节点还需要一个时隙接收其他节点发送的数据，对于无线传感器网络的树型聚合结构，非一跳邻居节点的发送和接收是互不影响的，其最大不相交非邻节点数为 n，故最小采样周期为 $2n - n = n$。

(2) 若下层节点并不总是有数据需要 Sink 子节点进行转发，在此种情况下，我们分析最小采样周期。

定理 6-2 对于以 Sink 为根的深度大于 1 的树型聚合结构的无线传感器网络，其子节点数为 $n(n \geqslant 2)$，该 n 个子节点中有 x 个节点需要接收其他节点的数据进行转发，令 n 个节点中最大非邻节点数为 m，最小采样周期

$$c_{\mathrm{s}} = \begin{cases} n + x - m, & (\text{若} x \geqslant m) \\ n, & (\text{若} x < m) \end{cases} \tag{6-12}$$

证明 对于传感器网络树型聚合结构，当 Sink 子节点数 n 等于 2 时，且只有一个节点进行数据转发时，最小采样周期 $c_{\mathrm{s}} = 3$。当一跳节点数 $n = 3$，在其只有一个节点进行数据转发时，若该节点的一跳邻居节点数为 1，$c_{\mathrm{s}} = 3$；若该节点

的一跳邻居节点数为 0，$c_s = 4$。当有两个节点进行数据转发时，若转发节点非一跳邻居节点，即一跳邻居节点数为 2，$c_s = 3$；否则，转发节点的一跳邻居节点数为 0，c_s=4。同理，对于 n 大于等于 4 时，假设 n 个节点中有 x 个节点需要接收其他节点的转发数据，令 n 个节点中最大非邻节点数为 m，则 n 个节点的发送需要 n 个时隙，x 个节点的接收需要 x 个时隙，非邻节点的数据发送和接收时隙可以合并，因而当 $x \geqslant m$ 时，共需 $n + x - m$ 个时隙，当 $x < m$ 时，共需 n 个时隙。

2. 给定采样周期下的优化调度算法

节点调度时隙分配算法的关键是实现节点间数据无干扰的传输，其次是提高数据传输效率。该优化调度算法使非中继节点有数据就发送，而 Sink 附近的中继节点并不是有数据就向 Sink 发送，而是等待其汇集到一定数据量的信息后，再一次向 Sink 发送，这样，使得网络外围节点可以向 Sink 附近汇集更多信息量的数据，使得近 Sink 一跳向 Sink 一次发送的信息量大大增加。

该调度时隙分配是在最小采样周期基础上，在给定采样周期下，采用自上而下、逐层时隙分配的思想，父节点决定子节点的调度时隙，父节点在接收其一子节点的数据时，其他一跳邻居节点都不能进行发送；某一子节点在向其父节点发送数据时，其他一跳邻居节点都不能进行接收。在提高数据传输效率方面，父节点在对子节点进行时隙分配时，当其子节点数大于 1 时，父节点首先对子节点数多的子节点进行分配，把传输周期中最大的空余时隙分配给该子节点，其他子节点依次类推；当该子节点为叶子节点时，分配传输周期中最小的空余时隙给该节点，以尽快进行数据传输，减少该节点不必要的等待时间，提高 Sink 汇集数据信息量。对于给定采样周期，传感器网络中节点的调度时隙分配算法的伪代码如算法 6-1 所示。

算法 6-1 传感器网络中节点的调度时隙分配算法。

输入：以 Sink 节点为根的传感器网络树型聚合结构 G，采样周期 c

输出：每个节点的首次传输数据时隙 l_i，及传输周期 r_i

1. for 对于以 Sink 为父节点的子节点集合 ct_1，依据子节点的子树复杂度的大小选取节点 i；
2. if 节点 i 非叶子节点
3. 选取采样周期 c 中最大可用空余时隙 t，则 $l_i = t$，$r_i = c$；
4. $ct_1 = ct_1 - i$；
5. else
6. 选取采样周期 c 中最早可用空余时隙 t，使得 $l_i = t$，$r_i = c$；
7. $ct_1 = ct_1 - i$；
8. end
9. for 对聚合树除 Sink 节点外的其他层节点进行逐层遍历；

10. for 依据该层中每个节点子树的复杂度的大小，依次选择非叶子节点 j；
11. while 对选取的节点 j，其子节点集合为 ct_j，子节点数 $noc_j > 0$，且除去其父节点、上层和本层一跳邻居节点的分配调度时隙，在一个采样周期中还有空余的时隙 t，
12. if 空余时隙数为 1，且其子节点数大于 1
13. 选取 ct_j 中子节点复杂度最大子节点 m，则 $l_m = t$，$r_m = r_j * noc_j$；
14. $ct_j = ct_j - m$;
15. $num = 1$
16. for 从 ct_j 集合中选取子节点 k，则 $l_k = t + r_j * num$；其数据传输周期 $r_k = r_j * noc_j$；
17. $ct_j = ct_j - k$;
18. $num = num + 1$;
19. end
20. else
21. 依据子节点复杂度大小从 ct_j 选取节点 m，
22. if m 为叶子节点
23. 选取空余时隙中最早可用时隙 tf，则 $l_m = tf$，$r_m = r_j$，$noc_j = noc_j - 1$;
24. $ct_j = ct_j - m$;
25. else
26. 选取空余时隙中最大可用时隙 tl，则 $l_m = tl$，$r_m = r_j$，$noc_j = noc_j - 1$;
27. $ct_j = ct_j - m$;
28. end
29. end
30. end
31. end
32. end

3. 折中优化算法

采样周期是一个影响性能的重要参数。周期太小，周期的时隙数就少，在某些情况下，无法进行节点数据无冲突传输的调度时隙分配；另外，周期太小，网络 Sink 附近的节点要不断地向 Sink 发送数据包，严重影响网络寿命。周期太大也不行，周期太大会使得采样数据频率降低，导致采样信息的失真。折中优化算法是进

行采样周期优化选择。对于无线传感器网络，在其最小采样周期 $c_{\rm s}$ 的基础上，给定采样周期 $c=c_{\rm s}+t$，利用优化调度时隙分配算法对网络节点进行调度时隙分配，计算出网络在不同采样周期调度时隙分配下 Sink 节点汇聚的数据信息量和节点的能量消耗，根据 Sink 节点汇聚的数据信息量、网络的寿命和采样周期之间的优化约束函数

$$\max\zeta(T,m,1/c)=\zeta\left[\max\min(t_i),\max\sum_{\mu=1}^{\rho}\varphi(p_\mu),\max 1/c\right]\quad(i=1,2,3,4,\cdots,n)$$

进行采样周期的优化选择。具体过程如算法 6-2。

算法 6-2 折中优化算法。

输入：树型聚合调度结构的网络 G，时间点 T。

输出：满足 $\max\zeta(T,m,1/c)=\zeta[\max\min(t_i),\max\sum_{\mu=1}^{\rho}\varphi(p_\mu),\max 1/c]\quad(i=1,2,3,4,\cdots,n)$ 的采样周期 c_m。

---

1. 依据最小采样周期定理取得最小的采样周期 $c_{\rm s}$，令 $c\leftarrow c_s$；
2. 在采样周期 c 下，依据调度时隙分配算法对节点进行调度时隙分配 m_{cj}；
3. 计算出该调度时隙分配下，时长 T 时隙时 Sink 节点汇聚的数据信息量 m_{ci} 和网络寿命 T_{ci}；
4. 对该采样周期 c，计算 $\zeta[\min(t_i),\sum_{\mu=1}^{\rho}\varphi(p_\mu),1/c]\quad(i=1,2,3,4,\cdots,n)$；
5. 依次取下一个采样周期 $c\leftarrow c_{\rm s}+t$，转到步 2，若没有下一个采样周期则转步 6；
6. 从上述计算结果中，选取 $\zeta[\min(t_i),\sum_{\mu=1}^{\rho}\varphi(p_\mu),1/c]\quad(i=1,2,3,4,\cdots,n)$ 取值最大的采样周期 c；
7. End

6.4 实验仿真

6.4.1 实验场景

图 6-4、图 6-5 给出了本章实验用的两个随机产生的仿真实验场景。在每个采样周期所有节点均产生一个数据包，假设每个数据包的比特数为 5×10^5 比特；根据每个节点的调度时隙分配，数据包由子节点聚合到父节点，逐渐聚合到 Sink 节点。

网络中节点能量有关参数的具体设置如表 6-1 所示，其中 Sink 节点的能量为无穷大；除 Sink 节点外，其余节点按编号与其父节点的距离随机生成依次如表 6-4（对应图 6-4 所示传感器网络结构）和表 6-5（对应图 6-5 所示传感器网络结构）所示。

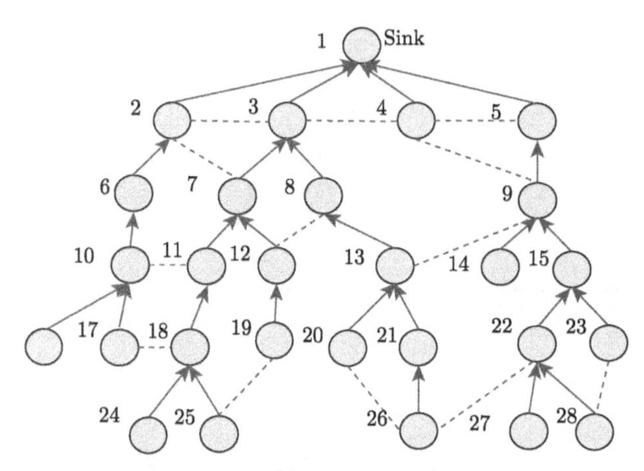

图 6-4　28 节点树型聚合结构传感器图

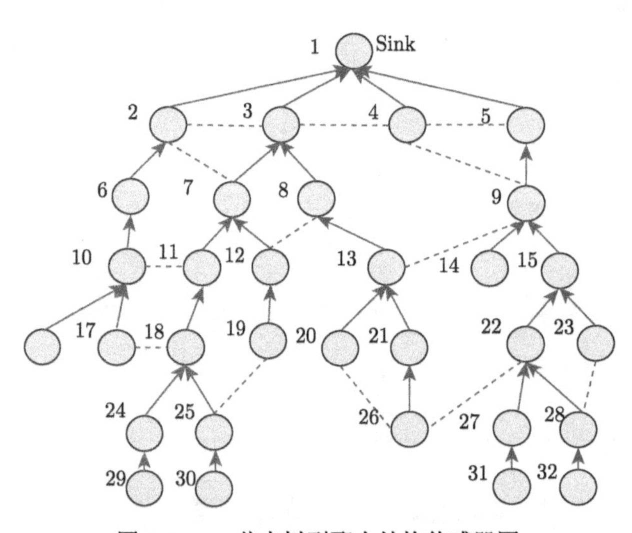

图 6-5　32 节点树型聚合结构传感器图

6.4.2　调度时隙分配实验结果

根据算法 6-1，对图 6-4 和图 6-5 所示的树型聚合结构的传感器网络进行不同采样周期下节点的调度时隙分配，其结果分别如表 6-6 和表 6-7 所示。每个节点根据优化调度时隙分配算法进行的调度时隙分配结果为节点，首次发送数据时隙和传输周期时隙数；当节点的调度时隙分配后，节点将按照该时隙进行数据的聚合和转发。

表 6-4 28 节点数据聚合父子关系及距离

节点 ID	1	2	3	4	5	6	7	8	9	10	11	12	13	14
父节点 ID	×	1	1	1	1	2	3	3	5	6	7	7	8	9
距离/m	×	98	62	81	75	95	89	73	51	92	73	81	90	97
节点 ID	15	16	17	18	19	20	21	22	23	24	25	26	27	28
父节点 ID	9	10	10	11	12	13	13	15	15	18	18	21	22	22
距离/m	87	59	71	97	96	71	95	53	68	91	51	57	61	60

表 6-5 32 节点数据聚合父子关系及距离

节点 ID	1	2	3	4	5	6	7	8	9	10	11	12	13	14	15	16
父节点 ID	×	1	1	1	1	2	3	3	5	6	7	7	8	9	9	10
距离/m	×	98	62	81	75	95	89	73	51	92	73	81	90	97	87	59
节点 ID	17	18	19	20	21	22	23	24	25	26	27	28	29	30	31	32
父节点 ID	10	11	12	13	13	15	15	18	18	21	22	22	24	25	27	28
距离/m	71	97	96	71	95	53	68	91	51	57	61	60	93	80	55	72

表 6-6 28 节点不同采样周期下节点的调度时隙分配

ID	1	2	3	4	5	6	7	8	9	10	11	12	13	14
$c=4$	×	3,4	4,4	1,4	2,4	1,4	2,8	6,8	3,4	4,4	1,8	5,8	2,8	4,8
$c=5$	×	4,5	5,5	1,5	3,5	2,5	3,5	2,5	2,5	1,5	2,5	1,5	3,5	4,5
$c=6$	×	5,6	6,6	1,6	4,6	3,6	4,6	3,6	3,6	4,6	3,6	2,6	3,6	2,6
$c=7$	×	6,7	7,7	1,7	5,7	4,7	5,7	4,7	4,7	3,7	4,7	3,7	1,7	2,7
$c=8$	×	7,8	8,8	1,8	6,8	5,8	6,8	5,8	5,8	4,8	5,8	4,8	2,8	3,8
ID	15	16	17	18	19	20	21	22	23	24	25	26	27	28
$c=4$	8,8	2,4	3,4	5,8	1,8	1,8	8,8	7,8	1,8	2,8	4,8	3,8	2,8	4,8
$c=5$	5,5	4,5	5,5	4,5	4,5	1,5	4,5	4,5	1,5	3,5	1,5	5,5	3,5	2,5
$c=6$	5,6	2,6	1,6	5,6	1,6	2,6	5,6	4,6	2,6	4,6	2,6	6,6	3,6	1,6
$c=7$	3,7	2,7	1,7	2,7	1,7	2,7	3,7	5,7	1,7	3,7	5,7	6,7	4,7	2,7
$c=8$	4,8	1,8	2,8	3,8	3,8	1,8	3,8	3,8	2,8	1,8	4,8	4,8	2,8	1,8

表 6-7 32 节点不同采样周期下节点的调度时隙分配

ID	1	2	3	4	5	6	7	8	9	10	11	12	13	14	15	16
$c=4$	×	3,4	4,4	1,4	2,4	1,4	2,8	6,8	3,4	4,4	1,8	5,8	2,8	4,8	8,8	2,4
$c=5$	×	4,5	5,5	1,5	3,5	2,5	3,5	2,5	2,5	1,5	2,5	1,5	3,5	4,5	5,5	4,5
$c=6$	×	5,6	6,6	1,6	4,6	3,6	4,6	3,6	3,6	4,6	3,6	2,6	4,6	2,6	5,6	2,6
$c=7$	×	6,7	7,7	1,7	5,7	4,7	5,7	4,7	4,7	3,7	4,7	3,7	1,7	2,7	3,7	2,7
$c=8$	×	7,8	8,8	1,8	6,8	5,8	6,8	5,8	5,8	4,8	5,8	4,8	2,8	3,8	4,8	1,8

续表

ID	17	18	19	20	21	22	23	24	25	26	27	28	29	30	31	32
$c=4$	3,4	5,8	1,8	1,8	8,8	7,8	1,8	2,8	4,8	3,8	2,8	4,8	1,8	2,8	1,8	2,8
$c=5$	5,5	4,5	4,5	1,5	4,5	4,5	1,5	3,5	1,5	5,5	3,5	2,5	1,5	2,5	1,5	3,5
$c=6$	1,6	5,6	1,6	2,6	5,6	4,6	2,6	4,6	2,6	6,6	3,6	1,6	1,6	3,6	1,6	3,6
$c=7$	1,7	2,7	1,7	2,7	3,7	5,7	1,7	3,7	5,7	6,7	4,7	2,7	1,7	3,7	1,7	3,7
$c=8$	2,8	3,8	3,8	1,8	3,8	3,8	2,8	1,8	4,8	4,8	2,8	1,8	2,8	1,8	1,8	4,8

6.4.3 Sink 汇集信息量

根据节点的调度时隙分配，可计算得到在时间 $T=50$ 个时隙时间范围内，图 6-4 和图 6-5 所示树型聚合传感器网络每个节点发送、接收数据报数，具体数据如表 6-8 和表 6-9 所示。每个节点发送和接收的数据包数关系着其能量消耗和网络寿命，且数据包中具有每个数据包路由节点的信息。表 6-10 为 Sink 节点汇聚的数据信息量。

表 6-8 28 节点不同采样周期下节点发送和接收数据包数

ID	1	2	3	4	5	6	7	8	9	10	11	12	13	14
$c=4$	×/18	4/5	4/5	5/0	5/4	5/4	3/5	5/3	4/4	4/8	3/2	2/3	3/5	2/0
$c=5$	×/15	4/4	3/8	4/0	4/4	4/4	4/8	4/4	4/7	4/7	4/3	4/3	4/7	4/0
$c=6$	×/15	4/4	3/8	4/0	4/4	4/4	4/8	4/4	4/8	4/8	4/3	4/4	4/7	4/0
$c=7$	×/13	3/3	3/6	4/0	3/3	3/4	3/7	3/4	3/8	4/8	3/4	4/4	4/8	4/0
$c=8$	×/13	3/3	3/6	4/0	3/3	3/3	3/6	3/4	3/7	3/8	3/3	3/3	4/7	4/0

ID	15	16	17	18	19	20	21	22	23	24	25	26	27	28
$c=4$	2/5	4/0	4/0	2/4	3/0	3/0	2/2	2/4	3/0	2/0	2/0	2/0	2/0	2/0
$c=5$	3/7	4/0	3/0	3/8	3/0	4/0	3/3	3/8	4/0	4/0	4/0	3/0	4/0	4/0
$c=6$	4/8	4/0	4/0	3/8	4/0	4/0	3/3	4/8	4/0	4/0	4/0	3/0	4/0	4/0
$c=7$	4/7	4/0	4/0	4/6	4/0	4/0	4/4	3/6	4/0	3/0	3/0	4/0	3/0	3/0
$c=8$	3/7	4/0	4/0	3/7	3/0	4/0	3/3	3/8	4/0	4/0	3/0	3/0	4/0	4/0

表 6-9 32 节点不同采样周期下节点发送和接收数据包数

ID	1	2	3	4	5	6	7	8	9	10	11	12	13	14	15	16
$c=4$	×/18	4/5	4/5	5/0	5/4	5/4	3/5	2/3	4/4	4/8	3/2	2/3	3/5	2/0	2/5	4/0
$c=5$	×/15	4/4	3/8	4/0	4/4	4/4	4/8	4/4	4/7	4/7	4/3	4/3	4/7	4/0	4/7	4/0
$c=6$	×/15	4/4	3/8	4/0	4/4	4/4	4/8	4/4	4/8	4/8	4/3	4/4	4/7	0	8	4/0
$c=7$	×/13	3/3	3/6	4/0	3/3	3/4	3/7	3/4	3/8	4/8	3/4	4/4	4/8	4/0	4/7	4/0
$c=8$	×/13	3/3	3/6	4/0	3/3	3/3	3/6	3/4	3/7	3/8	3/3	3/3	4/7	4/0	3/7	4/0

ID	17	18	19	20	21	22	23	24	25	26	27	28	29	30	31	32
$c=4$	4/0	2/4	3/0	3/0	2/2	2/4	3/0	2/3	2/2	2/0	2/3	2/2	3/0	2/0	3/0	2/0
$c=5$	3/0	3/8	3/0	4/0	3/3	3/8	4/0	4/4	4/4	3/0	4/4	4/4	4/0	4/0	4/0	4/0

续表

ID	17	18	19	20	21	22	23	24	25	26	27	28	29	30	31	32
$c=6$	4/0	3/8	4/0	4/0	3/3	4/8	4/0	4/4	4/4	3/0	4/4	4/4	4/0	4/0	4/0	4/0
$c=7$	4/0	4/6	4/0	4/0	4/3	3/7	4/0	3/4	3/3	3/0	3/4	4/3	4/0	3/0	4/0	3/0
$c=8$	4/0	3/7	3/0	4/0	3/3	3/8	4/0	4/4	3/4	3/0	4/4	4/3	4/0	4/0	4/0	3/0

表 6-10 Sink 节点汇聚的数据信息量

采样周期	$c=4$	$c=5$	$c=6$	$c=7$	$c=8$
图 6-4 网络 Sink 汇聚的数据信息量	59	76	77	73	78
图 6-5 网络 Sink 汇聚的数据信息量	63	84	85	79	87

6.4.4 网络寿命

当传感器网络聚合树结构如图 6-4 所示时，进行 Sink 节点最小采样周期基础上，不同采样周期下 Sink 节点汇聚的数据信息量和网络能量消耗分析，其结果如图 6-6 所示。通过图 6-6，可以发现在采样周期由 4 逐渐增加到 8 时，其数据量分别提高了 28.13%，30.51%，28.57%，40.68%，网络寿命分别提高了 5.56%，27.28%，33.33%，50%。因此，适当的增大采样周期不但没有减少 Sink 节点汇聚的数据信息量，而且可以提高网络寿命。

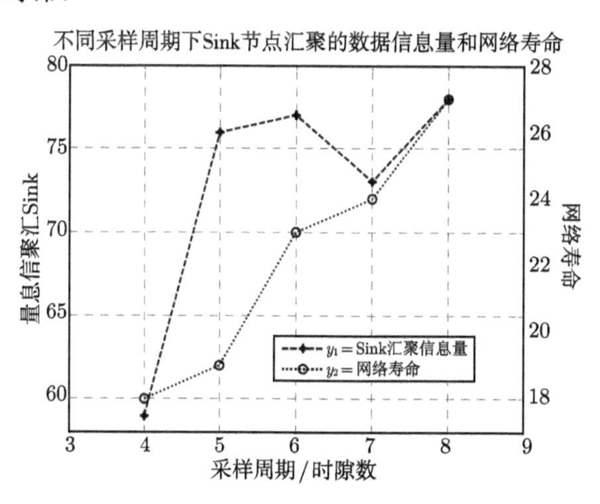

图 6-6 不同采样周期下 Sink 节点汇聚的数据信息量和网络寿命

当图 6-4 的传感器网络聚合树的节点数增加为 32 个时，此时传感器网络聚合树结构如图 6-5 所示。对于该聚合树，我们在相同条件和环境参数下，进行在 Sink 节点最小采样周期基础上，不同采样周期下 Sink 节点汇聚的数据信息量和网络能量消耗分析，其结果如图 6-7 所示。通过图 6-7，我们可以看出，当采样周期由 4 变为 6 时，不但 Sink 节点汇聚的数据信息量提高了（81 − 59）/59×100%=37.29%，而且网络的寿命提高了（23−18）/18×100%=27.28%；当网络的采样周期由 4 增加到 7 时，此时虽然 Sink 节点汇聚的数据信息量增加了（75 − 59）/59 × 100%=27.12%，但网络寿命提高了（24 − 18）/18 × 100%=33.33%。通过比较图 6-6 和图 6-7，我们可以发现，当传感器网络节点数增加时，适当增加网络采样周期，也可以大大提高网络寿命。

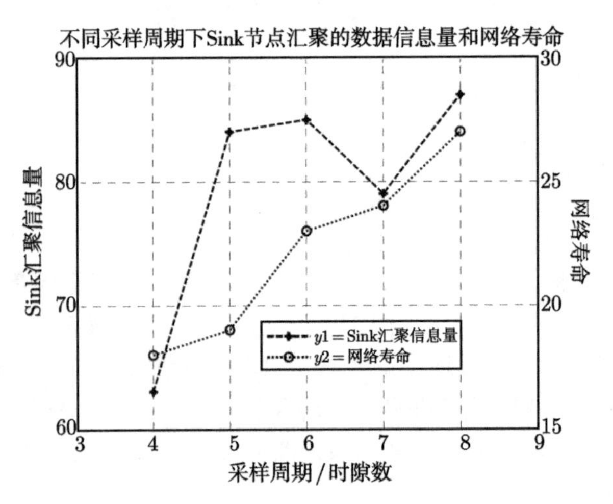

图 6-7　不同采样周期下 Sink 节点汇聚的数据信息量和网络寿命

据此，我们可以进行推广，对于大规模的无线传感器网络，在最小采样周期基础上适当增加采样周期，不但没有减少 Sink 节点汇聚的数据信息量，而且可以提高网络寿命。这对于节点能量有限的无线传感器网络来说，对提高网络寿命具有非常重要的指导意义。

6.4.5　采样周期的优化选择

由 6.4.3 节可知当采样周期在最小采样周期 c_s 和 2^*c_s 之间变化时，Sink 节点汇聚的数据信息量和网络寿命呈现不同的变化。采样周期小，无线传感器网络节点感知周围信息的频率高，但 Sink 节点汇聚的数据信息量和网络寿命非最优。综合考虑采样周期、Sink 节点汇聚的数据信息量和网络寿命三个参数，可对采样周期进行优化选择。

当折中优化条件 $\zeta[\min(t_i), \sum_{\mu=1}^{\rho}\phi(p_\mu), 1/c]\quad(i=1,2,3,4,\cdots,n)$ 中的 ζ 的表达式为 $\dfrac{\text{lifetime} * nmsg}{c}$ 时，图 6-4 无线传感器网络的优化采样周期为 c=6 个时隙，图 6-5 对应无线传感器网络的选择优化周期也为 c= 6 个时隙。

6.4.6 与其他算法的性能对比情况

对于图 6-4 的树型聚合结构的传感器网络，当增加网络采样周期时，网络中节点调度时隙分配有多种方法，对应就有多种网络调度时隙分配模式。以本章的调度时隙分配方法和文献[122]的调度时隙分配方法进行对比。仿真环境和参数与上同。表 6-6 为本章的优化调度时隙分配方法的节点调度时隙分配结果，基于文献[122]调度时隙分配方法的网络节点调度时隙分配如表 6-11 所示。在两种调度时隙分配下，在 T=50 个时隙的情况下，Sink 节点汇聚的数据信息量和网络寿命分别如图 6-8 和图 6-9 所示。

表 6-11 不同采样周期下节点的调度时隙分配

ID	1	2	3	4	5	6	7	8	9	10	11	12	13	14
$c=4$	×	3,4	4,4	1,4	2,4	1,4	2,8	6,8	4,4	4,4	6,8	5,8	7,8	3,8
$c=5$	×	4,5	5,5	2,5	3,5	2,5	3,5	1,5	4,5	5,5	1,5	2,5	3,5	1,5
$c=6$	×	5,6	6,6	3,6	4,6	3,6	4,6	2,6	5,6	6,6	2,6	3,6	4,6	2,6
$c=7$	×	6,7	7,7	4,7	5,7	4,7	5,7	3,7	6,7	7,7	3,7	4,7	5,7	2,7
$c=8$	×	7,8	8,8	5,8	6,8	5,8	6,8	4,8	7,8	8,8	4,8	5,8	6,8	4,8
ID	15	16	17	18	19	20	21	22	23	24	25	26	27	28
$c=4$	7,8	2,4	3,4	5,8	4,8	4,8	5,8	6,8	5,8	1,8	2,8	3,8	4,8	2,8
$c=5$	5,5	3,5	4,5	2,5	5,5	2,5	5,5	3,5	2,5	5,5	3,5	1,5	2,5	4,5
$c=6$	6,6	4,6	5,6	3,6	1,6	3,6	6,6	4,6	3,6	1,6	4,6	2,6	3,6	5,6
$c=7$	3,7	5,7	6,7	4,7	2,7	2,7	4,7	7,7	2,7	2,7	5,7	3,7	6,7	5,7
$c=8$	5,8	6,8	7,8	5,8	3,8	3,8	5,8	6,8	4,8	3,8	2,8	2,8	4,8	3,8

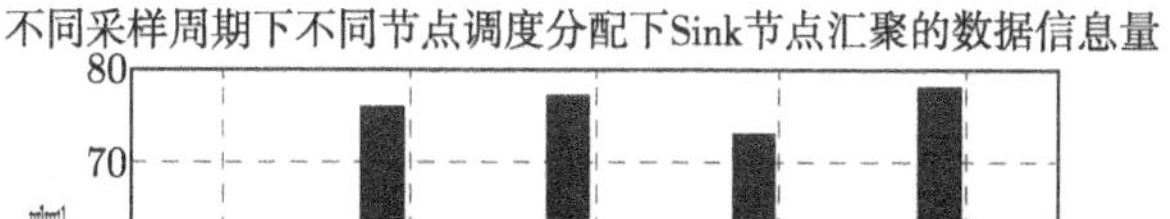

图 6-8 不同采样周期下不同节点调度时隙分配下 Sink 节点汇聚的数据信息量

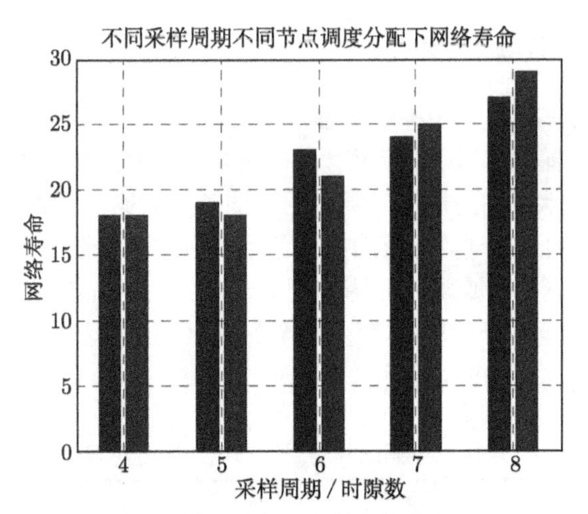

图 6-9　不同采样周期下不同节点调度时隙分配下网络寿命

由图 6-8 和图 6-9 可知，在相同的仿真环境和参数设置下，不同的节点调度时隙分配方法使得 Sink 节点汇聚的数据信息量和网络寿命不同。在选择优化的采样周期下，通过节点的优化调度时隙分配，可获得较高的网络寿命，即当采样周期为优化采样周期 6 个时隙时，在上述仿真实验中本章提出的优化调度时隙分配方法在 Sink 节点汇聚数据信息量和网络寿命两方面都是最优的。

6.5　本 章 小 结

本章围绕采样周期、Sink 汇集数据信息量和网络寿命三者之间的关系，首先提出了最小采样周期定理，在此基础上提出了节点优化的调度时隙分配算法，利用优化调度时隙分配算法对网络节点进行调度时隙分配，计算出给定网络在最小采样周期基础上、不同采样周期调度时隙分配下 Sink 节点汇聚的数据信息量和节点的能量消耗；通过折中优化算法对采样周期进行优化选择，使得 Sink 节点汇聚的数据信息量、网络的寿命和采样周期三者之间满足优化约束条件，从而达到既提高了网络寿命，又增大了 Sink 汇集信息的双重目标。

第7章 基于可变聚合率的数据聚合调度策略

7.1 概　　述

无线传感器网络是近年来引起国内外广泛关注的新兴前沿热点研究领域，其应用涉及环境监测、交通监测、安全监控、工业等[125−129]。数据聚合是无线传感网络中最重要的问题之一，同时也是无线传感器网络中实现节能的核心技术。对于采用聚合机制的无线传感器网络数据汇集方式，数据如何聚合是其首先要解决的问题之一。以往的工作主要聚焦研究以降低传输能耗与延迟为目标的数据传输调度问题。对于面向传输能量最优的数据聚合[130−135]，其目的是为使收集全网数据所消耗的节点的数据传输能量最小；对于面向传输延迟最优的数据聚合[136−138]，其目标为使汇聚节点收集全网数据的延迟最小。也有一些工作提出了在满足应用需求的条件下权衡数据传输能耗与延迟性能的折中处理方案[139−140]。

尽管当前在数据聚合传输调度方面做了很多的研究工作，但是现有的大多数数据聚合机制是基于 n 个节点的原始数据包在聚合节点能聚合成一个聚合包的理想假设，或者采用无损逐步的多跳数据聚合模型，并在此模型下进行数据传输的时隙调度分配的研究。这些研究工作因为节点聚合后的数据包都是 1 个，根据一个时隙只能传送一个数据包的假设，所以每个节点只需要安排一个时隙就可以对数据包进行发送。而实际中传感器网络往往是 n 个数据包融合成 m 个数据包 ($m \in [1, n]$)。所以需要为一个节点安排多个时隙，导致节点调度时隙的分配相当复杂，需综合考虑如下因素：

(1) 避免干扰。每个节点只有一个发射频率，发送与接收数据不能同时进行。对于任意节点 v，其有一个数据传输干扰域 r；当满足 $\|v-p\| \leqslant r$ 时，节点 v 通过通信链路 vu 接收节点 u 的数据时，会受到另一发送节点 p 的干扰。

(2) 时间约束。节点的发送必须有先后顺序，为节点安排多个时隙并不是简单的把时隙连续延长分配。节点的多个时隙有着不同的作用，有可能是发送该节点自身原始数据，有可能是发送节点的聚合结果，有可能是转发其子节点的原始数据，也有可能是转发其子节点的聚合结果等。因此如何合理安排节点的多个时隙调度是一个具有挑战性的工作。

(3) 考虑网络能量消耗指标。由于无线传感器网络能量的有限性，在传感器数据汇聚和传输过程中要考虑传感器网络节点能量的消耗[141]。因此如何通过传感器网络的数据聚合调度以减少网络中接收和发送的数据包个数，以期实现无线传感网络能效的优化也是我们要考虑的主要因素。

综上所述，考虑时隙与可变数据融合率结合的数据传输调度方法的研究是一个挑战性的工作。

本章工作的主要创新点如下:

(1) 提出了在可变数据融合率模型下的时隙调度问题。在可变数据融合率模型中，每个节点都将其接收到的子节点感知的原始数据与自己感知到的原始数据根据任意给定的聚合率，进行聚合计算操作，然后把聚合计算得到的结果封装到 m 个（m 为整数，且 $m \in [1,n]$）数据包中，再进行数据包的转发。

(2) 提出了一种考虑能量消耗的凑整数据聚合调度算法MIDAS(makeup integer based data aggregation schedule)。在建立的数据聚合模型的基础上，根据给定的任意聚合率，利用尽量凑整的思想，选择聚合的节点集合，在聚合集合的基础上进行时隙调度。该方法可以减少网络中聚合后数据包的个数，从而减少了近 sink 区域节点的能量消耗，增加了中间层节点的能量有效利用率，提高网络寿命。

在任一给定聚合率的数据的聚合传输调度中，聚合集合的构建和节点的调度是其关键问题。聚合集合的作用在于选择哪些节点作为一个集合一起聚合，因而聚合集合的构造是整个方法的基础。聚合集合要求节点只在所处的聚合集合内聚合，且只聚合一次。同一聚合集合内的节点在集合内的最后一个汇聚节点（汇聚节点通常取集合内的最接近 Sink 的那一个节点）一起聚合，而集合内的中继节点只转发该集合内上游子节点的数据。在聚合集合建立后，其次要解决的是节点的调度时隙分配问题。

利用聚合后的数据包个数尽量凑整的思想构造聚合集合，可减少网络中传送到近 Sink 区域的第一层节点的数据包个数，从而减少了该区域节点的能量消耗，减轻了“热区的能量空洞”现象，提高了网络寿命；而对远 Sink 区域的节点，若不为汇聚节点，其数据传输所需的数量不仅不比近 Sink 少，反而比近 Sink 区域的数据传输所需的数量大，充分利用了远 Sink 区域节点的剩余能量，增加了中间层节点的能量有效利用率，使整个网络的能量利用率提高。

(3) 仿真实验结果证明了本章提出的基于聚合集合的数据聚合调度策略有效地提高了网络寿命与能量效率。相比简单时隙分配算法，网络寿命可以提高约 25%，能量有效利用率可以提高约 30%。

7.2 系统模型和问题描述

7.2.1 系统模型

(1) 对于无线传感器网络 $G(V,E)$，其中，V 表示传感器节点集合，E 为传感器节点通信链路集合，并具有以下性质：网络中所有传感器节点一旦部署则静止不动，并具有相同的初始能量及通信半径 r；工作节点均匀部署，每轮数据采集过程中产生和发送 b (比特) 的数据包；所有感器节点（叶子节点除外）都感知周围区域，并负责接收和发送其他节点的数据；叶子节点只负责感知周围区域，并把感知数据发送给其父节点进行聚合后发送；传感器节点工作在半双工状态，即不能同时发送和接收数据。本章我们假设干扰半径与传输半径相等。

(2) 能量消耗模型。节点发送 lb 的数据消耗的能量为公式 (7-1) 所示，节点接收 1b 的数据消耗的能量为公式 (7-2) 所示

$$\begin{cases} E_t = lE_{\text{elec}} + l\varepsilon_{\text{fs}}d^2, & d < d_0 \\ E_t = lE_{\text{elec}} + l\varepsilon_{\text{amp}}d^4, & d \geqslant d_0 \end{cases} \tag{7-1}$$

$$E_r(l) = lE_{\text{elec}} \tag{7-2}$$

式中 E_{elec} 表示发射电路损耗的能量。若传输距离小于阈值 d_0, 功率放大损耗采用自由空间模型。当传输距离大于等于阈值 d_0, 采用多路径衰减模型。ε_{fs} 和 ε_{amp} 分别为这两种模型中功率放大所需的能量。l 表示一个数据包的比特数。

(3) 数据聚合模型在调度中，时间被分成多个相同的小基本单位（时隙）。在数据传输过程中, 一个聚合传输调度周期被划分为 n 个时隙，每个调度周期，所有传感器节点进行一次数据采样，且每个节点的信息同步在每个采样初始 0 时刻产生。假设节点每个时隙发送一个数据包，且能在一个时隙内数据包传输完毕。若聚合后产生的数据量不足一个数据包，也把它作为一个数据包传送。因此，1.25 个数据包需要 2 个时隙发送，2.5 需要 3 个时隙发送。

以往的研究工作都是考虑 n 个节点的原始数据包在聚合节点能聚合成一个聚合包的时隙调度问题，图 7-1 中灰色的节点，中继节点在收到传输路径中的上一跳邻居节点传输过来的数据包后，对收集到的上游节点的感知数据与自己感知到的数据进行聚合计算操作，然后把聚合计算得到结果封装到一个数据包中，再进行数据包的转发。带箭头的虚线上的方格表示发送的数据包个数。

定义 7-1 (数据包个数 ϖ 的计算)　设 $\xi(m)_i$ 为节点 i 和 m 个节点经聚合计算后在聚合节点 i 产生的总的数据量，D 为每个数据包的数据量，节点 i 需转发的数据包 ϖ_i 为

$$\varpi_i = \left\lceil \frac{\xi(m)_i}{D} \right\rceil \tag{7-3}$$

即数据包 ϖ_i 为聚合节点 i 和 m 个节点经聚合计算后产生的数据量 $\xi(m)_i$ 与每个数据包的数据量 D 的比值向上取整。

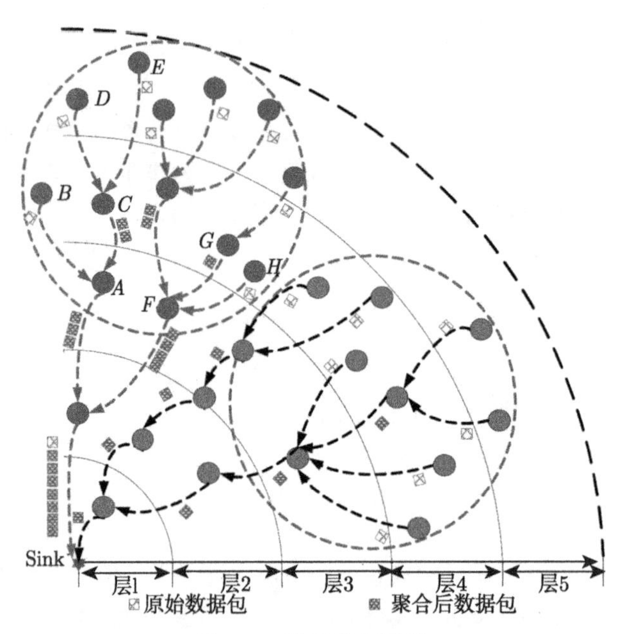

图 7-1　数据聚合模型

定义 7-2 (数据聚合率 γ)　γ 表示聚合率，其值是 0~1 的一个小数。例如，γ=0.5，传统应用中，n 个节点被聚合成 1 个数据包或者 n 个数据包。给定聚合率 γ 后，n 个节点可以被聚合成 m 个数据包。m 是一个整数且 $m \in [1, n]$。

定义 7-3 (聚合模型)　在我们给出的聚合模型中，σ_i 表示节点 i 的原始数据包，$\varphi_{i,j}$ 表示节点 i 从节点 j 接收到的数据包，φ_i 表示节点 i 聚合自身的节点与接收到的子节点的信息最终聚合结果。我们假设一个传感器节点在一个调度周期只感应一个数据包，每个数据包都有相同大小的尺寸，每个节点都要发送自身感应的数据。

当节点 i 从节点 j 接收数据 $\varphi_{i,j}$，如果节点 i 的数据是 σ_i，来自节点 j 的数据是 $\phi_{i,j} = \sigma_j$，也就是说节点 i 接收的数据是原始数据，则聚合公式为

$$\varphi_i = \sigma_i \times \gamma + \phi_{i,j} \times \gamma \tag{7-4}$$

如果节点 i 的数据是 σ_i，来自节点 j 的数据是 $\phi_{i,j} = \varphi_j$，也就是说节点 i 接收的数据不是原始数据，则聚合公式为

$$\varphi_i = \sigma_i \times \gamma + \phi_{i,j} \tag{7-5}$$

例如，如图 7-1 中绿色节点所示，假设每个数据包的尺寸是 5×10^5 比特，当 γ=0.5，根据公式 (7-3)、公式 (7-4)、公式 (7-5) 我们可以得到 $\varphi_A = \sigma_A \times 0.5 + \sigma_B \times$

$0.5+\phi_{A,C}$，$\phi_{A,C}=\varphi_C=\sigma_C\times 0.5+\sigma_D\times 0.5+\sigma_E\times 0.5$。节点 C 需要传送的数据包个数为

$$\begin{aligned}\varpi_C &= \left\lceil\frac{(\sigma_C+\sigma_D+\sigma_E)\times\gamma}{D}\right\rceil\\ &= \left\lceil\frac{(5\times 10^5+5\times 10^5+5\times 10^5)\times 0.5}{5\times 10^5}\right\rceil = 2。\end{aligned}$$

因此，我们需要为节点 C 分配 2 个时隙。节点 A 需要传送的数据包个数为

$$\begin{aligned}\varpi_A &= \left\lceil\frac{(\sigma_A+\sigma_B)\times\gamma}{D}\right\rceil+\varpi_C\\ &= \left\lceil\frac{(5\times 10^5+5\times 10^5)\times 0.5}{5\times 10^5}\right\rceil+2=3。\end{aligned}$$

所以需要为节点 A 分配 3 个时隙来传送这 3 个数据包。

7.2.2 问题描述

本章研究的问题是设计一种基于可变聚合率的数据聚合调度策略，使网络下面两个方面最优化：

(1) 网络寿命最大化。目前现有的大多数无线传感器节点通过电池供电，而有限的电源能量则限制了节点的生命周期，网络中的传感器由于电源能量的原因经常失效或废弃，导致整个网络瘫痪。因此，尽可能增加网络的寿命往往是传输调度问题的一个优化目标。在本章中，网络寿命定义为网络中第一个节点死亡的时间 (first node die time，FNDT)。由于网络中第一个节点死亡后，可能严重影响网络的连通与覆盖，导致网络不能完全发挥应有的作用。设 E_i 为节点 i 的能量消耗，那么使得网络寿命最大化可以表达为下式：

$$\max(T)=\min\max_{0<i\leqslant n}(E_i) \tag{7-6}$$

(2) 能量的有效利用率最大化。定义网络能量有效利用率为当网络死亡时，网络中被利用的能量与网络初始能量的比值。设 E^i_{left} 为节点 i 的剩余能量，E^i_{init} 为节点 i 的初始能量，使得网络能量有效利用率最大化可以表示为下式：

$$\max(\eta)=\min\left(\frac{\sum\limits_{i\in n}E^i_{\text{left}}}{\sum\limits_{i\in n}E^i_{\text{init}}}\right) \tag{7-7}$$

综上所述，可以得到本章的优化目标为下式：

$$\begin{cases} \max(T) = \min \max\limits_{0<i\leqslant n}(E_i) \\ \max(\eta) = \min \left(\dfrac{\sum\limits_{i\in n} E^i_{\text{left}}}{\sum\limits_{i\in n} E^i_{\text{init}}} \right) \end{cases} \tag{7-8}$$

7.3　基于可变聚合率的数据聚集调度策略

7.3.1　研究动机

图 7-2 为一个 25 节点的简单树型聚合结构传感器网络，每个节点用一个圆圈表示，圆圈里的数字表示节点的编号，其中 Sink 节点的编号为 1，其他节点的编号如图 7-2 所示。虚线表示一跳邻居节点的关系。

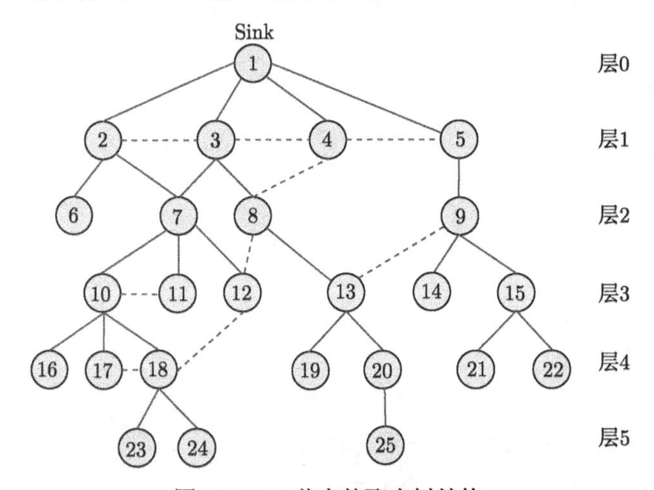

图 7-2　25 节点的聚合树结构

我们首先采用文献[122]中的数据聚合调度算法，一跳节点的最少调度周期 $c=4$。对图 7-2 所示的树型聚合结构做调度时隙分配，结果如表 7-1[122] 所示。纵坐标表示节点的 ID，横坐标 (x, y) 表示每个节点的调度时隙分配结果。其中 x 表示节点 ID 首次传输数据给其父节点的时隙，y 表示节点调度周期。

表 7-1　节点的调度时隙分配

ID	1	2	3	4	5	6	7	8	9	10	11	12	13
(x,y)	×	(2,4)	(4,4)	(1,4)	(3,4)	(1,4)	(3,8)	(7,8)	(4,4)	(7,8)	(5,8)	(1,8)	(3,8)
ID	14	15	16	17	18	19	20	21	22	23	24	25	×
(x,y)	(1,4)	(2,4)	(1,8)	(2,8)	(8,8)	(1,8)	(6,8)	(1,4)	(3,4)	(1,8)	(3,8)	(1,8)	×

文献[122]的数据聚合机制是基于 n 个节点的原始数据包在聚合节点能聚合成一个聚合包的理想假设，但是若聚合后的数据包不是 1 个，而为 m 个 $(m \in [1, n])$，则在节点的调度时隙分配中，会存在一些值得深入研究的问题，我们总结为如下两个方面：

(1) 一个节点不仅仅只分配一个时隙，而有可能需要分配多个时隙，这将会使得时隙调度分配工作变得相当复杂。

以图 7-2 为例，设聚合率等于 50%，按照定义 7-1、定义 7-2、定义 7-3，节点 18, 23, 24 的原始数据包在聚合节点 18 经聚合计算后将产生 2 个数据包，则必须为节点 18 分配 2 个时隙才能将这 2 个数据包发送。又假设节点 10, 16, 17 的原始数据包在聚合节点 10 经聚合计算后也将产生 2 个数据包，则必须为节点 10 分配 2 个时隙才能将这 2 个数据包发送。同时还要考虑到其子节点 18 的聚合结果也需要转发，故共需要为节点 10 分配 4 个时隙。

所以，之前的“为一个节点只安排一个时隙”的研究工作不能适应于 n 个数据包聚合成 m 个数据包的应用。如何为节点安排多个调度时隙，既能发送该节点自身原始数据、自身的聚合结果又能转发其子节点的原始数据、子节点的聚合结果将会是一个具有挑战性的工作。

(2) 在 TDMA 思想的基础上如何合理安排节点的时隙调度，尽量减少近 Sink 区域节点接收和发送的聚合后数据包个数，同时考虑均衡网络中各节点的能量消耗，充分利用外围节点的剩余能量，提高能量有效利用率，使得网络寿命最优是值得进一步探索的问题。

以图 7-2 中节点 13 为根的子树为例，当聚合率 $\gamma = 0.25$，按照定义 7-1、定义 7-2、定义 7-3。节点 13 有多种聚合方式, 为便于说明问题，我们选择几个典型的聚合形式：第一种聚合形式如图 7-3(a) 所示，节点 13 和节点 19，20，25 经聚合计算后在聚合节点 13 将产生 1 个数据包，需要为节点 13 安排 1 个时隙来发送这 1 个数据包；第二种聚合形式如图 7-3(b) 所示，节点 13 和节点 19 经聚合计算后在聚合节点 13 将产生 1 个数据包，节点 20 和节点 25 经聚合计算后在聚合节点 20 将产生 1 个数据包。需要为节点 13 安排 2 个时隙，其中 1 个时隙用来发送自身的聚合结果，另一个时隙用来转发子节点 20 的聚合结果；第三种聚合形式如图 7-3(c) 所示，为节点 13 安排 1 个时隙发送自身原始数据，再为其安排 2 个时隙用来转发节点 19 的原始数据以及子节点 20 的聚合结果，故节点 13 共需要分配 3 个时隙。第四种聚合形式如图 7-3(d) 所示，为节点 13 安排 1 个时隙发送自身原始数据，再为其安排 3 个时隙分别转发节点 19、节点 20 和节点 25 的原始数据，故需要为节点 13 分配 4 个时隙。图中，虚线边上的数字表示位于该虚线箭头起点的节点需发送的数据包个数，同时也是为该节点分配的时隙个数。

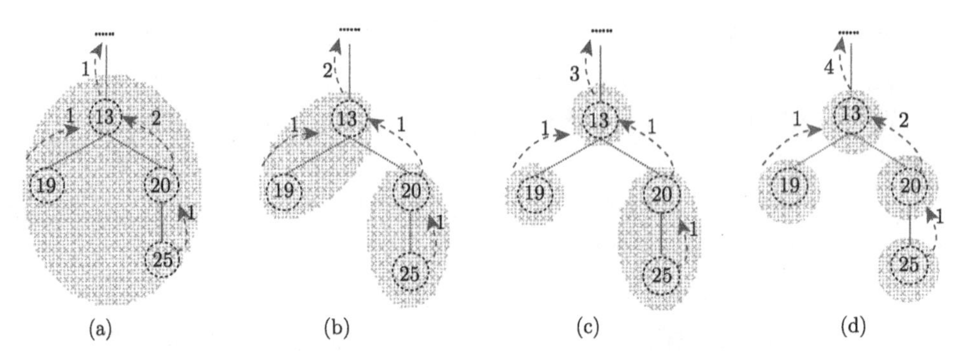

图 7-3　当 $\gamma = 0.25$, 节点 13 几种典型的聚合形式

若 ϖ_t^i 表示节点 i 需发送的数据包。ϖ_r^i 表示节点 i 接收的数据包。τ_i 表示需要为节点 i 安排的时隙个数。图 7-3 中 (a), (b), (c), (d) 四种聚合调度方式中接收的数据包和发送的数据包以及需要安排的时隙如图 7-4 所示。

	i	ϖ_r^i	ϖ_t^i	τ_i
a	13	3	1	1
b	13	2	2	2
c	13	2	3	3
d	13	3	4	4

图 7-4　节点 13 在各种聚合调度下接受和发送的数据包个数以及分配的时隙

从图 7-4 可以看出，采用不同的聚合调度，节点 13 所需接收和发送的数据包不一样，需要为其安排的时隙个数也是不一样的。根据能量消耗模型公式 (7-1)、(7-2)，可知节点承担的发送或接收的数据包越多，则消耗的能量越高。所以从图 7-4 可以看出，采用图 7-3(a) 的时隙调度节点 13 只需要接收 3 个数据包，发送 1 个数据包。根据公式 (7-10) 可知，此种调度节点 13 的能量消耗最小，并且节点 13 发送的数据包个数最少。

在建立的数据聚合模型的基础上，若整个网络能根据给定的聚合率，利用凑整的思想来选择聚合的节点集合，则能使近 Sink 区域节点接收和发送的聚合后数据包个数较少，从而能减少近 Sink 区域的能量消耗，提高网络寿命。因此，在聚合调度的过程中，到底采用哪种方式为节点进行时隙调度，使得网络寿命最优是值得进一步探索的问题。

7.3.2　聚合集合的构建

定义 7-4(聚合集合)　给出一个整数 m 和一个集合序列 $S = \{S_1, S_2, \cdots,$

$S_k\}$，$\forall S_i \subset S, L_i \leqslant m, \bigcup\limits_{i=1}^{k} S_i = \{1,2,\cdots,n\}$，$n$ 是传感器网络的节点，L_i 是 S_i 所包含的节点的个数。当满足 $\forall S_i, S_j \subset S, S_i \bigcap S_j = \varphi$ 时，S_i 被称作是一个聚合集合。例如，γ= 30%，$S = \{S_1, S_2, \cdots, S_k\}$ 如图 7-5(c) 所示。不同颜色的节点组成了不同的 S_i。

特征 7-1 如果 $L_i \neq 1$, 则 $\exists x \in S_i, \forall y \in S_i, x \neq y, y$ 是以 x 为根的子树的子节点。x 是聚合节点，x 感知的原始数据和它所有属于聚合集合 S_i 里的子节点 y 的原始数据经聚合计算后在聚合节点 x 将产生聚合后的数据包。聚合集合中的 y 是中继节点，它仅仅发送自身的原始数据以及转发它在聚合集合 S_i 里的子节点的原始数据而不对这些数据信息进行聚合。

特征 7-2 根据特征 7-1，可得 $\forall x \in S_i$，如果 z 是一个以 x 为根的子树中的子节点，同时 z 在聚合集合 S_j 中是一个聚合节点且 $i \neq j$，则 x 将只转发 z 的聚合结果而不对 z 的聚合结果再次进行聚合。

我们的聚合调度算法基于一个聚合树，这颗聚合树根据 BFS[142] 算法构建。首先，根据与 Sink 节点的跳数，我们把所有的节点分成 H 层。如图 7-2 所示共分为 5 层，L_i 表示第 i 层，Sink 节点在第 0 层，节点 6，7，8，9 在第 2 层。

为使得到达近 Sink 区域的第一层节点接收的聚合后的数据包个数尽可能少，对每一个聚合节点 i 选择 m 个节点（m 取最小值）进行聚合时，尽可能满足公式 (7-9)：

$$\min(m) = \min(\left\lceil \frac{\xi(m)_i}{D} \right\rceil - \frac{\xi(m)_i}{D}), \tag{7-9}$$

其中，

$$\exists M_0 \in [1,n], \quad \lim_{m \to M_0^-} \gamma \times m = N, N \in [1,n] \tag{7-10}$$

公式 (7-10) 中，M_0，N，m 都为整数且 N，m 都取最小值。在实际应用中，如果能选择的节点的最大个数 m' 少于实际计算出来的 m，则我们选取 m' 为 m。

算法 7-1 至算法 7-8 所用的参数表如表 7-2 所示，$j \in [1,n]$,$k \in [1,K]$。

表 7-2 算法 7-1 至算法 7-8 中所用的参数

变量	含义	变量	含义
$Nset[j]$	节点 j 所属的聚合集合	D_j	节点 j 的干扰节点集合
S_k	第 k 个聚合集合	noc_j	节点 j 的子节点个数
F_j	节点 j 的父节点	S_SORT_k	重新对第 k 个聚合集合排序
B_j	节点 j 的邻居节点	$Tsft_j$	节点 j 被分配的时隙
S_BJ_k	集合 k 是否被访问的标识	NS_k	第 k 个聚合集合内节点的个数
$Tsft\_BJ_j$	节点j是否被分配时隙发送原始数据包的标识	$Tsft\_FBJ_j$	节点j是否被分配时隙发送聚合后数据包的记录

选择 m 个数据包进行聚合计算的规则为：先假设 N=1，根据输入的聚合率 γ，按照公式 (7-10)，可以得到 m，即选择 m 个节点一起聚合。基于树从下往上的顺序，考虑每一层的每一个节点。如果搜索到的当前节点 j 不在任何聚合集合中，则把它加入一个聚合集合中，并计算这个聚合集合包含的节点的个数 L。如果 L 小于 m 且 j 的父节点 F_j 不为 Sink 节点，则把 F_j 也加进这个聚合集合。又计算这个聚合集合包含的节点的个数 L，如果 L 小于 m，则把节点 j 的邻居节点 B_j 也加进这个聚合集合。再次计算这个聚合集合包含的节点的个数 L，如果 L 仍小于 m，则把 F_j 设置为节点 j，重复上述过程，直到 L 和 m 相等或者节点 j 的父节点为 Sink 节点或者 F_j 已经存在于某个聚合集合中。

构建数据聚合集合的伪代码如算法 7-1：

算法 7-1　构建聚合集合。

输入： 给定网络 G 和聚合率 γ。

输出： 集合 $S=\{S_1, S_2, ...S_k\}$ 和聚合集 K。

```
1.  FOR 整数 d ∈ [1,100]
2.      D[d] ← r × d;
3.      IF D[d]⩽1 then
4.          a[d]←1−D[d];
5.        Else
6.          break;
7.      End If
8.  End For
9.  找到最小的 a[d] 和令 m ← d;            //根据公式 (7-10)，可以得到 m
10.  令 K ← 1;  S_k ← φ;  N_set[j] ← 0, j ∈ (1, n);
11.  FOR i∈[H,1]             //i 表示第 i 层
12.        FOR 每个节点 j ∈ L_i
13.              IF 节点 j ∉ {S_k|k ∈ [1, K]} //如果节点 j 不属于任何 S_k
14.                k ← K; //k 表示第 k 个聚合集合
15.                S_k ← S_k ∪ {j}; //节点 j 放入 S_k
16.                N_set[j] ← k; //N_set[j] 表示节点 j 属于第 k 个聚合集合
17.               计算聚合集合 S_k 中包含的节点个数 L;
18.                  While L < m
19.                          Search_fnode(j; S_k; K; N_set; m);
20.                          Search_bnode(j; S_k; K; N_set; m);
21.                  End while
```

```
22.  |    |    |  输出 S_k;
23.  |    |    |  K ← K + 1;
24.  |    |    End If
25.  |    End For
26.  End For
27.  K ← k;
28.  输出汇聚集 K。
```

算法 7-2 Search_fnode(j; S_{k}; K; N_{set}; m)。

```
1.  找到 j 的父节点为 F_j;
2.  IF F_j ∉ {S_k|k ∈ [1, K]} 和 F_j 不为同一个 Sink 节点  //如果节点 j 的父
                                    节点不在任何 S_k 中，且不为 Sink 节点
3.  |      S_k ← S_k ∪ {F_j}                  //节点 j 的父节点放入 S_k
4.  |      N_set[F_j] ← k;     //N_set[F_j] 表示节点 j 的父节点属于第 k 个聚
                              合集合
5.  |      计算聚合集合 S_k 中包含的节点个数 L
6.  |        IF L = m
7.  |        |  break;
8.  |        End If
9.  End If
10. 把 S_k, N_set 传给 CAS。
```

算法 7-3 Search_bnode(j; S_{k}; K; N_{set}; m)。

```
1.  找到 j 的邻居节点为 B_j;
2.  IF B_j ∉ {S_k|k ∈ [1, K]} //如果节点 j 的邻居节点不在任何 S_k 中
3.  |      S_k ← S_k ∪ {B_j} //节点 j 的邻居节点放入 S_k
4.  |      N_set[B_j] ← k //N_set[B_j] 表示节点 j 的邻居节点属于第 k 个聚合
                       集合
5.  |      计算聚合集合 S_k 中包含的节点个数 L
6.  |      IF L = m
7.  |      |    break;
8.  |      End If
9.  End If
```

```
10.  IF  N_set[F_j] = N_set[j] //如果节点 j 和它的父节点 F_j 在同一个聚合集合
11.  |   j ← F_j; // 设置节点 j 的父节点 F_j 为节点 j
12.  |  Else
13.  |    break;
14.  End If
15.  将 S_k, N_set, j 传给 CAS。
```

例如，对图 7-2 所示的网络拓扑结构，当我们利用算法 7-1 得出的聚合集合序列 $S=\{S_1,S_2,\cdots,S_k\}$ 如图 7-5 所示。相同颜色的节点表示它们处于相同的聚合集合中。γ 表示聚合率，m 表示选择聚合的节点个数，k 表示聚合集合的个数。

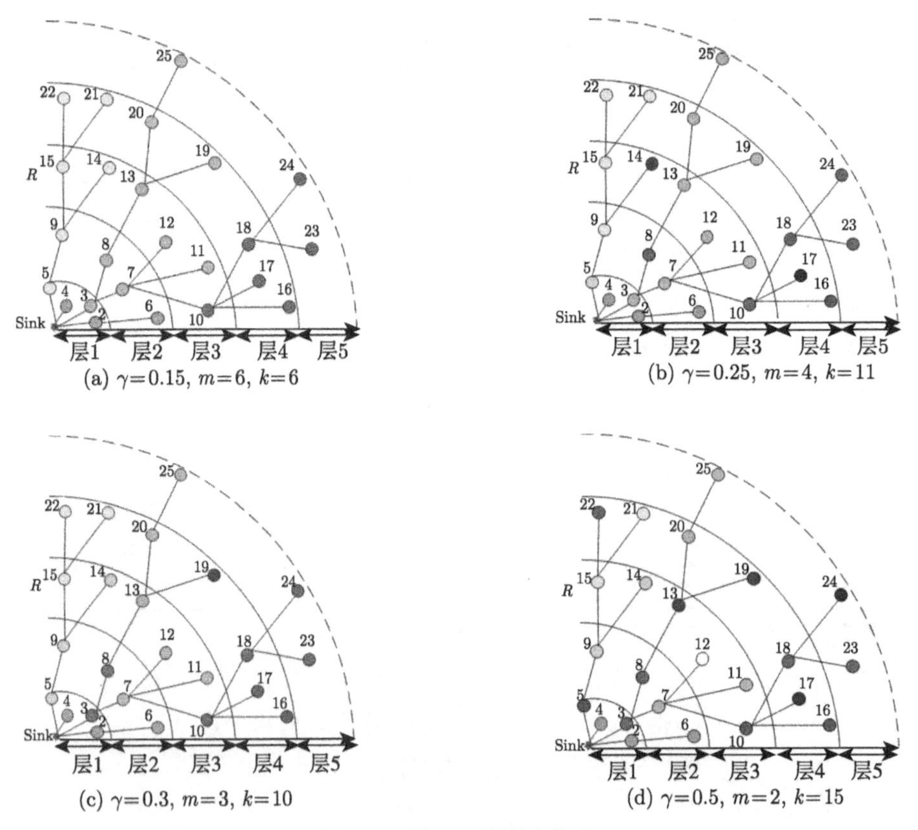

(a) γ=0.15, m=6, k=6　(b) γ=0.25, m=4, k=11

(c) γ=0.3, m=3, k=10　(d) γ=0.5, m=2, k=15

图 7-5　图 7-2 的聚合集合

7.3.3　聚合调度时隙分配算法设计

在聚合集合建立后，本节要解决节点的调度时隙问题。节点的调度是在 TDMA 思想的基础上解决如何合理分配节点时隙，同时考虑干扰因素。时隙调度分配方案包含两个步骤。第一个步骤是为集合内的非聚合节点分配一个或多个时隙。在这个过程中，叶子节点在分配的时隙内完成对自身原始数据的转发，其他节点在分配的最早时隙内发送自身原始数据，并在其余分配的时隙内完成对接收到的处于同一聚合集合中的上游子节点原始数据的转发。此外，在第一个步骤中还需要为聚合节点分配一个时隙用以发送聚合集合内的所有节点聚合后的数据。第二个步骤是为各聚合节点到 Sink 的路由经过节点分配一个或多个时隙用以转发各聚合集合的聚合后数据。

在第一个步骤中采用树结构从上往下逐层遍历的搜索顺序。如果存在一个节点 j 还没有被分配时隙，则找到该节点 j 所在的聚合集合 S_SORT_k，接着开始为这个集合内的每一个节点分配时隙，且时隙分配的先后顺序需要遵循以下约束：

C_1. 子节点发送自身原始数据的时隙要晚于其父节点发送自身原始数据的时隙。即子节点的最早发送时隙晚于其父节点的最早发送时隙。

C_2. 若节点 i 已经被分配了一个时隙 $tsft_i$，若节点 i 的父节点 F_i 不是聚合节点，则需要为 F_i 分配一个时隙 $tsft_{F_i}$，且 $tsft_{F_i}$ 要晚于 $tsft_i$。然后把 F_i 设置为 i，继续按 C2 约束为 F_i 分配时隙直到 F_i 为聚合节点。

C_3. 聚合节点的时隙不仅晚于与它在同一聚合集合内的所有子节点分配的时隙，且晚于与它不在同一聚合集合内的父节点的时隙。

在上面所述的时隙分配中，除聚合节点外其余节点都只转发数据而不聚合，这充分利用了外围节点的剩余能量。而因为近 Sink 区域的第一层节点都为聚合节点，数据在此聚合从而减少了转发的数据量，因此减少了该区域的节点能量消耗。从整体上来看，该方法能均衡整个网络的能量消耗。

在第二个步骤中采用树结构自下而上逐层遍历的搜索顺序。如果节点 j 有子节点 C_j 且 C_j 是聚合节点，j 和 C_j 属于不同的聚合集合，则时隙分配的先后顺序需要遵循以下约束：

C_4. 为节点 j 分配的用来发送 C_j 的聚合后数据的时隙 $tsft_j$ 晚于 C_j 的时隙。

C_5. 为 j 的父节点 F_j 分配时隙 $tsft_{F_j}$ 用以发送 C_j 的聚合后数据，则分配的 $tsft_{F_j}$ 要晚于 $tsft_j$。然后把 F_j 设置为 j，继续按 C5 约束为 F_j 分配时隙直到 F_j 为 Sink 节点。

当上述两个步骤完成后，所有节点的时隙都已分配完毕。节点调度时隙分配的伪代码如算法 7-4。

算法 7-4 节点调度时隙分配 (TSAN)。

输入: 给定网络 G，汇聚集 S_k，N_{set}，节点 j 的干扰节点集合 D_j。

输出: 节点 j 分配的时隙 $Tsft_j$。

---

1. 给定 K，S_k 得到 $S\text{-}SORT_k$，$k\in[1, K]$; //节点按照所属层次从上往下

排列，同层则按照节点的 ID 从小到大排列

```
2.  初始化 S_BJ_k ← 0，k ∈ [1，K]，Tsft_BJ_j ← 0，j ∈ [1，n]，
    Tsft_FBJ_j ← 1，j ∈ [1，n]，Tsf_j ← 0;
3.  FOR i ∈ [1，H] //i 表示第 i 层
4.      FOR 每个节点 j ∈ L_i
5.          IF Tsft_BJ_j = 0 //节点 j 还没有被分配时隙发送原始数据
6.              Tsft_set(j，N_set，S_SORT_k，G，n，Tsft，Tsft_BJ，D);
7.          End If
8.      End For
9.  End For
10. FOR i ∈ [H，1]                                         //i 表示第 i 层
11.     FOR 每个节点 j ∈ L_i
12.         IF noc_j ≠ 0                                    //j 有子节点
13.             Tsft_Forw (j，N_set，Set_BJ，Tsft，Tsft_FBJ，D)
14.         End If
15.     End For
16. End For
```

算法 7-5　Tsft_Set$(j, \mathrm{Net}, S_SORT_k, G, n, Tsft_BJ, D)$。

```
1.  k ← Nset[j]，S_SORT_k;
2.  计算在 S_SORT_k 中的节点数 NS_k
3.  IF NS_k=1
4.          T ← Tsft_{F_j} + 1, M ← j //根据 C3 为节点 j 分配时隙
5.      Tsft (M,T,Tsft,Tsft_BJ,D)
6.  End If
7.  IF NS_k=2
8.      得到 S_SORT_k 中的第二个节点 s
9.      T ← 1, M ← s //为 s 分配尽早开始的时隙
10.     Tsft (M,T,Tsft,Tsft_BJ,D)
11.     T1 ← Tsft_s + 1, T2 ← Tsft_{F_j} + 1
12.     T ← max(T1,T2), M ← j //根据 C3 为节点 j 分配时隙
```

```
13.            Tsft (M, T, Tsft, Tsft_BJ, D)
14.   End If
15.   IF NS_k >= 3
16.       FOR S_SORT_k 中的除 j 以外的所有节点 x
17.           IF Nset[F_x] = k //如果 x 和它的父节点在同一个聚合集合中
18.               T ← max(Tsft_{F_x})+1, M ← x //根据 C1 为节点 x 分配时隙
19.               Tsft (M, T, Tsft, Tsft_BJ, D)
20.               y ← x
21.               WhileF(y) ≠ j
22.                   T ← max(Tsft_y)+1, M ← F_y //根据 C2 为节点F_y分配
                      时隙
23.                   Tsft (M, T, Tsft, Tsft_BJ, D)
24.                   y ← F_y
25.               End While
26.           End If
27.       End For
28.       T1 ← max(Tsft_x) + 1, T2 ← Tsft_{Fj} + 1
29.       T ← max(T1, T2), M ← j //根据 C3 为节点 j 分配时隙
30.       Tsft (M, T, Tsft, Tsft_BJ, D)
31.   End If
32.   将 Tsft, Tsft_BJ 传给 TSAN。
```

算法 7-6 Tsft$(M, T, Tsft, Tsft_BJ, D)$。

```
1.  FOR t ∈ [T, n]
2.      找到 M 的干扰节点 D_M
3.      IF ∀y(y ∈ D_M), t ≠ Tsft_y
4.          Tsf_M ← tTsft_M ∪ {t}
5.          Tsft_BJ_M ← Tsft_BJ_M + 1
6.            break;
7.      End If
8.  End For
9.  将参数 Tsft, Tsft_BJ 传给 Tsft_Set。
```

算法 7-7 Tsft_Forw$(j, Nset, Set_BJ, Tsft, Tsft_FBJ, D)$。

```
1.  For 节点 e 的子节点设为 j
```

```
2.  IF Nset_j ≠ Nset_e     //节点 j 和它的子节点 e 不在同一个聚合集合中
3.      k ← Nset_e;                    //子节点 e 属于第 k 个聚合集合
4.      IF S_BJ_k = 0                  //第 k 个聚合集合还未被访问
5.          z ← Tsft_FBJ_e;
6.          Tsft_FBJ_j ← Tsft_FBJ_j + z;
7.          FOR S = z → 1//根据 C4,C5 为节点 j 分配 z 个时隙用以转
                    //发 e 的聚合后数据
8.              Tsft_SonForw (j,Tsft,D)
9.          End For
10.             S_BJ_k ← 1; //设置聚合集合 k 被访问过
11.     Else
12.         z ← Tsft_FBJ_e;
13.         Tsft_FBJ_j ← Tsft_FBJ_j + (z − 1);
14.         FOR S = z − 1 → 1 //分配 z − 1 根据 C4,C5 为节点 j 分配
                        z − 1 个时隙//用以转发 e 的聚合后数据
15.             Tsft_SonForw (j,Tsft,D);
16.         End For
17.     End If
18. Else
19.     z ← Tsft_FBJ_e;
20.     IF z >= 2
21.         Tsft_FBJ_j ← Tsft_FBJ_j + (z − 1);
22.         FOR s = z − 1 → 1 //分配 z − 1 根据 C4,C5 为节点 j 分配 z − 1
                            个时隙
                    //用以转发 e 的聚合后数据
23.             Tsft_SonForw (j,Tsft,D);
24.         End For
25.     End If
26. End If
27. End For
28. 将 Set_BJ,Tsft,Tsft_FBJ 传给 TSAN。
```

算法 7-8　Tsft_SonForw($j, Tsft, D$)。

```
1.  mb ← 0;
```

2. For 每个节点 e 设置子节点为 j，且 e 已分配时隙

3. $\quad mb \leftarrow \max(mb, Tsft_e)$;

4. End For

5. $\quad T \leftarrow mb + 1$

6. FOR $t \in [T, n]$

7. $\quad$ 找到 j 的干扰节点为 D_j

8. $\quad$ IF $\forall y(y \in D_j), t \neq Tsft_y$

9. $\quad\quad Tsft_j \leftarrow Tsft_j \cup \{t\}$;

10. $\quad\quad$ break;

11. $\quad$ Else

12. $\quad\quad$ 返回第 6 步;　　　　//为每个节点分配尽早开始的时隙

13. $\quad$ End If

14. End For

15. 将 $Tsft$ 传给 Tsft_Forw。

例如，当 γ=0.15，从图 7-6(a) 中可以看出，一个调度周期由 18 个时隙构成，且可以得到在各个时隙，可以同步发送数据给相应的的各节点。

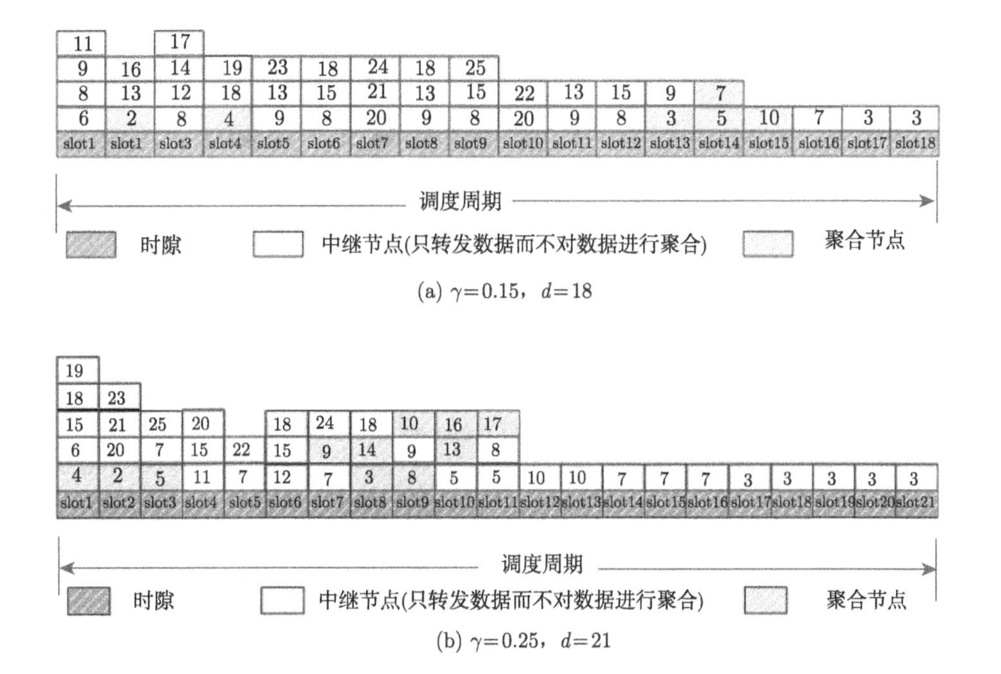

(a) γ=0.15，d=18

(b) γ=0.25，d=21

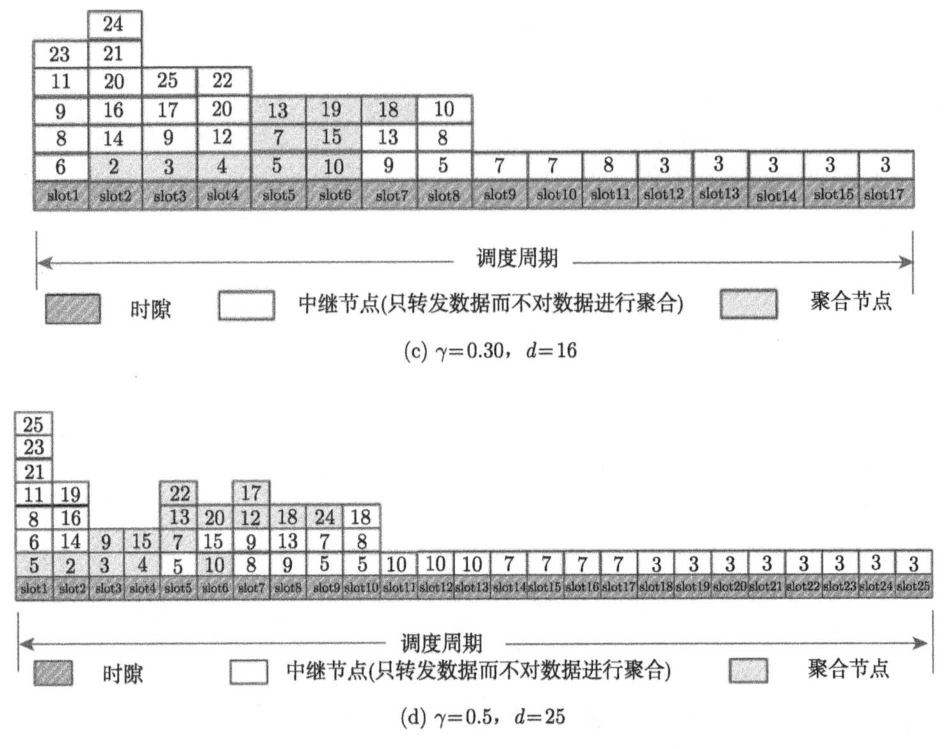

(c) $\gamma=0.30$，$d=16$

(d) $\gamma=0.5$，$d=25$

图 7-6　不同聚合率下，各时隙中发送的节点集合 T

7.4 性 能 评 价

本节对本章提出的算法性能进行分析，并和不采用凑整思想的时隙分配方法（本章称作简单时隙分配 SDAS：simple data aggregation scheduling）进行对比分析。仿真实验场景为如图 7-2 所示的树形聚合结构的传感器网络。节点调度过程以调度周期为单位，并规定在每个周期内各节点或者不进行数据通信，或者完成数据收发各一次（叶节点除外）。每个调度周期，所有传感器节点进行一次数据采样，且每个节点的信息同步在每个采样初始 0 时刻产生。根据每个节点的调度时隙分配，数据包由子节点聚合到父节点，逐渐聚合到 Sink 节点。实验所采用主要参数如表 7-3 所示。数据传输干扰半径等于数据传输发送半径。实验所采用平台是 Matlab2011。

表 7-3　网络参数

参数	值	参数	值
初始化能量 E_{init}/J	2	数据包大小 δ/bytes	5×10^5

续表

参数	值	参数	值
检测范围 r_s/m	10	$e_{\mathrm{amp}}/\mathrm{pJ}\cdot(\mathrm{b}\cdot\mathrm{m}^4)^{-1}$	0.0013
阈值距离 d_0/m	87	$e_{\mathrm{fs}}/\mathrm{pJ}\cdot(\mathrm{b}\cdot\mathrm{m}^2)^{-1}$	10
$E_{\mathrm{fusion}}/\mathrm{nJ}\cdot\mathrm{b}^{-1}$	5	$E_{\mathrm{elec}}/\mathrm{nJ}\cdot\mathrm{b}^{-1}$	50

对于图 7-2 所示的树型传感器网络数据聚合调度结构，除 Sink 节点外，其余节点按编号与其父节点的距离随机生成依次如表 7-4 所示。对于图 7-7 所示的树型传感器网络数据聚合调度结构，除 Sink 节点外，其余节点按编号与其父节点的距离随机生成依次如表 7-5 所示。

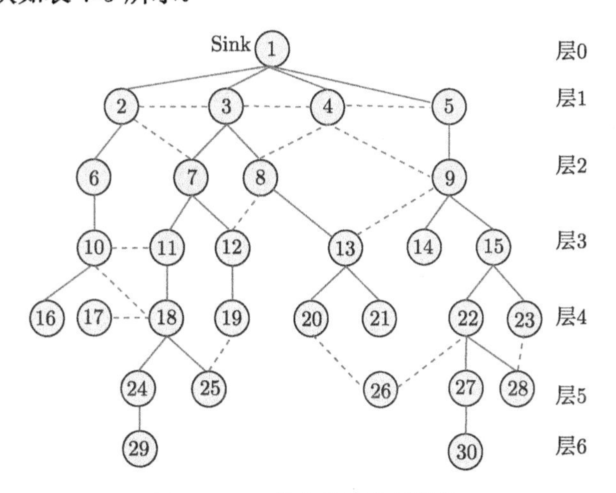

图 7-7 30 节点的聚合树结构

表 7-4 图 7-2 的节点数据聚合父子关系及距离

节点 ID	1	2	3	4	5	6	7	8	9	10	11	12	13
父节点 ID	×	1	1	1	1	2	3	3	5	7	7	7	8
距离/m	×	91	95	56	96	82	55	64	77	98	98	58	99
节点 ID	14	15	16	17	18	19	20	21	22	23	24	25	×
父节点 ID	9	9	10	10	10	13	13	15	15	18	18	20	×
距离/m	98	74	90	57	71	96	90	98	83	52	92	97	×

表 7-5 图 7-7 的节点数据聚合父子关系及距离

节点 ID	1	2	3	4	5	6	7	8	9	10	11	12	13	14	15
父节点 ID	×	1	1	1	1	2	3	3	5	6	7	7	8	9	9
距离/m	×	52	64	52	55	91	85	66	98	52	72	69	88	90	59
节点 ID	16	17	18	19	20	21	22	23	24	25	26	27	28	29	30
父节点 ID	10	10	11	12	13	13	15	15	18	18	21	22	22	24	27
距离/m	74	72	82	85	88	64	84	83	58	56	75	98	67	79	88

7.4.1 节点的调度时隙分配

依据算法 7-1~算法 7-8，在四种不同聚合率下，图 7-2 和图 7-7 的节点调度时隙分配分别如表 7-6 和表 7-7 所示。从表中可以看出，每个节点都被分配了一个或多个时隙。每个节点的多个时隙都有着不同的用途。例如表 7-6 中，当聚合率 γ=15%, 为节点 7 分配的第一个时隙是 14rd, 在该时隙，节点 7 感知数据并与接收到的节点 11，12 的数据经聚合计算产生新的数据包并将它发送给自己的父节点。为节点 7 分配的第二个时隙是 16rd, 在该时隙节点 7 转发子节点 10 的聚合后数据给相应的父节点。

表 7-6　图 7-2 的时隙分配结果 (MIDAS)

ID	1	2	3	4	5	6	7	8	9	10	11	12	13
$\gamma = 15\%$	×	2	13, 17, 18	4	14	1	14,16	1, 3, 6, 9, 12	1, 5, 8, 11, 13	15	1	3	2, 5, 8, 11
$\gamma = 25\%$	×	2	8, 17, 18, 19, 20, 21	1	3,10,11	1	3, 5, 7, 14, 15, 16	9,11	7,9	9, 12, 13	4	6	10
$\gamma = 30\%$	×	2	3, 12, 13, 14, 15, 16	4	5,8	1	5,9,10	1, 8, 11	1,3,7	6,8	1	4	5,7
$\gamma = 50\%$	×	2	3, 18, 19, 20, 21, 22, 23, 24, 25	4	1, 5, 9, 10	1	5, 9, 14, 15, 16, 17	1, 7, 10	3,7,8	6, 11, 12, 13	1	7	5,8

ID	14	15	16	17	18	19	20	21	22	23	24	25	×
$\gamma = 15\%$	3	6,9,12	2	3	4,6,8	4	7,10	7	10	5	7	9	×
$\gamma = 25\%$	8	1,4,6	10	11	1,6,8	1	2,4	2	5	2	7	3	×
$\gamma = 30\%$	2	6	2	3	7	6	2,4	2	4	1	2	3	×
$\gamma = 50\%$	2	4,6	2	7	8,10	2	6	1	5	1	9	1	×

表 7-7　图 7-7 的时隙分配结果 (MIDAS)

ID	1	2	3	4	5	6	7	8	9	10	11	12	13	14	15
$\gamma = 15\%$	×	10	13, 18, 19	4	6,12	1, 3, 6, 9	15, 17	1, 3, 6, 9, 12	1, 5, 11	2,5,8	1, 5, 8, 11, 14	16	2, 5, 8, 11	3	9
$\gamma = 25\%$	×	1, 12	3, 13, 14, 15	4	2, 7, 10	7	8,11	2,9	6,9	2, 4, 6	2, 10	4,6	7	1	3, 5, 8

续表

ID	1	2	3	4	5	6	7	8	9	10	11	12	13	14	15
$\gamma=30\%$	×	2,7	3,14,15,16,17,18,19	4	1,9,20,21,22	1,6	5,8,12,13	1,9,10	6,8,12,13	4	6,10,11	1,4	6,8	7	2,5,10,11
$\gamma=50\%$	×	2,14, 15	3,16,17,18,19,20,21	4	1,5,9,22,23	1,6,7	5,11,12,13	1,8,9	3,8,12,13	3,5	1,9, 10	6	5,7	2	6,10,11

ID	16	17	18	19	20	21	22	23	24	25	26	27	28	29	30
$\gamma=15\%$	4	7	3,6,10,13	2	4	7,10	2,4,6,8	3	4,12	9	9	3,7	5	5	5
$\gamma=25\%$	3	5	9	5	1	3,5	7	4	1,7	3	4	1,6	2	2	2
$\gamma=30\%$	2	3	7,9	2	7	2,4	7,9	3	1,5	8	3	1,4	8	2	3
$\gamma=50\%$	2	4	6,8	2	2	6	7,9	1	7	2	1	8	2	1	1

利用简单调度时隙分配 SDAS 方法，在四种不同聚合率下，图 7-2 和图 7-7 的节点调度时隙分配分别如表 7-8 和表 7-9 所示。

表 7-8 图 7-2 的时隙分配结果 (SDAS)

ID	1	2	3	4	5	6	7	8	9	10	11	12	13
$\gamma=15\%$	×	2	4,13,14,15,16,17,18,19	1	3,8,9,10	1	3,6,10,11	7,9,12	4,6,7	7,9	5	1	3,8
$\gamma=25\%$	×	2	4,13,14,15,16,17,18,19	1	3,8,9,10	1	3,6,10,11	7,9,12	4,6,7	7,9	5	1	3,8
$\gamma=30\%$	×	2	4,13,14,15,16,17,18,19	1	3,8,9,10	1	3,6,10,11	7,9,12	4,6,7	7,9	5	1	3,8
$\gamma=50\%$	×	2	4,17,18,19,20,21,22,23,24,25	1	3,8,9,10	1	3,6,13,14,15,16	7,9,12	4,6,7	7,10,11,12	5	1	3,8

ID	14	15	16	17	18	19	20	21	22	23	24	25	×
$\gamma=15\%$	1	2,5	1	2	8	1	6	1	3	1	3	1	×
$\gamma=25\%$	1	2,5	1	2	8	1	6	1	3	1	3	1	×
$\gamma=30\%$	1	2,5	1	2	8	1	6	1	3	1	3	1	×
$\gamma=50\%$	1	2,5	1	2	8,9	1	6	1	3	1	3	1	×

表 7-9 图 7-7 的时隙分配结果 (SDAS)

ID	1	2	3	4	5	6	7	8	9	10	11	12	13	14	15
$\gamma=15\%$	×	3,14	4,15,16,17,18,19,20,21	1	2,6,7,22,23,24	1,5	2,10,11,12	6,7,13	3,5,12,13,14	4	1,8,9	5	2,9	4	8,10,11

续表

ID	1	2	3	4	5	6	7	8	9	10	11	12	13	14	15
$\gamma = 25\%$	×	3,14	4, 15, 16, 17, 18, 19, 20, 21	1	2, 6, 7, 22, 23, 24	1,5	2, 10, 11, 12	6, 7, 13	3, 5, 12, 13, 14	4	1, 8, 9	5	2,9	4	8, 10, 11
$\gamma = 30\%$	×	3,14	4, 15, 16, 17, 18, 19, 20, 21	1	2, 6, 7, 22, 23, 24	1,5	2, 10, 11, 12	6, 7, 13	3, 5, 12, 13, 14	4	1, 8, 9	5	2,9	4	8, 10, 11
$\gamma = 50\%$	×	3, 14, 15	4, 16, 17, 18, 19, 20, 21, 22	1	2, 6, 7, 23, 24, 25	1, 5, 9	2, 10, 11, 12	6, 7, 13	3, 5, 12, 13, 14	4,8	1, 8, 9	5	2,9	4	8, 10, 11

ID	16	17	18	19	20	21	22	23	24	25	26	27	28	29	30
$\gamma = 15\%$	2	3	5,7	1	1	8	7,9	1	6	2	3	2	1	1	1
$\gamma = 25\%$	2	3	5,7	1	1	8	7,9	1	6	2	3	2	1	1	1
$\gamma = 30\%$	2	3	5,7	1	1	8	7,9	1	6	2	3	2	1	1	1
$\gamma = 50\%$	2	3	5,7	1	1	8	7,9	1	6	2	3	2	1	1	1

7.4.2　能量有效利用率

当传感器网络聚合树结构如图 7-2 所示，依据表 7-3 的节点时隙调度分配，在不同聚合率下，网络死亡时各节点的剩余能量如图 7-8(a) 所示；当传感器网络聚合树结构如图 7-7 所示，依据表 7-6 的节点时隙调度分配，在不同聚合率下，网络死亡时各节点的剩余能量如图 7-8(b) 所示。

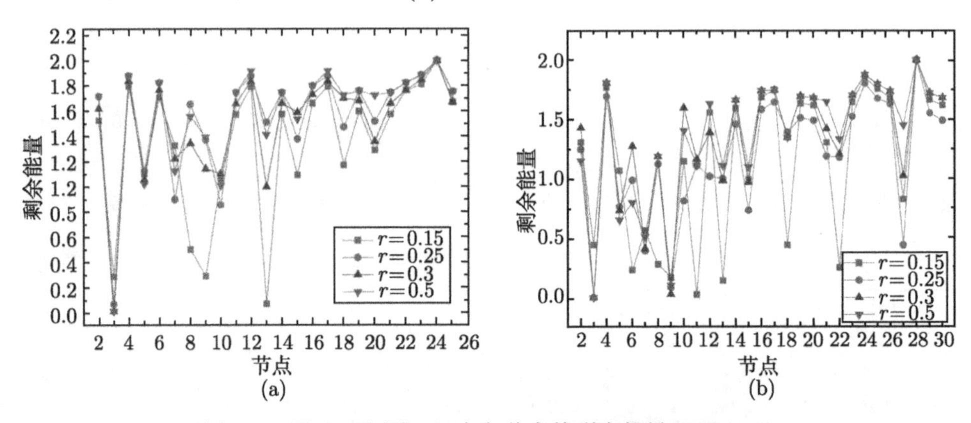

图 7-8　图 7-2 和图 7-7 中各节点的剩余能量 (MIDAS)

从图 7-8 可以看出，利用 MIDAS 算法，在各种聚合率下，最先死亡的节点不总是近 Sink 区域的节点，也有可能是某些中间节点。因为利用 MIDAS 算法，网络有可能会因为某些中继节点在等待聚合的过程中，因转发过多的数据包而消耗过多的能量而提早死亡。故利用 MIDAS 算法，中间层节点的能量消耗也较大。如图

7-8(a) 图中节点 8、节点 13，图 7-8(b) 图中节点 6、节点 22 的能量消耗都很大。

当传感器网络聚合树结构如图 7-2 所示，依据表 7-4 的节点时隙调度分配，在不同聚合率下，网络死亡时各节点的剩余能量如图 7-9(a) 所示，当传感器网络聚合树结构如图 7-7 所示，依据表 7-7 的节点时隙调度分配，在不同聚合率下，网络死亡时各节点的剩余能量如图 7-9(b) 所示。

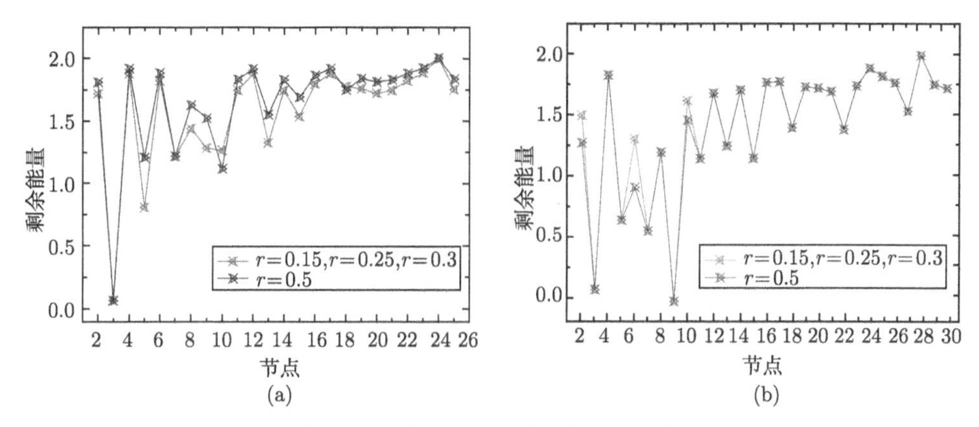

图 7-9 图 7-2 和图 7-7 中各节点的剩余能量 (SDAS)

图 7-9 显示，当网络死亡的时候，不管在何种聚合率下，能量消耗殆尽的全部是距离 Sink 最近的节点，体现了以往策略中近 Sink 区域能量消耗大，远 Sink 区域能量消耗小的特点。

比较图 7-8 和图 7-9 发现 MIDAS 算法较简单调度分配 SDAS 算法能均衡各节点的能量消耗，MIDAS 算法中根据聚合率选择合理的节点个数进行聚合的调度方案，相比简单调度分配 SDAS 算法可以减少热点区域（近 Sink 区域）的节点发送和接收的数据包数量，从而能减少热点区域节点的能量消耗。

当传感器网络聚合树结构如图 7-2 所示，在不同聚合率下，利用 MIDAS 算法和简单调度分配 SDAS 算法的能量有效利用率的比较如图 7-10(a)。当传感器网络聚合树结构如图 7-7 所示，在不同聚合率下，利用 MIDAS 算法和简单调度分配 SDAS 算法的能量有效利用率的比较如图 7-10(b)。

从图 7-10 可见，在同一个拓扑结构中，且聚合率相等的情况下，利用 MIDAS 算法的能量有效利用率较简单调度分配 SDAS 算法的要优。MIDAS 算法的能量有效利用率大多为 25%~40%。而简单调度分配 SDAS 的能量有效利用率为 15%~25%。因而本章的 MIDAS 相对于 SDAS，其能量有效利用率平均提高了 30%。这是因为本章提出的数据聚合调度传输方法对远 Sink 区域的节点，若不为聚合节点，其数据传输所需的数量不仅不比近 Sink 少，反而比近 Sink 区域的数据传输所需的数量大，充分利用了远 Sink 区域节点的剩余能量，使整个网络的能量利用率提高。

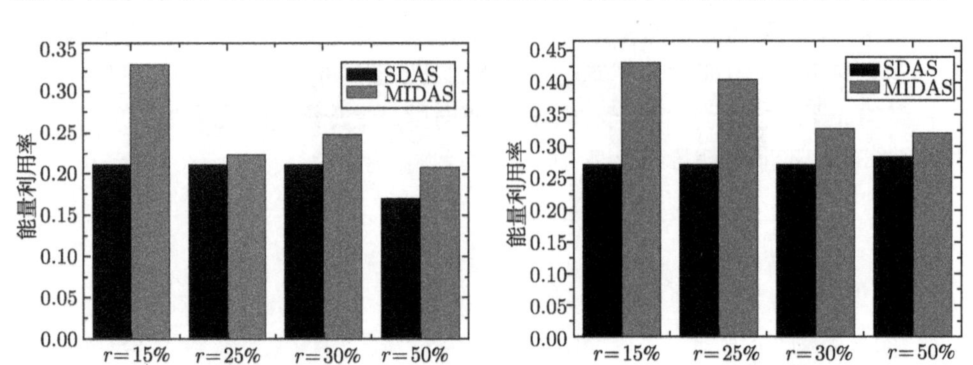

图 7-10　能量有效利用率比较

7.4.3 网络寿命

当传感器网络聚合树结构如图 7-2 所示，在不同聚合率下，利用 MIDAS 算法和简单调度分配 SDAS 算法的网络寿命的比较如图 7-11(a)。当传感器网络聚合树结构如图 7-7 所示，在不同聚合率下，利用 MIDAS 算法和简单调度分配 SDAS 算法的网络寿命的比较如图 7-11(b)。

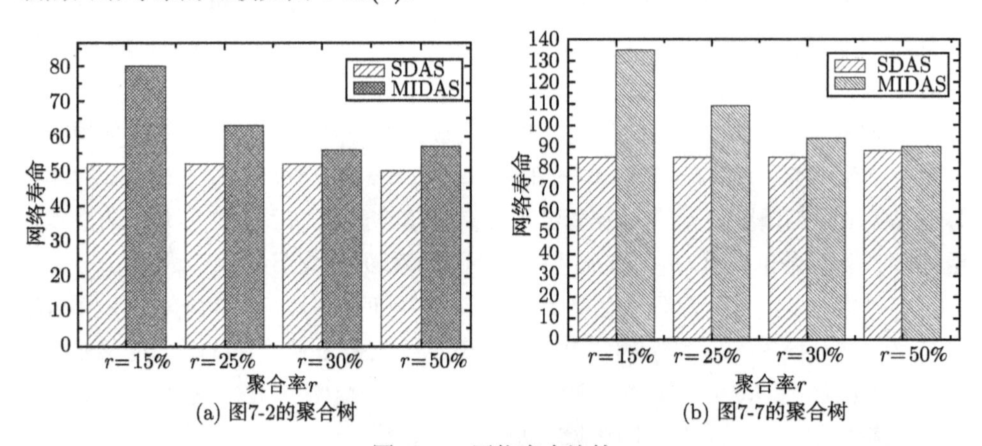

图 7-11　网络寿命比较

从图 7-10 和图 7-11 可看出，在同一个拓扑结构中，在相同的仿真环境和参数下，利用 MIDAS 算法的聚合策略和简单调度 SDAS 算法，其网络的性能是不一样的，MIDAS 算法能量有效利用率较优，网络寿命也较大。网络寿命平均提高了 25%。这是因为 MIDAS 算法可以减少热点区域（近 Sink 区域）的节点发送和接收的数据包数量，从而能减少热点区域节点的能量消耗，提高网络寿命。

7.5 本章小结

本章的重要创新是考虑了时隙与可变数据融合率结合的调度方法。根据聚合率，利用尽量凑整的思想，选择聚合的节点集合，可以减少网络中聚合后数据包的个数，再在聚合集合的基础上安排节点的时隙调度，从而能够适应更广泛的应用。具有很好的意义。该方法可以减少近 Sink 区域的节点接收和发送的数据包数量，从而能减少近 Sink 区域节点的能量消耗，增加中间层节点的能量有效利用率，提高网络寿命。仿真实验结果证明了我们提出的策略有效的提高了网络寿命与能量效率。相比简单时隙分配算法, 网络寿命可以提高约 25%，能量有效利用率可以提高约 30%。可见本章提出的时隙调度方法具有较好的意义。

第8章　总　　结

8.1　无线传感器网络调度的研究进展

无线传感器网络在过去数十年，被广泛应用于实时监控、感知周边环境、数据收集，被认为是 21 世纪最重要的技术之一[143]。它以无线通信技术、微型电子技术、低功耗嵌入式技术为基础，结合了数据收集、信息感知等特点，将采集到的数据安全高效的传送给接收者[144]。传感器节点感知、测量并从环境中收集信息，通过节点间相互协作，采用多跳方式将数据传输给 Sink 节点。能量消耗和延迟问题是无线传感器网络的核心问题，由于无线传感器网络的特点，使得节点寿命受到很大限制，因而延长网络寿命一直是传感器网络研究者需要考虑的首要问题[145]。

介质访问控制协议对于延长网络寿命、提高能量消耗和降低延迟，具有一定的可行性和经济性，因而成为众多研究者研究传感器网络的首选[146]。基于 Quorum 的介质访问控制协议近几年成为非竞争 MAC 协议研究的热点，本书围绕无线传感器网络 MAC 协议的低延迟与能量高效问题进行编写，提出若干基于 Quorum 的 MAC 协议，本书主要的工作及创新点如下：

(1) 针对非竞争同步无线传感器网络，提出了一种基于 Quorum 的自适应介质访问控制 AQM 协议。AQM 协议充分利用网络的剩余能量，自适应依据能量的充裕情况调整节点的 Quorum 时隙：增加非热点区域的 Quorum 时隙，相应的减少热点区域的 Quorum 时隙，从而提高了网络寿命，并使得 Quorum 系统的相交时隙增加，故减少了节点间的通信延迟，提高了网络的能量有效性。经过理论分析与实验结果表明，提出的 AQM 协议减少了数据采集的延迟，并提高了网络寿命与能量效率。

(2) 针对非竞争同步无线传感器器网络数据传输的从外到内的层次性，提出了一种新颖的 Quorum 元素偏移的介质访问控制 ESQMAC 协议。ESQMAC 依据传感器网络数据传输从外围向 Sink 传送的传输特点，外层节点的工作时隙主要在集中在传输周期的前面时间段内，而内层节点的工作时隙主要集中传输周期的后面部分。因而，在 ESQMAC 中：依据节点距离 Sink 的距离，将节点的 Quorum 时隙集中安排在其需要工作的时间区段，而在非工作时间区段安排较少或者没有 Quorum 时隙。从而使得当网络外围的数据向 Sink 传送时，当节点需要数据操作时正好有较为充分的 Quorum 时隙，而当不需要数据转发时，节点正好处于 sleep 状态，从而提高了节点的能量有效利用率，减少了网络延迟。理论与实验结果表明，对于中等规模的无线传感器网络，该策略在能量有效性上提高了50%以上，网络寿命提高了15%以上，网络延迟减少了20%以上。

(3) 针对非竞争异步无线传感器网络，提出了一种网络不同区域的工作时隙数目相同，而在非热点区域依据传感器网络剩余能量尽可能增大工作时隙长度的自适应调整工作时隙长度的介质访问控制协议 AQTSLMC 协议。AQTSLMC 策略依据无线传感器网络节点的激活时隙交叠的时间越长越好的特征，在近 Sink 的热点区域采用正常的 Quorum 时隙长度，而在非热点区域，因为有剩余的能量，采用更长的 Quorum 时隙，可以使得不同节点间交叠的时间越长，从而可使得网络的通信效率与延迟得到优化，网络能量有效利用率提高。

(4) 针对无线传感器网络数据汇集调度算法未能深刻揭示网络采样周期的问题，在给定网络拓扑下所需的最小采样周期上界值的基础上，提出一种采样周期、Sink 节点汇集数据信息量和网络寿命三者之间的折中优化算法。该调度算法通过使叶子节点有数据就发送，且 Sink 附近节点的数据汇集到一定数据量的信息后，才向 Sink 发送，达到既提高了网络寿命，又增大了 Sink 汇集信息的双重目标。然后，在很多情况下适当增大采样周期，可进一步提高 Sink 汇集信息和延长网络寿命。仿真结果表明，采用折中优化算法的采样周期可以使得 Sink 节点汇聚的数据信息量提高 30.5%，而且网络的寿命提高 27.78%。且当网络的节点数增大时，具有同样的仿真实验结果。

(5) 针对无线传感器网络节点能量有限性和数据传输中能量消耗，提出了一种考虑能量消耗的凑整数据聚合调度方案。该方案首先根据给定的任意聚合率，利用尽量凑整的思想，选择聚合的节点集合，来减少网络中聚合后数据包的个数。其次在聚合集合的基础上安排节点的时隙调度。该方法可以减少近 Sink 区域的节点接收和发送的数据包数量，从而减少近 Sink 区域节点的能量消耗，增加中间层节点的能量有效利用率，充分利用外围节点的剩余能量，提高网络寿命。仿真实验结果证明相比简单时隙分配算法，该方案网络寿命可以提高约 25%，能量有效利用率可以提高约 30%。

8.2 无线传感器网络发展展望

无线传感器网络是连接网络虚拟世界与现实物理世界的“桥梁”，近些年，随着大数据和云计算等前沿信息技术的兴起与发展，传感器网络迎来了一个蓬勃发展的新时期，虽然取得了一定的成果，但传感器网络涉及的内容十分广泛，因而下一阶段，我们将在下列方面做进一步深入研究：① 多 Sink 节点无线传感网络研究；② 基于 Quorum 的 MAC 协议的安全问题；③ 移动 Sink 节点网络模型；④ 节点之间抗干扰性问题；⑤ 聚合调度策略算法优化问题。

8.3 相关的研究成果与应用成果

本书相关研究以国家自然科学基金、科技部 863 计划、升华学者特聘教授启动基金等众多科研项目为支撑，依托中南大学大数据与知识工程研究所和中南大学网络评审系统工程研究所积极开展相关研究工作，在研究所众多教授、科研工作者的共同努力下，发表 SCI、EI 论文数十篇，取得很好的应用成果。

8.3.1 国家、省部级项目基金

近些年随着国家对无线传感网络理论与运用方面的大力支持，以及在大数据与知识工程研究所、网络评审系统工程研究所众多教授、科研工作者的努力下，近 5 年，申报与无线传感网络相关的课题达十余项。其中国家自然科学基金主要有：面向服务计算模式软件的 QoS 计算方法研究 (61472450)、WLAN-CES 动态组网与安全传输关键技术研究 (M1450004)、网构化软件的可信服务组合演化理论、机制与模型 (61272150)、面向智能交通服务的车联网理论与关键技术研究 (U1201253) 等；科技部 863 计划项目主要有：网构化软件可信评估技术与工具 (2012AA011205) 等；教育部-中国移动科研基金主要有知识管理与分享云服务系统关键技术研究与示范应用 (MCM20121031) 等；升华学者特聘教授启动基金：知识管理与分享云服务系统平台研究；以及众多其他省部级科研基金项目。

8.3.2 应用软件平台

随着国家大力倡导信息化建设，针对网络会议评审的需要，网络评审系统工程研究所开发团队综合运用 WIFI(wireless fidelity) 技术、USB 接口技术、FLASH 存储技术、数据加密技术等相关技术，开发出了一款带无线网络存储功能的 USB 专用接口设备 (wireless storage USB，WSUSB)。取得了以 “CES 无线自组网络数据终端” 为核心，具有自主知识产权的基于无线自组网络的会议评审软件平台。

8.3.3 硬件应用产品

硬件应用产品主要包括如下 3 点：

(1) 可自组网的无线存储器 WSUSB

可自组网的无线存储器 WSUSB 基于无线组网技术实现，具有可配置功能。通过配置可以将指定的 WSUSB 设置成主 WSUSB 或从 WSUSB，主从 WSUSB 可以自组织形成专用的动态联盟式无线网络系统，主 WSUSB 自动感知从 WSUSB，建立主从式网络拓扑结构。专用的无线网络系统，基于 TCP 协议在主从 WSUSB 进行可靠网络传输，主从 WSUSB 间形成一个无线虚拟组织，对外部透明。外界系统感觉不到网络的存在，只能通过 WSUSB 提供的调用接口，获取网络上连接设备的状态，以消息或调用的形式实现主从 WSUSB 间的数据通讯。WSUSB 具备 U 盘

即插即用功能，当 WSUSB 设备插入电脑 USB 接口后，电脑将自动识别 WSUSB 的可见存储空间，用户可对存储空间执行存储操作。专用系统可自动识别 WSUSB 的不可见存储空间，WSUSB 将自动识别，通过 WSUSB 的 MPU 的底层文件处理系统可对不可见存储空间执行存储操作。无线网络系统中的所有数据在传输过程中均进行加密保护，其他无线设备无法进入该无线网络系统。该核心技术可应用于数字化家庭、数字化医疗以及物联网等具体应用领域，实现对无线网络联合资源管理与服务质量控制。

(2) 多口 WSUSB 并行读写器

采用无线通信网络的隐全机制，发明了多口 WSUSB 并行读写器。由于 WSUSB 可广泛应用于各类会议评审中，计算机一次可以对一个 WSUSB 设备进行读写。为了能够快速成批地对 WSUSB 进行并行读写数据，开发了一种 32 口 WSUSB 设备专用并行读写器。该设备具有 USB HUB 的功能，通过中央控制器的控制实现了数据的并行读写。能够将数据一次性并行写入与该设备相连的 WSUSB 设备中。设备采用 USB2.0 高速传输接口，兼容 USB1.1；无需驱动程序，即插即用，支持热插拔；内置电流过载短路保护装置，保护电脑和设备不受损坏。

(3) 国家科技奖励网络评审平台

基于网络评审软件开发平台建立国家科技奖励网络评审平台，在政府机关、大型中央企业得到广泛推广应用，为科技评价工作的信息化、规范化和标准化奠定了基础。

参 考 文 献

[1] Yick J, Mukherjee B, Ghosal D. Wireless sensor network survey[J]. Computer Networks the International Journal of Computer & Telecommunications Networking, 2008, 52(12):2292–2330.

[2] Akyildiz I F, Su W, Sankarasubramaniam Y, Cayirci E. Wireless sensor networks: a survey[J]. Computer Networks, 2002, 38(4):393–422.

[3] Yang S H.Wireless Sensor Networks Principles,Design and Application[M]. United Kingdom:Signals and Communication Technology,2010.

[4] 林瑞仲. 面向目标跟踪的无线传感器网络研究 [D]. 杭州: 浙江大学博士学位论文.2005.

[5] Asada G, Dong M, Lin T S, et al. Wireless integrated network sensors (WINS) for tactical information systems[C].Proceedings of the 1998 European Solid State Circuits Conference. New York: ACM Press. 1998.

[6] Noury N, Hervé T, Rialle V, et al. Monitoring behavior in home using a smart fall sensor[C]. Proceedings of the IEEE-EMBS Special Topic Conference on Microtechnologies in Medicine and Biology.Lyon:IEEE Computer Society, 2000.

[7] 黄旭. 无线传感器网络性能测试与智能故障诊断技术研究 [D]. 济南: 山东大学博士学位论文.2014.

[8] Callaway J, Edgar H. Wireless Sensor Networks: Architectures and Protocols[M]. CRC press, 2003.

[9] Weiser M. The computer for the 21st century[J]. Scientific American, 1991, 265(3): 94-104.

[10] Weiser M. Some computer science issues in ubiquitous computing[J]. Communications of the ACM, 1993, 36(7): 74-84.

[11] Pottie G J, Kaiser W J. Wireless integrated network sensors[J]. Communications of the ACM, 2000, 43(5):51-58.

[12] Kumar S.DARPA SensIT program[R].DARPA Information Technology Office, 2002, 15(1).

[13] 孙维明. 无线传感器网络多信道 MAC 协议 MCMS 的设计与实现 [D]. 厦门: 厦门大学博士学位论文.2008.

[14] Kahn J M, Katz R H, Pister K S J. Next century challenges: mobile networking for "Smart Dust"[C].Proceedings of the 5th annual ACM/IEEE international conference on Mobile computing and networking, 1999.

[15] 胡罡, 叶湘滨, 陈利虎."智能尘埃" 的体系结构与关键技术 [J]. 传感器世界.2004,10(1):17-20.

[16] Delin K A, Jackson S P. The sensor web: a new instrument concept[C]. Proceedings of the SPIE International of Optical Engineering, 2001.

[17] Min R, Cho S H, Bhardwaj M, et al. Power-Aware Wireless Microsensor Networks[J]. Power Aware Design Methodologies, 2002:335-372.

[18] Akyildiz I F, Pompili D, Melodia T. Challenges for efficient communication in underwater acoustic sensor networks[J]. Acm Sigbed Review, 2004, 1(2):3-8.

[19] Rabaey J M, Ammer M J, Jr J L D S, et al. PicoRadio supports ad hoc ultra-low power wireless networking[J]. Computer, 2000, 33(7):42 - 48.

[20] 李钊, 韦玮. 无线传感器网络及关键技术综述 [J]. 空间电子技术,2005(1):23-28.

[21] 孙利民, 李建中, 陈渝, 等. 无线传感器网络 [M]. 北京: 清华大学出版社,2008.

[22] Arampatzis T, Lygeros J, Manesis S. A survey of applications of wireless sensors and wireless sensor networks[C].Proceedings of the 13th Mediterranean Conference on Control and Automation, Limassol,2005.

[23] 任丰原, 黄海宁, 林闯. 无线传感器网络 [J]. 软件学报.2003,14(7):1282-1291.

[24] 彭绍亮, 彭宇行, 李姗姗, 等. 无线传感器网络中高效传输技术 [M]. 长沙: 国防科技大学出版社,2010.

[25] 姜雪. 无线传感器网络中能量空洞避免机制与策略研究 [D]. 西安: 西安电子科技大学博士学位论文.2013.

[26] Sthapit P, Pyun J Y. Effects of radio triggered sensor MAC protocol over wireless sensor network[C].2011 IEEE 11th International Conference on Computer and Information Technology, 2011.

[27] 匡哲君. 无线传感器网络节能策略的研究 [D]. 长春: 吉林大学博士学位论文.2014.

[28] Tubaishat M, Madria S K. Sensor networks: an overview[J]. Potentials IEEE, 2003, 22(2):20 - 23.

[29] Zhang Y X, Zhou Y Z. Transparent computing: a new paradigm for pervasive Computing[J]. Lecture Notes in Computer Science, 2006:1-11.

[30] Zhang P, Sadler C M, Lyon S A, et al. Hardware design experiences in ZebraNet[C].Proce edings of the 2nd international conference on Embedded networked sensor systems,2004.

[31] Lee J H. A traffic-aware energy efficient scheme for WSN employing an adaptable wakeup period[J]. Wireless Personal Communications An International Journal, 2013, 71(3):1879-1914.

[32] Farooq M O, Kunz T. Contiki-based IEEE 802.15.4 channel capacity estimation and suitability of its CSMA-CA MAC layer protocol for real-time multimedia applications[J]. Mobile Information Systems, 2015.

[33] Ye W. An energy-efficient MAC protocol for wireless sensor networks[J]. Proc IEEE Infocom Jun, 2001, 3(10):1567 - 1576.

[34] Ye W, Heidemann J, Estrin D. Medium access control with coordinated adaptive sleeping for wireless sensor networks[J]. Networking IEEE/ACM Transactions on, 2004, 12(3):493 - 506.

[35] Buettner M, Yee G V, Anderson E, et al. X-MAC: a short preamble MAC protocol for duty-cycled wireless sensor networks[C].Proceedings of the 4th international conference on Embedded networked sensor systems, 2006.

[36] Polastre J, Hill J, Culler D. Versatile low power media access for wireless sensor networks[C].Proceedings of the 2nd international conference on Embedded networked sensor systems, 2004.

[37] Lin P, Qiao C, Wang X. Medium access control with a dynamic duty cycle for sensor networks[C].Wireless Communications and Networking Conference, 2004.

[38] Van D T, Langendoen K. An adaptive energy-efficient MAC protocol for wireless sensor networks[C].Proceedings of the 1st international conference on Embedded networked sensor systems, 2003.

[39] Yadav R, Varma S, Malaviya N. Optimized medium access control for wireless sensor network[J]. International Journal of Computer Science and Network Security, 2008, 8(2): 334-338.

[40] Yang S H, Tseng H W, Wu H K, et al. Utilization based duty cycle tuning MAC protocol for wireless sensor networks[C].Global Telecommunications Conference, 2005.

[41] Liu S, Fan K W, Sinha P. CMAC: An energy-efficient MAC layer protocol using convergent packet forwarding for wireless sensor networks[J]. ACM Transactions on Sensor Networks (TOSN), 2009, 5(4): 29.

[42] Vuran M C, Akyildiz I F. Spatial correlation-based collaborative medium access control in wireless sensor networks[J]. IEEE/ACM Transactions on Networking, 2006, 14(2): 316-329.

[43] El-Hoiydi A, Decotignie J D. WiseMAC: an ultra low power MAC protocol for the downlink of infrastructure wireless sensor networks[C].ISCC, IEEE Computer Society, 2004.

[44] Ekbatanifard G H, Monsefi R, Mohammad H Y M, et al. Queen-MAC: A Quorum-based energy-efficient medium access control protocol for wireless sensor networks[J]. Computer Networks, 2012, 56(8): 2221-2236.

[45] Tang L, Sun Y, Gurewitz O, et al. EM-MAC: A dynamic multichannel energy-efficient mac protocol for wireless sensor networks[C]. Proceedings of the Twelfth ACM International Symposium on Mobile Ad Hoc Networking and Computing. 2011.

[46] Incel O D, Van H L, Jansen P, et al. MC-LMAC: A multi-channel MAC protocol for wireless sensor networks[J]. Ad Hoc Networks, 2011, 9(1): 73-94.

[47] Rajendran V, Obraczka K, Garcia-Luna-Aceves J J. Energy-efficient, collision-free me dium access control for wireless sensor networks[J]. Wireless Networks, 2006, 12(1): 63-78.

[48] Chowdhury K R, Nandiraju N, Chanda P, et al. Channel allocation and medium access control for wireless sensor networks[J]. Ad Hoc Networks, 2009, 7(2): 307-321.

[49] Tang L, Sun Y J, Gurewitz O, et al. PW-MAC: An energy-efficient predictive-wakeup MAC protocol for wireless sensor networks[C]. INFOCOM, 2011 Proceedings IEEE, 2011.

[50] Wu Y F, Stankovic J, He T, et al. Realistic and efficient multi-channel communications in wireless sensor networks[C].The 27th Conference on Computer Communications IEEE, 2008.

[51] Li J, Lazarou G Y. A bit-map-assisted energy-efficient MAC scheme for wireless sensor networks[C].Proceedings of the 3rd international symposium on Information processing in sensor networks, 2004.

[52] 丁睿, 南建国. 无线传感器网络 MAC 协议的研究与分析 [J]. 计算机工程,2009,35(19):105-107.

[53] Kim Y, Shin H, Cha H. Y-MAC: An energy-efficient multi-channel mac protocol for dense wireless sensor networks[C].Proceedings of the 7th international conference on Information processing in sensor networks, IEEE Computer Society, 2008.

[54] Fard G H E, Yaghmaee M H, Monsefi R. An adaptive cross-layer multichannel QoS-MAC protocol for cluster based wireless multimedia sensor networks[C].Ultra Modern Telecommunications & Workshops 2009, ICUMT'09, International Conference on IEEE, 2009.

[55] Choi B J, Shen X S. Adaptive asynchronous sleep scheduling protocols for delay tolerant networks[J]. Mobile Computing, IEEE Transactions on, 2011, 10(9): 1283-1296..

[56] Yang Y, Yi W. Reinbow: reliable data collecting MAC protocol for wireless sensor networks[C].Wireless Communications and Networking Conference (WCNC) ,2010 IEEE, 2010.

[57] Gafur A, Upadhayaya N, Sattar S A. Achieving enhanced throughput in mobile ad hoc network using collision aware MAC protocol[J]. International Journal of Ad Hoc Sensor & Ubiquitous Computing, 2011, 2(1).

[58] Singh S, Raghavendra C S. PAMAS—power aware multi-access protocol with signalling for ad hoc networks[J]. ACM SIGCOMM Computer Communication Review, 1998, 28(3): 5-26.

[59] Zou W X, Wang E F, Zhou Z, et al. A contention window adaptive MAC protocol for Wireless Sensor Networks[C].Communications and Networking in China (CHINACOM), 2012 7th International ICST Conference on IEEE, 2012.

[60] Ai J, Kong J F, Turgut D. An adaptive coordinated medium access control for wireless sensor networks[C].Computers and Communications, 2004, Proceedings, ISCC 2004, Ninth International Symposium on IEEE, 2004.

[61] Hefeida M S, Canli T, Khokhar A. CL-MAC: A cross-layer MAC protocol for heterogeneous Wireless Sensor Networks[J]. Ad Hoc Networks, 2013, 11(1): 213-225.

[62] Malhotra B, Nikolaidis I, Nascimento M A. Aggregation convergecast scheduling in wireless sensor networks[J]. Wireless Networks, 2011, 17(2): 319-335.

[63] Jia J, Chen J, Wang X W, et al. Energy-balanced density control to avoid energy hole for wireless sensor networks[J]. International Journal of Distributed Sensor Networks, 2012, 2012.

[64] Wadaa A, Olariu S, Wilson L, et al. Training a wireless sensor network[J]. Mobile Networks and Applications, 2005, 10(1-2): 151-168.

[65] Watfa M K, Al-Hassanieh H, Salmen S. A novel solution to the energy hole problem in sensor networks[J]. Journal of network and computer applications, 2013, 36(2): 949-958.

[66] Liu A F, Liu Z H, Nurudeen M, et al. An elaborate chronological and spatial analysis of energy hole for wireless sensor networks[J]. Computer Standards & Interfaces, 2013, 35(1): 132-149.

[67] Asharioun H, Asadollahi H, Wan T C, et al. A survey on analytical modeling and mitigation techniques for the energy hole problem in corona-based wireless sensor network[J]. Wireless Personal Communications, 2015, 81(1): 161-187.

[68] Xue Y, Chang X M, Zhong S M, et al. An efficient energy hole alleviating algorithm for wireless sensor networks[J]. Consumer Electronics, IEEE Transactions on, 2014, 60(3): 347-355.

[69] Zhao Q, Nakamoto Y. Routing algorithms for preventing energy holes and improving fault tolerance in wireless sensor networks[C].Computing and Networking (CANDAR), 2014 Second International Symposium on IEEE, 2014.

[70] Liu A F, Ren J, Xu J, et al. Analysis and avoidance of energy hole problem in heterogeneous wireless sensor networks[J].Journal of Software, 2012,23(9):2438-2448.

[71] Wood A D, Fang L, Stankovic J A, et al. SIGF: a family of configurable, secure routing protocols for wireless sensor networks[C].Proceedings of the fourth ACM workshop on Security of ad hoc and sensor networks, 2006.

[72] Li S C, Zhao S S, Wang X H, et al. Adaptive and secure load-balancing routing protocol for service-oriented wireless sensor networks[J]. Systems Journal, IEEE, 2014, 8(3): 858-867.

[73] Tang D, Li T, Ren J, Wu J. Cost-aware SEcure routing (CASER) protocol design for wireless sensor networks[J]. Parallel and Distributed Systems, IEEE Transactions on, 2015, 26(4): 960-973.

[74] Mahmoud M M E, Lin X, Shen X. Secure and reliable routing protocols for heterogeneous multihop wireless networks[J]. Parallel and Distributed Systems, IEEE Transactions on, 2015, 26(4): 1140-1153.

[75] Gong P, Chen T M, Xu Q. Etarp: An energy efficient trust-aware routing protocol for wireless sensor networks[J]. Journal of Sensors, 2015.

[76] Hong S, Han K H. Cost-efficient routing protocol (CERP) on wireless sensor networks[J]. Wireless Personal Communications, 2014, 79(4): 2517-2530.

[77] Zin S M, Anuar N B, Kiah M L M, et al. Routing protocol design for secure WSN: Review and open research issues[J]. Journal of Network and Computer Applications, 2014, 41(5): 517-530.

[78] Liu B Y, Dousse O, Nain P, et al. Dynamic coverage of mobile sensor networks[J]. Parallel and Distributed Systems, IEEE Transactions on, 2013, 24(2): 301-311.

[79] Ahmed A A. A comparative study of QoS performance for location based and corona based real-time routing protocol in mobile wireless sensor networks[J]. Wireless Networks, 2015, 21(3): 1015-1031.

[80] Fletcher G, Li X, Nayak A, Stojmenovic I. Randomized robot-assisted relocation of sensors for coverage repair in wireless sensor networks[C].Vehicular Technology Conference Fall (VTC 2010-Fall), 2010 IEEE 72nd IEEE, 2010.

[81] Lee E, Park S, Oh S, et al. Real-time routing protocol based on expect grids for mobile sinks in wireless sensor networks[C].Vehicular Technology Conference (VTC Fall), 2011 IEEE, 2011: 1-5.

[82] Ahmed A A. An enhanced real-time routing protocol with load distribution for mobile wireless sensor networks[J]. Computer Networks, 2013, 57(6): 1459-1473.

[83] Liu L F, Zhang N S, Liu Y. Topology control models and solutions for signal irregularity in mobile underwater wireless sensor networks[J]. Journal of Network and Computer Applications, 2015, 51: 68-90.

[84] Keeter M, Moore D, Muller R, et al. Cooperative search with autonomous vehicles in a 3d aquatic testbed[C].American Control Conference (ACC), 2012.

[85] Velmani R, Kaarthick B. An efficient cluster-tree based data collection scheme for large mobile wireless sensor networks[J]. Sensors Journal, IEEE, 2015, 15(4): 2377-2390.

[86] Nazarzehi V, Savkin A V, Baranzadeh A. distributed 3D dynamic search coverage for mobile wireless sensor networks[J]. Communications Letters, IEEE, 2015, 19(4): 633-636.

[87] Annabel L S P, Murugan K. Energy efficient Quorum based MAC protocol for wireless sensor networks[J]. Etri Journal,2015:1-10.

[88] Chao C M, Lee Y W. A Quorum-based energy-saving MAC protocol design for wireless sensor networks[J]. Vehicular Technology, IEEE Transactions on, 2010, 59(2): 813-822.

[89] Annabel L S P, Murugan K. Adaptive Quorum based MAC protocol in non uniform node distribution of wireless sensor networks[J]. Lecture Notes of the Institute for Computer Sciences Social Informatics & Telecommunications Engineering, 2012:1-9.

[90] Adhikari R. A meticulous study of various medium access control protocols for wireless sensor networks[J]. Journal of Network & Computer Applications, 2014, 41(5):488–504.

[91] Razaque A, Km. E. Energy-efficient boarder node medium access control protocol for wireless sensor networks[J]. Sensors, 2014, 14(3):5074-5117.

[92] Anchora L, Capone A, Mighali V, et al. A novel MAC scheduler to minimize the energy consumption in a Wireless Sensor Network[J]. Ad Hoc Networks, 2014, 16(2):88–104.

[93] Ahmed M H U, Razzaque M A, Hong C S. DEC-MAC: delay-and energy-aware cooperative medium access control protocol for wireless sensor networks[J]. Annals of telecommunications-annales des télécommunications, 2013, 68(9-10): 485-501.

[94] Sudha M N, Valarmathi M L. Collision control extended pattern medium access protocol in wireless sensor network[J]. Computers & Electrical Engineering, 2013, 39(6):1846–1853.

[95] Liu A F, Jin X, Cui G, et al. Deployment guidelines for achieving maximum lifetime and avoiding energy holes in sensor network[J]. Information Sciences, 2013, 230: 197-226.

[96] He S B, Li X, Chen J M, Cheng P, et al. EMD: Energy-efficient P2P message dissemination in delay-tolerant wireless sensor and actor networks[J]. Selected Areas in Communications, IEEE Journal on, 2013, 31(9): 75-84.

[97] Liu A F, Ren J, Li X, et al. Design principles and improvement of cost function based energy aware routing algorithms for wireless sensor networks[J]. Computer Networks, 2012, 56(7): 1951-1967.

[98] Jiang L S, Liu A F, Hu Y L, et al. Lifetime maximization through dynamic ring-based routing scheme for correlated data collecting in WSNs[J]. Computers & Electrical Engineering, 2015, 41: 191-215.

[99] Chao C M, Wang Y Z, Lu M W. Multiple-Rendezvous multichannel MAC protocol design for underwater sensor networks[J]. Systems, Man, and Cybernetics: Systems, IEEE Transactions on, 2013, 43(1): 128-138.

[100] Chao C M, Lee Y W. Load–aware energy–efficient medium access control for wireless sensor networks[J]. International Journal of Ad Hoc and Ubiquitous Computing, 2012, 10(1): 12-21.

[101] Chen X, Hu Y L, Liu A, et al. Cross layer optimal design with guaranteed reliability under rayleigh block fading channels[J]. KSII Transactions on Internet and Information Systems (TIIS), 2013, 7(12): 3071-3095.

[102] Hu Y, Dong M, Ota K, et al. Mobile target detection in wireless sensor networks with adjustable sensing frequency[J]. IEEE System Journal, 2014,24(6):1-12.

[103] Lai S, Ravindran B, Cho H. Heterogenous Quorum-based wake-up scheduling in wireless sensor networks[J]. Computers, IEEE Transactions on, 2010, 59(11): 1562-1575.

[104] Tsai C H, Hsu T W, Pan M S, et al. Cross-layer, energy-efficient design for supporting continuous queries in wireless sensor networks: a Quorum-based approach[J]. Wireless personal communications, 2009, 51(3): 411-426.

[105] Jiang J R. Expected Quorum overlap sizes of Quorum systems for asynchronous power-saving in mobile ad hoc networks[J]. Computer Networks, 2008, 52(17): 3296-3306.

[106] OMNet++ Network Simulation Framework, http://www.omnetpp.org/.

[107] Liu B H, Jhang J Y. Efficient distributed data scheduling algorithm for data aggregation in wireless sensor networks[J]. Computer Networks, 2014, 65: 73-83.

[108] Kuo T W, Tsai M J. On the construction of data aggregation tree with minimum energy cost in wireless sensor networks: NP-completeness and approximation algorithms[C].INFOCOM, 2012 Proceedings IEEE, 2012.

[109] Luo H, Tao H X, Ma H D, et al. Data fusion with desired reliability in wireless sensor networks[J]. IEEE Transactions on Parallel and Distributed Systems, 2011, 22(3):501-513.

[110] Wang T Q, Vosoughi A, Heinzelman W, et al. Maximizing gathered samples in wireless sensor networks with slepian-wolf coding[J]. Wireless Communications, IEEE Transactions on, 2012, 11(2): 751-761.

[111] Cristescu R, Beferull-Lozano B, Vetterli M, et al. Network correlated data gathering with explicit communication: NP-completeness and algorithms[J]. Networking, IEEE/ACM Transactions on, 2006, 14(1): 41-54.

[112] Wu X G, Xiong Y, Huang W C, et al. An efficient compressive data gathering routing scheme for large-scale wireless sensor networks[J]. Computers & Electrical Engineering, 2013, 39(6): 1935-1946.

[113] Villas L, Boukerche A, Ramos H S, et al. Drina: a lightweight and reliable routing approach for in-network aggregation in wireless sensor networks[J]. Computers, IEEE Transactions on, 2013, 62(4): 676-689.

[114] Liu A F, Zhang D Y, Zhang P H, Cui G H, et al. On mitigating hotspots to maximize network lifetime in multi-hop wireless sensor network with guaranteed transport delay and reliability[J]. Peer-to-Peer Networking and Applications, 2014, 7(3): 255-273.

[115] Hadjidj A, Souil M, Bouabdallah A, et al. Wireless sensor networks for rehabilitation applications: Challenges and opportunities[J]. Journal of Network and Computer Applications, 2013, 36(1): 1-15.

[116] Ruiz-Garcia L, Lunadei L, Barreiro P, et al. A review of wireless sensor technologies and applications in agriculture and food industry: state of the art and current trends[J]. Sensors, 2009, 9(6): 4728-4750.

[117] Huang G Q, Wright P K, Newman S T. Wireless manufacturing: a literature review, recent developments, and case studies[J]. International Journal of Computer Integrated Manufacturing, 2009, 22(7): 579-594.

[118] Hong S M, Kim D, Ha M, Bae S, et al. Snall: an IP-based wireless sensor network approach to the internet of things[J]. Wireless Communications, IEEE, 2010, 17(6): 34-42.

[119] Li X Y, Wang Y J, Wang Y. Complexity of data collection, aggregation, and selection for wireless sensor networks[J]. Computers, IEEE Transactions on, 2011, 60(3): 386-399.

[120] Boulfekhar S, Benmohammed M. A novel energy efficient and lifetime maximization routing protocol in wireless sensor networks[J]. Wireless personal communications, 2013, 72(2): 1333-1349.

[121] 柯欣, 孙利民, 吴志美. 基于无线传感器网络汇聚传输实时性的分布式调度算法[J]. 通信学报, 2007, 28(4):44-50.

[122] Zhang H T, Ma H D, Li X Y, et al. In-network estimation with delay constraints in wireless sensor networks[J]. Parallel and Distributed Systems, IEEE Transactions on, 2013, 24(2): 368-380.

[123] Gupta P, Kumar P R. The capacity of wireless networks[J]. Information Theory, IEEE Transactions on, 2000, 46(2): 388-404.

[124] Ergen S C, Varaiya P. TDMA scheduling algorithms for sensor networks[J]. Berkeley University, 2005.

[125] Kang Y M, Lim S S, Yoo J, et al. Design, analysis and implementation of energy-efficient broadcast MAC protocols for wireless sensor networks[J]. KSII Transactions on Internet and Information Systems (TIIS), 2011, 5(6): 1113-1132.

[126] Cai L X, Liu Y K, Luan T H, et al. Sustainability analysis and resource management for wireless mesh networks with renewable energy supplies[J]. Selected Areas in Communications, IEEE Journal on, 2014, 32(2): 345-355.

[127] Liu A F, Zhang D Y, Zhang P H, et al. On mitigating hotspots to maximize network lifetime in multi-hop wireless sensor network with guaranteed transport delay and reliability[J]. Peer-to-Peer Networking and Applications, 2014, 7(3): 255-273.

[128] Luan T H, Li S Y, Asefi M, et al. Quality of experience oriented video streaming in challenged wireless networks: analysis, protocol design and case study[J], IEEE ComSoc MMTC E-Letter,2012,7(3):9-11.

[129] Rajagopalan R, Varshney P K. Data aggregation techniques in sensor networks: A survey[J]. IEEE Communications Surveys & Tutorials, 2006, 8(4): 48-63.

[130] Krishnamachari B, Estrin D, Wicker S. The impact of data aggregation in wireless sensor networks[C].Distributed Computing Systems Workshops, Proceedings, 22nd International Conference on, IEEE, 2002.

[131] Wu Y, Fahmy S, Shroff N B. On the construction of a maximum-lifetime data gathering tree in sensor networks: NP-completeness and approximation algorithm[C].INFOCOM 2008, The 27th Conference on Computer Communications,IEEE, 2008.

[132] Wu Y W, Li X Y, Liu Y H, et al. Energy-efficient wake-up scheduling for data collection and aggregation[J]. Parallel & Distributed Systems IEEE Transactions on, 2010, 21(2):275-287.

[133] Wen Y F, Anderson T A F, Powers D M W. On energy-efficient aggregation routing and

scheduling in IEEE 802.15.4-based wireless sensor networks[J]. Wireless communications and mobile computing, 2014, 14(2): 232-253.

[134] Mo Y L, Garone E, Casavola A, et al. Stochastic sensor scheduling for energy constrained estimation in multi-hop wireless sensor networks[J]. Automatic Control, IEEE Transactions on, 2011, 56(10): 2489-2495.

[135] Li X Y, Wang Y J, Wang Y. Complexity of data collection, aggregation, and selection for wireless sensor networks[J]. Computers, IEEE Transactions on, 2011, 60(3): 386-399.

[136] Xu X H, Li X Y, Mao X F, et al. A delay-efficient algorithm for data aggregation in multihop wireless sensor networks[J]. Parallel and Distributed Systems, IEEE Transactions on, 2011, 22(1): 163-175.

[137] Xu X H, Wang S G, Mao X F, et al. An improved approximation algorithm for data aggregation in multi-hop wireless sensor networks[C].Proceedings of the 2nd ACM international workshop on Foundations of wireless ad hoc and sensor networking and computing, ACM, 2009.

[138] Wang P, He Y, Huang L. Near optimal scheduling of data aggregation in wireless sensor networks[J]. Ad Hoc Networks, 2013, 11(4): 1287-1296.

[139] Hariharan S, Shroff N B. Maximizing aggregated revenue in sensor networks under deadline constraints[C].Decision and Control, 2009 held jointly with the 2009 28th Chinese Control Conference, CDC/CCC 2009, Proceedings of the 48th IEEE Conference on, IEEE, 2009.

[140] Becchetti L, Marchetti-Spaccamela A, Vitaletti A, et al. Latency-constrained aggregation in sensor networks[J]. ACM Transactions on Algorithms (TALG), 2009, 6(1): 13.

[141] Liu Y X, Liu A F, Chen Z G. Analysis and improvement of send-and-wait automatic repeat-reQuest protocols for wireless sensor networks[J]. Wireless Personal Communications, 2015, 81(3): 923-959.

[142] Yu B, Li J Z, Li Y S. Distributed data aggregation scheduling in wireless sensor networks[C].INFOCOM 2009, IEEE, 2009.

[143] Long J, He A, Liu A F, et al. Adaptive sensing with reliable guarantee under white gaussian noise channels of sensor networks[J]. Journal of Sensors,Accepted 16 June 2015, http://www.hindawi.com/journals/js/aip/532045/.

[144] Long J, Dong M X, Ota K, et al. Reliability guaranteed efficient data gathering in wireless sensor networks[J].IEEE Access, 2015, 3: 430-444.

[145] Long J, Liu A F, Dong M X, et al. An energy-efficient and sink-location privacy enhanced scheme for WSNs through ring based routing[J]. Journal of Parallel and Distributed Computing, 2015, 81: 47-65.

[146] Long J, Dong M X, Ota K, et al. Achieving source location privacy and network lifetime maximization through tree-based diversionary routing in wireless sensor networks[J]. IEEE Access, 2014, 2: 633-651.

图 表 索 引

图 1-1 (a) S-MAC 协议占空比机制, (b) X-MAC 协议占空比机制 ······ 7
图 2-1 无线传感器网络体系结构 ······ 11
图 3-1 网络结构 ······ 26
图 3-2 当 n=16 时,(a) F(2,2);(b) G(4,1);(c) FG(2,4,2,1) ······ 28
图 3-3 FG-grid Quorum 系统的帧结构 ······ 29
图 3-4 FS 数量的确定 ······ 31
图 3-5 距离内环不同距离处的 FS 节点数量 ······ 32
图 3-6 距离 Sink 不同环处的平均 FS 数量 ······ 32
图 3-7 不同环处节点发送数据包的个数 ······ 33
图 3-8 不同环处节点发送与接收数据包的个数 ······ 34
图 3-9 节点发送数据包的成功率 (不同数据率) ······ 35
图 3-10 节点数据发送成功率 (不同周期 n) ······ 35
图 3-11 不同环处节点的数据发送延迟 ······ 38
图 3-12 不同环处的数据的端到端延迟 ······ 39
图 3-13 不同环处节点的能量消耗 (不同数据产生率) ······ 41
图 3-14 不同环处节点的能量消耗 (不同 τ_d) ······ 41
图 3-15 网络寿命 (不同 QTS 决定性参数 m 下) ······ 42
图 3-16 网络寿命 (不同数据包大小下) ······ 42
图 3-17 增加 Quorum 时隙能提高性能 ······ 43
图 3-18 整个网络的能耗 ······ 44
图 3-19 离 Sink 不同距离的总剩余能量 ······ 44
图 3-20 不同 λ 的左边能量 ······ 45
图 3-21 不同 τ_d 的左边能量 ······ 46
图 3-22 增加 Quorum 时隙与增加交叉节点的影响 ······ 47
图 3-23 当 n=16 时，(a) F-clique(2,2)；(b1) G-clique(4,1,2)；
(c1) FG-grid(2,4,2,1,2) ······ 48
图 3-24 当 n=16 时，(a1)F-clique(2,2,2)；(b)G-clique(4,1)；
(c2) FG-grid(2,4,2,1,2) ······ 49
图 3-25 不同 m_1 和 m_2 的网络敏感性 ······ 53
图 3-26 不同 m_1 和 m_2 的交点数 ······ 53

图 3-27 不同 λ 对最小 QTS 数量的影响 ········ 54
图 3-28 不同 B 对最小 QTS 数量的影响 ········ 54
图 3-29 不同 λ 下网络能量消耗情况 ········ 55
图 3-30 不同 τ_d 下网络能量消耗情况 ········ 55
图 3-31 不同 λ 与 QTSs 的影响 ········ 56
图 3-32 不同 τ_d 于 QTSs 的影响 ········ 56
图 3-33 延迟对比 ········ 56
图 3-34 E2E 延迟对比 ········ 57
图 3-35 整个网络加权延迟对比 ········ 57
图 3-36 加权延迟减少的比例 ········ 58
图 3-37 不同 λ 的能量利用率 ········ 58
图 3-38 不同 τ_d 的能量利用率 ········ 58
图 4-1 Grid Quorum 和交叉时隙 ········ 63
图 4-2 限定部分行与列不选择 QTS 的交叉时隙数量 ········ 63
图 4-3 当 $n=16$ 时, $w=3$(a),S-clique(16,3,2,2);(b)T-clique(16,3,4,1);
(c) SG-grid(2,4,2,1) ········ 64
图 4-4 QTS 的映射关系 ········ 66
图 4-5 SG grid Quorum 系统的帧结构 ········ 67
图 4-6 不同 MAC 协议和 λ 下的节点延迟 ········ 70
图 4-7 不同 λ 下 ESQ 对比其他协议减少延迟的比例 ········ 71
图 4-8 不同 MAC 协议和 r 下的节点延迟 ········ 71
图 4-9 不同 r 下 ESQ 对比其他协议减少延迟的比例 ········ 71
图 4-10 不同环节点承担的数据量 ········ 72
图 4-11 不同占空比下的端到端延迟 ········ 72
图 4-12 当负载较轻时，不同 MAC 协议和 λ 下端到端延迟 ········ 73
图 4-13 当负载较轻时，不同 λ 下 ESQ 对比其他延迟减少 E2E 延迟的比例 ··· 73
图 4-14 当负载较重时，不同 λ 和不同协议下的端到端延迟 ········ 74
图 4-15 当负载较重时，不同 λ 下 ESQ 对比其他延迟减少 E2E 延迟的比例 ··· 74
图 4-16 当负载较轻时，不同 λ 和不同协议下的加权端到端延迟 ········ 74
图 4-17 当负载较重时，不同 λ 和不同协议下的加权端到端延迟 ········ 75
图 4-18 不同 ρ 和不同协议下的加权端到端延迟 ········ 75
图 4-19 不同 ρ 下 ESQ 对比其他协议减少 E2E 延迟的比例 ········ 75
图 4-20 不同 r 和不同协议下的端到端延迟 ········ 76
图 4-21 不同 r 下 ESQ 对比其他协议减少 E2E 延迟的比例 ········ 76
图 4-22 不同 ρ 和不同协议下的加权端到端延迟 ········ 77

图 4-23 不同 r 和不同协议下的加权端到端延迟 ······ 77
图 4-24 不同 λ 和不同协议下的最大延迟 ······ 78
图 4-25 不同 λ 下 ESQ 协议能够扩大的适用范围 ······ 78
图 4-26 不同 R 和不同协议下的最大延迟 ······ 79
图 4-27 不同 R 下 ESQ 协议能够扩大的适用范围 ······ 79
图 4-28 不同 λ 和不同协议下的能量消耗 ······ 80
图 4-29 不同 λ 下 ESQ 协议与传统基于 Quorum 协议能量消耗的比值 ······ 80
图 4-30 不同 τ_d 和不同协议下的能量消耗 ······ 81
图 4-31 不同 τ_d 下 ESQ 协议与传统基于 Quorum 协议能量消耗的比值 ······ 81
图 4-32 不同 m 和不同协议下的网络寿命 ······ 81
图 4-33 不同 m 下 ESQ 协议与传统基于 Quorum 协议网络寿命的比值 ······ 82
图 4-34 不同包大小和不同协议下的网络寿命 ······ 82
图 4-35 不同包大小下 ESQ 协议与传统基于 Quorum 协议网络寿命的比值 ··· 82
图 5-1 限定部分行与列不选择 QTS 的交叉时隙数量 ······ 87
图 5-2 整个网络的能量消耗 ······ 88
图 5-3 不同 λ 的剩余能量 ······ 88
图 5-4 SO-grid Quorum 系统 ······ 89
图 5-5 压缩后的 SO-grid 与原始 grid 的关系 ······ 90
图 5-6 SO-grid Quorum 系统的实例 ······ 92
图 5-7 不同 λ 下的网络能量消耗 ······ 96
图 5-8 不同 τ_d 下的网络能量消耗 ······ 96
图 5-9 不同 λ 下 QTSs 增加量 ······ 96
图 5-10 不同 τ_d 下 QTSs 增加量 ······ 97
图 5-11 不同 λ 下不同协议的占空比对比 ······ 97
图 5-12 不同 λ 下本章协议相对于原有协议提高占空比的比值 ······ 98
图 5-13 不同 τ_d 下不同协议的占空比对比 ······ 98
图 5-14 不同 τ_d 下本章协议相对于原有协议提高占空比的比值 ······ 98
图 5-15 不同 λ 下不同协议的节点延迟 ······ 99
图 5-16 不同 λ 下不同协议减少延迟的比例 ······ 99
图 5-17 不同 ρ 和不同 MAC 协议下的节点延迟 ······ 100
图 5-18 不同 ρ 和不同协议减少延迟的比例 ······ 100
图 5-19 不同占空比下的端到端延迟 ······ 101
图 5-20 距离 Sink 不同距离处的端到端延迟 ······ 101
图 5-21 不同 ρ 和不同协议下的端到端延迟 ······ 101
图 5-22 不同 ρ 下对比其他协议减少 E2E 延迟的比例 ······ 102

图 5-23 不同 r 和不同协议下的端到端延迟……102
图 5-24 不同 r 下对比其他协议减少 E2E 延迟的比例……103
图 5-25 不同 ρ 和不同协议下的加权端到端延迟……103
图 5-26 不同 r 和不同协议下的加权端到端延迟……103
图 5-27 不同 λ 和不同协议下的能量消耗……104
图 5-28 不同 λ 提高的网络寿命……105
图 5-29 不同 τ_d 和不同协议下的能量消耗……105
图 5-30 不同 τ_d 下 ESQ 协议与传统基于 Quorum 协议的能量消耗的比值……105
图 5-31 不同 λ 下的能量利用……106
图 5-32 不同 τ_d 下的能量利用……106
图 6-1 节点调度时隙分配……108
图 6-2 树型无线传感器网络拓扑……112
图 6-3 不同采样周期下 Sink 节点汇聚的数据信息量和网络寿命……113
图 6-4 28 节点树型聚合结构传感器图……118
图 6-5 32 节点树型聚合结构传感器图……118
图 6-6 不同采样周期下 Sink 节点汇聚的数据信息量和网络寿命……121
图 6-7 不同采样周期下 Sink 节点汇聚的数据信息量和网络寿命……122
图 6-8 不同采样周期下不同节点调度时隙分配下 Sink 节点汇聚的数据信息量……123
图 6-9 不同采样周期下不同节点调度时隙分配下网络寿命……124
图 7-1 数据聚合模型……128
图 7-2 25 节点的聚合树结构……130
图 7-3 当 γ=0.25，节点 13 几种典型的聚合形式……132
图 7-4 节点 13 在各种聚合调度下接收和发送的数据包个数以及分配的时隙……132
图 7-5 图 7-2 的聚合集合……136
图 7-6 不同聚合率下，各时隙中发送的节点集合 T……142
图 7-7 30 节点的聚合树结构……143
图 7-8 图 7-2 和图 7-7 中各节点的剩余能量 (MIDAS)……146
图 7-9 图 7-2 和图 7-7 中各节点的剩余能量 (SDAS)……147
图 7-10 能量有效利用率比较……148
图 7-11 网络寿命比较……148
表 2-1 无线传感器网络安全路由协议的关键设计问题比较……17
表 2-2 在攻击防范基础上的安全路由策略比较……17
表 2-3 部分三类 MAC 协议的简要比较……20
表 2-4 BN-MAC 和其他混合 MAC 协议之间的比较……21

表 2-5 影响 α 的因素 ······ 22
表 2-6 CCEMPAC 与其他 MAC 协议在能耗方面的对比 ······ 22
表 2-7 CCEMPAC 与其他 MAC 协议在延迟方面的对比 ······ 23
表 3-1 网络参数 ······ 52
表 4-1 ESQ MAC 协议开始选择 QTS 的时隙的取值 (w=3) ······ 70
表 6-1 网络能量消耗参数 ······ 110
表 6-2 参数及其描述 ······ 111
表 6-3 不同采样周期下的调度时隙分配 ······ 113
表 6-4 28 节点数据聚合父子关系及距离 ······ 119
表 6-5 32 节点数据聚合父子关系及距离 ······ 119
表 6-6 28 节点不同采样周期下节点的调度时隙分配 ······ 119
表 6-7 32 节点不同采样周期下节点的调度时隙分配 ······ 119
表 6-8 28 节点不同采样周期下节点发送和接收数据包数 ······ 120
表 6-9 32 节点不同采样周期下节点发送和接收数据包数 ······ 120
表 6-10 Sink 节点汇聚的数据信息量 ······ 121
表 6-11 不同采样周期下节点的调度时隙分配 ······ 123
表 7-1 节点的调度时隙分配 ······ 130
表 7-2 算法 7-1 至算法 7-8 中所用的参数 ······ 133
表 7-3 网络参数 ······ 142
表 7-4 图 7-2 的节点数据聚合父子关系及距离 ······ 143
表 7-5 图 7-7 的节点数据聚合父子关系及距离 ······ 143
表 7-6 图 7-2 的时隙分配结果 (MIDAS) ······ 144
表 7-7 图 7-7 的时隙分配结果 (MIDAS) ······ 144
表 7-8 图 7-2 的时隙分配结果 (SDAS) ······ 145
表 7-9 图 7-7 的时隙分配结果 (SDAS) ······ 145